云计算深度剖析：
技术原理及应用实践

刘三满　杨晓敏　郝雅萍　著

中国水利水电出版社
www.waterpub.com.cn
·北京·

内 容 提 要

　　云计算是计算机科学和互联网技术发展的产物，也是引领未来信息产业创新的关键战略性技术和手段。本书以全面的视角，对云计算所涉及的核心技术及应用进行了深度剖析，以期拨开云计算的迷雾，还原云计算的真实面目。

　　本书主要内容包括：云计算的基本架构与标准化、云存储技术及应用、云服务及其主要类型与应用、虚拟化技术及应用、云桌面技术及应用、云安全技术及应用、云计算应用分析、云计算方案构建等。

　　本书结构合理，条理清晰，内容丰富新颖，紧跟云计算的发展前沿，可作为云计算研究开发人员、爱好者的参考用书。

图书在版编目（CIP）数据

　　云计算深度剖析：技术原理及应用实践／刘三满，杨晓敏，郝雅萍著. —北京：中国水利水电出版社，2019.4 （2024.10重印）

　　ISBN 978-7-5170-7634-6

　　Ⅰ．①云…　Ⅱ．①刘…②杨…③郝…　Ⅲ．①云计算—研究　Ⅳ．①TP393.027

　　中国版本图书馆 CIP 数据核字（2019）第 079708 号

书　　　名	云计算深度剖析：技术原理及应用实践 YUN JISUAN SHENDU POUXI:JISHU YUANLI JI YINGYONG SHIJIAN
作　　　者	刘三满　杨晓敏　郝雅萍　著
出版发行	中国水利水电出版社 （北京市海淀区玉渊潭南路 1 号 D 座 100038） 网址：www.waterpub.com.cn E-mail：sales@waterpub.com.cn 电话：(010)68367658（营销中心）
经　　　售	北京科水图书销售中心（零售） 电话：(010)88383994、63202643、68545874 全国各地新华书店和相关出版物销售网点
排　　　版	北京亚吉飞数码科技有限公司
印　　　刷	三河市华晨印务有限公司
规　　　格	170mm×240mm　16 开本　19.75 印张　354 千字
版　　　次	2019 年 6 月第 1 版　2024 年 10 月第 3 次印刷
印　　　数	0001—2000 册
定　　　价	91.00 元

前　言

云计算这个名词是由 Google 首席执行官埃里克·施密特（Eric Schmidt）于 2006 年 8 月 9 日在搜索引擎大会（SES San Jose，2006）上首次提出的。自此，云计算腾空出世，一时间风起云涌，越来越受到业界的关注和热捧。已十几年，云计算已经从新兴技术发展成为热点技术。

云计算是一种具有动态延展能力的运算方式，可以看成分布式计算、并行处理计算、网格计算等概念的发展和应用，实现了人们长期以来"把计算作为一种基础设施"的梦想。基于云计算技术，云计算平台可以在数秒之内处理数以千万甚至亿万的数据。可以说，云计算引起的变化，不仅仅局限于 IT 领域，它和人们整个生活方式都有关系。不论是对 IT 企业（硬件商、软件商还是平台商），对企业（大型企业、中型企业还是小型企业），还是对个人和政府，云计算都带来了革命性的改变。在云计算变革中，传统互联网数据中心（IDC）已逐渐被成本更低、效率更高的云计算数据中心所取代，绝大多数软件将以服务方式呈现，甚至连大多数游戏都在"云"里运行，呼叫中心、网络会议中心、智能监控中心、数据交换中心、视频监控中心和销售管理中心等架构在"云"中获取高得多的性价比。通过云计算这种创新的计算模式，用户通过互联网可随时获得近乎无限的计算能力和丰富多样的信息服务，它创新的商业模式使用户对计算和服务可以取用自由、按量付费。毋庸置疑，信息技术正在步入一个新纪元——云计算时代。

云计算正在快速地发展，相关技术热点也呈现百花齐放的局面，业界各大厂商纷纷制定相应的战略，新的概念观点和产品不断涌现。鉴于此，作者在参阅大量相关著作文献的基础上，精心撰写了《云计算深度剖析：技术原理及应用实践》一书。本书不仅从 IT 角度解释了什么是云计算，还从非 IT 角度来描述云计算给社会带来的变化，以及如何使用云计算为人们的生活和工作服务。本书系统地说明云计算的概念和发展历程、现有云计算企业的战略、云计算的核心技术、云计算的未来发展以及如何利用云计算的优势来改变人们的生活和帮助企业寻求更好的发展途径。

云计算是一种通过互联网提供弹性计算和虚拟资源服务的分布式计算模式。作为分布式计算领域的最新发展，Google、亚马逊、IBM 和微软等 IT

巨头以前所未有的速度和规模推动云计算技术和产品的普及，云计算的号角已经吹响，势不可挡。因此，在本书的第 3 章、第 6 章、第 7 章、第 8 章中，以案例的形式对当前在云计算领域取得领先地位的企业及其解决方案展开了讨论。

目前的云计算融合了以虚拟化、服务管理自动化和标准化为代表的大量革新技术，这些先进技术在本书中也有所体现。云计算借助虚拟化技术的伸缩性和灵活性，提高了资源利用率，简化了资源和服务的管理和维护；利用信息服务自动化技术，将资源封装为服务交付给用户，减少了数据中心的运营成本；利用标准化，方便了服务的开发和交付，缩短了客户服务的上线时间。

云计算涉及面很广，在本书的写作过程中参考并引用了大量前辈学者的研究成果和论述，在此向这些学者表示敬意。没有这些前辈学者的努力，本书是不可能完成的。云计算是一门高速发展的技术学科，新技术、新方法、新架构层出不穷；同时也是一门在不断探索和研究的新学科。由于作者经验和能力所限，疏漏之处在所难免，望读者指正。

作　者

2019 年 2 月

目　录

第1章 绪论

1.1 云计算的起源与定义

云计算是指 IT 资源的交付和使用模式，通过网络以按需、易扩展的方式获得所需的资源（硬件、平台、软件）。典型的云计算提供商往往提供通用的网络业务应用，将软件和数据存储在远程数据中心的服务器上，用户通过计算机、手机等方式接入数据中心，按自己的需求进行运算。

1.1.1 云计算的思想起源

云计算诞生初期，人们对它的认识，就像盲人摸象，各有各的说法。

有人说，虚拟化就是云计算；有人说，分布式计算就是云计算；也有人说，把一切资源都放在网上，一切服务都从网上取得就是云计算；更有人说，云计算是一个简单的、甚至没有关键技术的东西，它只是一种思维方式的转变；等等。

先来看看为什么用"云"来命名这个新的计算模式，以及云计算中的"云"是什么。

一种比较流行的说法是当工程师画网络拓扑图时，通常是用一朵云来抽象表示不需表述细节的局域网或互联网，而云计算的基础正是互联网，所以就用了"云计算"这个词来命名这个新技术。另外一个原因就是云计算的始祖——亚马逊将它的第一个云计算服务命名为"弹性计算云"。

其实，云计算中的"云"不仅是互联网这么简单，它还包括了服务器、存储设备等硬件资源和应用软件、集成开发环境、操作系统等软件资源。这些资源数量巨大，可以通过互联网为用户所用。云计算负责管理这些资源，并以很方便的方式提供给用户。用户无须了解资源具体的细节，只需要连接上互联网，就可以使用了。例如，人们使用网络硬盘，只需连接上服务提供商的网站，就可以使用了，不需要知道存放文件的机器型号、存放位置、容量等。存储空间不够，再申请就可以了。

1.1.2　云计算的定义

云计算(Cloud Computing)是一个内涵丰富而定义模糊的名词。当前，云计算已经席卷了 IT 行业的各个领域，人们似乎很难清晰地把握住云计算的本质。很多机构和学者对云计算进行了解读，但没有形成公认的定义。本节列出几个典型的定义，使读者从多个角度了解云计算的含义。

1)维基百科给出的云计算的定义：云计算是一种基于互联网的计算方式，通过这种方式，共享的软硬件资源和信息可以按需求提供给计算机和其他设备。云计算描述了一种基于互联网的新的 IT 服务增加、使用和交付模式，通常涉及通过互联网来提供动态易扩展而且经常是虚拟化的资源。

2)百度百科给出的云计算的定义：云计算是分布式计算技术的一种，其最基本的概念，是通过网络将庞大的计算处理程序自动分拆成无数个较小的子程序，再交由多部服务器所组成的庞大系统经搜寻、计算分析之后将处理结果回传给用户。通过这项技术，网络服务提供者可以在数秒之内，处理数以千万计甚至亿计的信息，达到和"超级计算机"同样强大效能的网络服务。

3)IBM 认为云计算是一种革新的信息技术与商业服务的消费与交付模式。在这种模式中，用户可以采用按需的自助模式，通过访问无处不在的网络获得任何地方资源池中被快速分配的资源，并按实际使用情况进行付费。

4)Salesforce.com 认为云计算就是一种更友好的业务运行模式。在这种模式中，用户的应用程序运行在共享的数据中心，用户只需要通过登录和个性化定制就可以使用这些数据中的应用程序。

5)美国国家标准与技术研究院（National Institute of Standards and Technology，NIST）对云计算的定义：云计算是一种无处不在、便捷且按需对一个共享的可配置计算资源（包括网络、服务器、存储、应用和服务）进行网络访问的模式，它能够通过最少量的管理以及与服务提供商的互动实现计算资源的迅速供给和释放。该定义是目前较为公认的云计算的定义。

云端的计算资源池包含了服务器、计算机桌面、软件平台、软件应用和存储/数据等计算资源。用户可以使用台式计算机、笔记本电脑、智能手机、平板电脑等终端设备联网获取云端的计算资源。

按照 NIST 对云计算的定义，自助式服务、随时随地使用、可度量的服务、快速资源扩缩和资源池化是云计算的基本特征。

1)自助式服务:使用云计算的用户大多是通过自助方式获取资源的。例如,当使用 Amazon 的 EC2 云服务时,用户可以自助选择服务器的操作系统类型、服务器的配置(micro、small、large)以及磁盘大小,Amazon EC2 平台便会根据用户的设置分配一台云主机供用户使用。

2)随时随地使用:可以通过各种移动设备或客户端(如手机、平板电脑等)连接云端,使用云计算平台提供的服务,打破地理位置和硬件部署环境的限制。

3)可度量的服务:云计算平台会对存储、CPU、带宽等资源保持实时跟踪,根据这些可量化指标对后台资源进行调整和优化。

4)快速资源扩缩:用户可以根据自己的需求申请或释放虚拟资源,实现资源的快速扩缩。

5)资源池化:云服务提供商的计算资源集中成一个巨大的资源池,这些资源以多租户的方式供用户共享使用。资源的种类包含存储、处理器、内存、带宽等。对云服务的提供者而言,各种底层资源的异构性被屏蔽,边界被打破,所有的资源可以被统一管理和调度,成为云计算资源池,为用户提供按需服务;对用户而言,资源池是透明的,可以按需使用付费。

从技术角度来看,云端软硬件维护、数据管理、安全防护均由云计算服务提供商负责,用户端仅需将设备接入即可使用云端的服务,降低了用户的技术门槛,提高了数据的安全性;使用云计算模式,用户将所要使用的数据和应用上传到云端即可随时随地通过任意终端设备进行数据访问和应用体验,实现了数据和应用的共享;云计算资源池具有很强的弹性,用户可以按需使用资源,并仅对使用的资源付费。

1.2　云计算的技术分类

目前已出现的云计算技术种类非常多,云计算的分类可以有多种角度:从技术路线角度可以分为资源整合型云计算和资源切分型云计算;从服务对象角度可以被分为公有云和私有云、混合云和社区云;按资源封装的层次可以分为基础设施即服务(Infrastructure as a Service,IaaS)、平台即服务(Platform as a Service,PaaS)和软件即服务(Software as a Service,SaaS)。

1.2.1　按技术路线分类

(1)资源整合型云计算

这种类型的云计算系统在技术实现方面大多体现为集群架构,通过将大量节点的计算资源和存储资源整合后输出。这类系统通常能实现跨节点弹性化的资源池构建,核心技术为分布式计算和存储技术。MPI、Hadoop、HPCC、Storm 等都可以被分类为资源整合型云计算系统。

(2)资源切分型云计算

这种类型最为典型的就是虚拟化系统。这类云计算系统通过系统虚拟化实现对单个服务器资源的弹性化切分,从而有效地利用服务器资源。其核心技术为虚拟化技术。这种技术的优点是用户的系统可以不做任何改变接入采用虚拟化技术的云系统,是目前应用较为广泛的技术,特别是在云桌面计算技术上应用得较为成功;缺点是跨节点的资源整合代价较大。KVM、VMware 都是这类技术的代表。

1.2.2 按服务对象分类

(1)公有云(Public Cloud)

公有云是指面向公众的云计算服务,由云服务提供商运营。其目的是为终端用户提供从应用程序、软件运行环境,到物理基础设施等各种各样的IT 资源。它对云计算系统的稳定性、安全性和并发服务能力有更高的要求。

(2)私有云(Private Cloud)

私有云是指企业自建自用的云计算中心,且具备许多公有云环境的优点。主要服务于某一组织内部的云计算服务,其服务并不向公众开放,如企业、政府内部的云服务。

(3)混合云(Hybrid Cloud)

混合云是把公有云和私有云结合在一起的模式。在这个模式中,用户通常将非企业关键信息外包,并在公有云上处理,而掌握企业关键服务及数据的内容则放在私有云上处理。

(4)社区云(Community Cloud)

社区云是公有云范畴内的一个组成部分。它由众多利益相仿的组织掌控及使用,其目的是实现云计算的一些优势,例如特定安全要求、共同宗旨等。社区成员共同使用云数据及应用程序。

目前,公有云引领着云市场,占据着大量的市场份额。采用公有云的一个主要原因是“按需付费”的成本效益模型。另外,它还通过优化运营、支持和维护服务给云服务供应商带来了规模经济。私有云市场使用规模仅次于公有云,主要是因为它在安全性方面做得更好。混合云模型目前市场中占有份额较少,但未来发展空间巨大。社区云由于共同承担费用的用户数远比公有云少,因此也更贵,但隐私度、安全性和政策遵从都比公有云要高。用户可以根据其需求,选择一种适合自己的云计算模式。

1.2.3 按资源封装的层次分类

(1)基础设施即服务

把单纯的计算和存储资源不经封装地直接通过网络以服务的形式提供给用户使用。客户可以使用"基础计算资源",如处理能力、存储空间、网络组件或中间件,并掌控操作系统、存储空间、已部署的应用程序及网络组件(如防火墙、负载平衡器等),但不掌控云基础架构。这类云计算服务用户的自主性较大,就像是自来水厂或发电厂一样直接将水电送出去。

这种方式可以满足非 IT 企业对 IT 资源的需求,同时还不需要花费大量资金购置服务器和雇佣更多的 IT 人员,使他们可以将自己的主要精力放在自己的主业上。同时,这种云服务还使用自动化技术来根据用户的业务量自动分配合适的服务器数量,用户不必为自己业务的扩展或者收缩而考虑 IT 资源是否合适。同时用户不必担心 IT 设施的折旧问题,只需根据自己的服务器使用量交付月租金即可。这类云服务的对象往往是具有专业知识能力的资源使用者,传统数据中心的主机租用等可能作为 IaaS 的典型代表。

(2)平台即服务

计算和存储资源经封装后,以某种接口和协议的形式提供给用户调用,资源的使用者不再直接面对底层资源。即资源的使用者不需要管理或控制底层的云基础设施,包括网络、服务器、操作系统、存储等;但客户能控制部署的应用程序,也可能控制运行应用程序的托管环境配置。PaaS 位于云计算的中间层,主要面向软件开发者或软件开发商,提供基于互联网的软件开发测试平台。软件开发人员可以通过基于 Web 等技术直接在云端编写自己的应用程序,同时也可以将自己的应用程序托管到这个平台上。例如,Google 的 App Engine 就是一个可伸缩的 Web 应用程序开发和托管平台,开发者可以在其平台上开发出自己的 Web 程序并发布,而不需要担心自己的服务器能否承担未知的访问量,这样的平台得到了一些小型创业企业的青睐。

另外,这样的云平台还提供大量的 API 或者中间件供程序开发者使用,大大缩短了程序开发的周期;同时,程序代码存储在云端可以很方便联合开发。最重要的是用户不必再担心自己发布的应用需要多少硬件支持,因为,云端可以满足一切。

(3)软件即服务

将计算和存储资源封装为用户可以直接使用的应用,并通过网络提供给用户。SaaS面向的服务对象为最终用户,用户只是对软件功能进行使用,无须了解任何云计算系统的内部结构,也不需要用户具有专业的技术开发能力。软件即服务是一种服务观念的基础。软件服务供应商以租赁的概念提供客户服务,而非购买。比较常见的模式是提供一组账号密码。

SaaS相对IaaS、PaaS来说应该不会太陌生,例如,和我们日常生活相关的微信、飞信、QQ等都有对应Web版本,我们也不必担心软件的更新和维护等问题,只需通过Web就可以获得相应的服务。也许用户通过QQ这类小软件并不能完全体会到SaaS的优势,但对于那些中小型企业和他们需要的ERP、CRM等来说,SaaS是一种福音。首先,企业不必花费巨额资金购买软件的使用权;其次,企业也不必花费资金构建机房和雇佣人员;再次,企业也不必考虑机器折旧和软件升级维护等问题。

如图1.1所示,云计算系统按资源封装的层次分为IaaS、PaaS、SaaS,分为对底层硬件资源不同级别的封装,从而实现将资源转变为服务的目的。传统的信息系统资源的使用者通常是以直接占有物理硬件资源的形式来使用资源的;而云计算系统通过IaaS、PaaS、SaaS等不同层次的封装将物理硬件资源封装后,以服务的形式利用网络提供给资源的使用者。在这里,资源的使用者可能是资源的二次加工者,也可能是最终应用软件的使用者。通常IaaS、PaaS层面向的资源使用者往往是资源的二次加工者。这类资源的使用者并不是资源的最终消费者,他们将资源转变为应用服务程序后,以SaaS的形式提供给资源的最终消费者。实现对物理资源封装的技术并不是唯一的,目前不少软件都能实现,甚至有的系统只有SaaS层,并没有进行逐层的封装。

云计算的服务层次是根据服务类型即服务集合来划分的,与大家熟悉的计算机网络体系结构中层次的划分不同。在计算机网络中每个层次都实现一定的功能,层与层之间有一定关联。而云计算体系结构中的层次是可以分割的,即某一层次可以单独完成一项用户的请求而不需要其他层次为其提供必要的服务和支持。

在云计算服务体系结构中各层次与相关云产品对应,如图1.1所示。

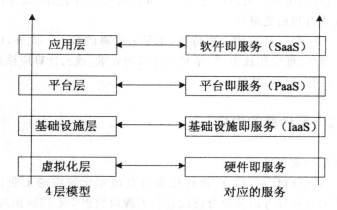

图 1.1 云计算服务体系结构

应用层对应 SaaS 软件即服务,如 Google APPS、SoftWare＋Services、Microsoft CRM。

平台层对应 PaaS 平台即服务,如 IBM IT Factory、Google APP Engine、Force.com。

基础设施层对应 IaaS 基础设施即服务,如 Amazon EC2、IBM Blue Cloud、Rackspace。

虚拟化层对应硬件即服务结合 PaaS 提供硬件服务,包括服务器集群及硬件检测等服务。

1.3 云计算的特点及优势

1.3.1 云计算的特点

云计算的主要特点如下:

1)以网络为依托,通过网络提供服务。云计算所依托的网络主要是互联网,根据需要,也可以是广域网、局域网、企业网及专用网等。

2)以虚拟技术为基础,用虚拟技术整合软硬件资源和计算能力。

3)服务透明化。用户使用服务时,无须知道资源的结构、实现方式和所在的位置。

4)按需自动服务。用户通过云计算可自动获得满足用户需求的计算资源、计算机能力和相关服务。

上述 4 条，是云计算的主要特点，也是云计算的核心。此外，诸如高可靠性、高扩展性、低应用成本等，是对云计算的要求，或云计算应该达到的目标，而非云计算的核心特征。

1.3.2　云计算的优势

(1)优化产业布局

进入云计算时代后，IT 产业转化为具有规模化效应的工业化运营模式，规模巨大且充分考虑资源合理配置的大规模数据中心陆续出现，生动地体现了 IT 产业的一次升级，从以前分散、高耗能的模式转变为集中、资源友好的模式，顺应了历史发展的潮流，优化了产业布局。

(2)推进专业分工

云服务提供商的优势是相对中小型企业来说，云服务提供商更专业，更具有经验，价格也更低廉。除了带来一些成本上的优势，还使云计算服务提供商提供了软件管理方面的专业化，使同一个人的效率更高，这也减少了人力成本的投入。

(3)提高资源利用率

云计算提供商通过服务器的虚拟化，可达到资源的尽可能最大化利用，从而提高投入产出比，带来更高的利益。使用云技术服务的方式可以节省很多成本，我们只为需要的并且使用的资源付费，如果没使用的资源，我们可以不付费。

(4)降低管理开销

云计算提供商本身提供给客户一些方便的管理功能，内置一些自动化的管理，对应用管理的动态，自动化、高效率是云计算的核心，因此，云计算要保证当用户创建一个服务时，用最短的时间和最少的操作来满足需求，当用户停用某个服务操作时，需要提供自动完成停用的操作，并且回收相应的资源，当然，由于虚拟化技术在云计算中大量应用，提供了很大的灵活性和自动化，降低了用户对应用管理的开销。云计算平台会根据用户应用的业务需求，来动态地增减资源分配，完成资源的动态管理，并且对用户增减模块时进行自动资源配置、自动资源释放等操作，包括自动的冗余备份、安全性、宕机的自动恢复等。

1.4　云计算的使用场景

（1）IDC 公有云

IDC(Internet Data Center)公有云在原有 IDC 的基础上加入了系统虚拟化、自动化管理和能源监控等技术，通过 IDC 公有云，用户能够使用虚拟机和存储等资源。原有 IDC 可通过引入新的云技术来提供 PaaS 服务。现在已成型的 IDC 公有云有 Amazon 的 AWS 和 Rackspace Cloud 等。公有云的服务类型包含 SaaS、ERP 和 CRM。

（2）企业私有云

企业私有云帮助企业提升内部数据中心的运维水平，使 IT 服务更围绕业务展开。企业私有云的优势在于建设灵活性和数据安全性，但企业需要付出更高的维护成本、构建专业的技术队伍。RackSpace 的私有云产品、华为的 FusionSphere、和 IBM 的 SoftLayer 等是典型的企业私有云。

（3）云存储系统

云存储系统通过整合网络中多种存储设备来对外提供云存储服务，并能管理数据的存储、备份、复制和存档。

云存储系统非常适合那些需要管理和存储海量数据的企业，比如互联网企业、电信公司等，还有广大的网民。

（4）虚拟云桌面

桌面虚拟化技术将用户的桌面环境与其使用的终端解耦，在服务器端以虚拟镜像的形式统一存放和运行每个用户的桌面环境，而用户则可通过小型的终端设备来访问其桌面环境。系统管理员可以统一管理用户在服务器端的桌面环境，比如安装、升级和配置相应软件等。

虚拟云桌面比较适合那些需要使用大量桌面系统的企业使用，相关的产品有 Citrix 的 XenDesktop 和 VMware 的 VMwareView。

（5）HPC 云

计算资源是较为稀缺的资源，无法满足大众的需求，但已建成的高性能计算(High Performance Computing, HPC)中心由于设计与需求的脱节常处于闲置状态。新一代的高性能计算中心不仅需要提供传统的高性能计算服务，而且还需要增加资源管理、用户管理、虚拟化管理、动态的资源产生和回收等功能，这使基于云计算的 HPC 云应运而生。

HPC 云可为用户提供可以定制的高性能计算环境，用户可以根据自己的需求来设定计算环境的操作系统、软件版本和节点规模，避免与其他用户发生冲突。HPC 云可以成为网格计算的支撑平台，以提升计算的灵活性和便捷性。

（6）电子政务云

电子政务云（E-Government Cloud）是使用云计算技术对政府管理和服务职能进行精简、优化、整合，通过信息化手段在政务上实现各种业务流程办理和职能服务，为政府各级部门提供可靠的基础 IT 服务平台。电子政务云是为政府部门搭建一个底层的基础架构平台，将传统的政务应用迁移到平台上，共享给各个政府部门，提高政府服务效率和服务的能力。电子政务云的统一标准不仅有利于各个政务云之间的互连互通，避免产生"信息孤岛"，也有利于避免重复建设。

1.5 云计算的部署模式

云计算的部署模式如图 1.2 所示，其主要由以下几个部分组成。

1）私有云：云基础设施仅为一个组织运作。它可以由该组织或第三方来管理，可以是组织内的部署或组织外的设施 VPC（一个虚拟私有云）。

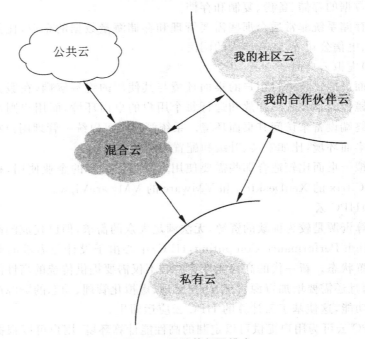

图 1.2 云计算部署模式

2)社区云：云的基础设施由几个组织来分享，并支持一个指定的社区来共享考虑（使命、安全要求、策略以及投诉考虑）。可以通过组织或第三方管理，可以存在于组织内的设施或组织外的设施。

3)公共云：云设施可用于通常的公共场所，或是一个较大的产业组织以及一个组织所有，并出售云服务。

4)混合云：云基础设施是由两个或更多云组成（私有云、社区云或公共云），其可以保持单一的整体性，但可以通过标准或技术策略使数据应用互操作。

每一个部署模式实例有两个类型之一，内部的或外部的。内部云驻留在一个组织网络安全范围之内，而外部云驻留在外部网络的安全范围。

关于私有云，很多业内专家认为，很少有人理解企业软件是一个装置，将在云计算革命中起重要作用。基于装置的软件交付是一个新出现的技术，其是安装在企业防火墙内服务器上部署的、按需运行的软件。

总之，基于云计算的技术已经是可用的，是一个宽范围的 IT 资源，更重要的是商业服务可以被划分、按需消费，而用户不需要了解更多的和更复杂的事情。

所以这些所谓的 IT 和业务服务交付模式都是可以变化的，而且是完全地变化。现在依靠技术所形成的创新能力来运作的企业其实质是一个可变化的企业，随着外界环境变化而不断地变化着。

1.6　云计算的产业链

一般认为，云计算把数据中心的计算、存储、网络等 IT 资源以及其上的开发平台、应用软件等信息服务通过互联网动态提供给用户，提供的内容涵盖基础设施到上层应用，横跨 IT 和 CT 两个领域，是 IT 技术与 CT 技术交融的产物。IT 行业或 CT 行业的厂商均积极参与其中。各类公司根据自身传统优势和战略纷纷提出自己的云计算架构、产品和服务。这些"云计算"概念下的产品包罗万象，差异巨大。各种不同类型的公司为其自身利益考虑，仍处在相互博弈的过程中，因此在短期内还不存在一条获得业界公认的成熟产业链。

1.6.1　我国云计算生态系统

我国云计算生态系统（图 1.3）主要涉及硬件、软件、服务、网络和安全 5 个方面。

（1）硬件

云计算相关硬件包括服务器、存储设备、网络设备、数据中心成套装备以及提供和使用云服务的终端设备。目前,我国已形成较为成熟的电子信息制造产业链,设备提供能力大幅提升,基本能够满足云计算发展需求,但低功耗 CPU、GPU 等核心芯片技术与国外相比尚有较大差距,新型架构数据中心相关设备研发较为滞后,规范硬件性能、功能、接口及测评等方面的标准尚未形成。

（2）软件

云计算相关软件主要包括资源调度和管理系统、云平台软件和应用软件等。资源调度管理系统和云平台软件方面,我国已在虚拟弹性计算、大规模存储与处理、安全管理等关键技术领域取得一批突破性成果,拥有了面向云计算的虚拟化软件、资源管理类软件、存储类软件和计算类软件,但综合集成能力明显不足,与国外差距较大。云应用软件方面,我国已形成较为齐全的产品门类,但云计算平台对应用移植和数据迁移的支持能力不足,制约了云应用软件的发展和普及。

（3）服务

服务包括云服务和面向云计算系统建设应用的云支撑服务。云服务方面,各类 IaaS、PaaS 和 SaaS 服务不断涌现,云存储、云主机、云安全等服务实现商用,阿里云、百度云、腾讯云等公有云服务能力位居世界前列,但国内云服务总体规模较小,需要进一步丰富服务种类,拓展用户数量。同时,服务质量保证、服务计量和计费等方面依然存在诸多问题,需要建立统一的SLA（服务水平协议）、计量原则、计费方法和评估规范,以保障云服务按照统一标准交付使用。云支撑服务方面,我国已拥有覆盖云计算系统设计、部署、交付和运营等环节的多种服务,但尚未形成自主的技术体系,云计算整体解决方案供给能力薄弱。

（4）网络

云计算具有泛在网络访问特性,用户无论通过电信网、互联网或广播电视网,都能够使用云服务。"宽带中国"战略的实施为我国云计算发展奠定坚实的网络基础。与此同时,为了进一步优化网络环境,需要在云内、云间的网络连接和网络管理服务质量等方面加强工作。

（5）安全

云安全涉及服务可用性、数据机密性和完整性、隐私保护、物理安全、恶意攻击防范等诸多方面,是影响云计算发展的关键因素之一。云安全不是单纯的技术问题,只有通过技术、服务和管理的互相配合,形成共同遵循的安全规范,才能营造保障云计算健康发展的可信环境。

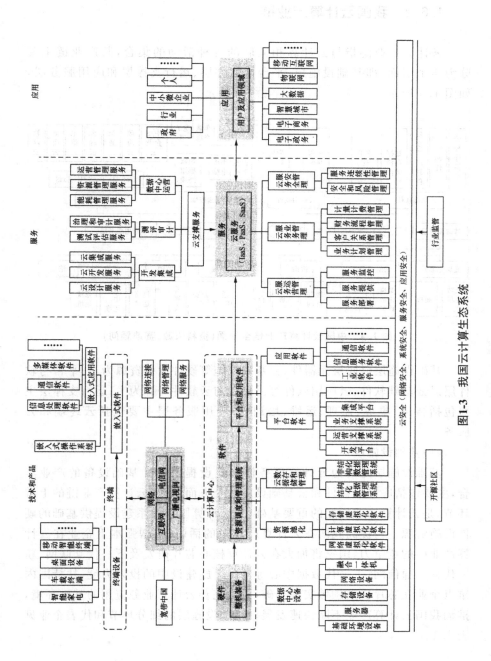

图1-3　我国云计算生态系统

1.6.2 我国云计算产业链

云计算产业泛指与云计算相关联的各种活动的集合,其产业链主要分为4个层面,即基础设施层、平台与软件层、运行支撑层和应用服务层,如图1.4所示。

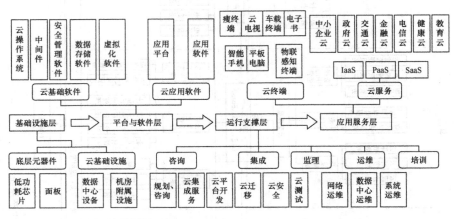

图1.4 中国云计算产业链全景图(资料来源:赛迪顾问)

基础设施层以底层元器件、云基础设施等硬件设备资源为主;平台与软件层以云基础软件、云应用软件等云平台与云软件资源为主;运行支撑层主要包括咨询、集成、监理、运维、培训等;应用服务层主要包括云终端和云服务。

(1)基础设施层

基础设施层是指为云计算服务体系建设提供硬件基础设备的产业集合,主要包括底层元器件和云基础设施两个方面,处于云计算产业链的上游环节,是云计算产业发展的重要基础,为云计算服务体系建设提供基础的硬件设施资源。为提高我国在云计算产业中的话语权,增强本土企业在云计算产业中的竞争力,国家将加大在云计算核心芯片研发及下一代互联网、新一代移动通信网、下一代数据中心等基础设施建设中的投入力度,扶持国内重点企业在芯片研发领域实现突破,大力完善云计算业务应用的基础环境,推动我国云计算产业不断快速发展。基础设施层的细分环节和代表企业见表1.1。

表 1.1　基础设施层细分环节和代表企业

序号	细分环节	描述	代表企业
1	底层元器件	为构建云平台基础设施而提供的基础元器件产品集合,是支撑云平台硬件架构的上游主要环节,主要包括低功耗芯片、面板等	龙芯 新岸线工厂 ARM Intel AMD LG 工厂
2	云基础设施	指云计算平台的核心硬件设备,如服务器、存储系统、网络设备和机房附属设施所组成的云数据中心的基础平台,主要包括数据中心设备和机房附属设施	曙光 浪潮 联想 Oracle EMC/Cisco Microsoft Google IBM HP

(2)平台与软件层

平台与软件层是指为云计算服务体系建设提供基础平台与软件的产业集合,主要包括云基础软件和云应用软件两个方面,处于云计算产业链的上游环节。其基于基础设施层,为云计算服务体系建设与运行提供基础工具软件、应用开发软件及平台等,是云计算产业发展的活力之源。政策方面,国家未来在加大云计算核心芯片研究的同时也将大力加强在基础软件领域的研发投入,支持国内重点企业在云计算操作系统与平台开发领域实现突破;同时,还将通过服务、应用创新带动技术创新,加快虚拟化技术、资源管理技术、负载均衡技术等云计算关键技术的产业化发展,提升国内云计算产业及企业的竞争实力。平台与软件层的细分环节和代表企业见表 1.2。

表1.2 平台与软件层细分环节和代表企业

序号	细分环节	描述	代表企业
1	云基础软件	指构建在云基础平台之上,为各种应用提供必要运行和支撑的软件,主要包括云操作系统、中间件、安全管理软件、数据存储软件和虚拟化软件等	浪潮(云操作系统) 阿里巴巴、腾讯、百度、华为(云存储) 中创软件(中间件) 瑞星、绿盟、奇虎、蓝盾、山石网科(安全管理) 汉王(生物认证) 中金数据(海量存储) 南大通用(数据库) 中软(分布式数据库) Microsoft、Citrix、VMware(虚拟化)
2	云应用软件	指在平台软件和中间件之上,为特定领域开发的直接辅助人工完成某类业务处理或实现企业业务管理的软件与平台,包括应用平台和应用软件	轩辕(行业云应用软件) 百度、高德(位置导航平台) 用友、金蝶(企业管理软件) 腾讯、阿里旺旺(通信软件)

(3)运行支撑层

运行支撑层是指为云计算服务体系建设提供规划、咨询及整合相关基础设施资源进行云计算服务体系建设以及相关运维和培训服务的产业集合,处于云计算产业链的中游,是云计算产业链中连接上下游产业的重要环节。虽然目前中国云计算产业链主要以基础设施层为主体,但运行支撑层却是其中发展最为活跃、发展速度最快的产业环节之一,众多上下游企业都积极参与其中,业务模式也处于快速创新之中,提供的服务也越来越丰富,如规划咨询、云集成、云平台开发、云安全等均取得了快速发展,有效支撑了云计算产业的发展,是中国云计算产业链中的重要支撑环节。运行支撑层的细分环节和代表企业见表1.3。

表 1.3 运行支撑层细分环节和代表企业

序号	细分环节	描述	代表企业
1	咨询	指面向云计算产业链上各个环节企业提供云计算业务相关战略决策支撑的活动	赛迪顾问 赛迪信息
2	集成	指通过顶层设计、软件开发、系统架构等一系列手段实现云计算数据中心、平台、系统的建设与服务	软通动力 奇虎 360 中国软件评测中心
3	监理	指对私有云、公有云、混合云构建相关工程的生产(进度、质量和投资)进行监督和管理工作	北京长城电子 中信国安 中华通信
4	运维	指为云计算服务和应用所需的网络、数据中心、系统等基础设施提供运行维护的服务	中国电信、中国联通、中国移动、世纪互联、Cisco(网络运维)、中金数据、万国数据、世纪互联、IBM(数据中心运维)中金数据、中企动力、IBM、HP(系统运维)
5	培训	指为从事云计算产业相关领域业务的决策者、管理人员、技术人员、服务人员提供云计算理念、技术、技能培训的服务	华三通信 腾讯云 云唯＋

(4)应用服务层

应用服务层是指在云计算服务体系中提供云服务和云服务应用平台的产业集合,主要包括云终端和云服务两个方面,处于云计算产业链的下游环节,是云计算产业获得持续发展的动力所在。

在云终端领域,近年来随着智能手机、平板电脑、车载终端、电子书及物联感知终端产品销售的快速增长,相关服务应用需求也在不断提升,云终端领域的应用价值也得到了快速发展,进一步拓展了云应用的价值链,为云计算产业的持续发展提供了充足动力。

在云服务领域，目前主要以 IaaS 服务为主导，但未来随着基础设施建设的逐步成熟以及云计算应用新需求的不断涌现，SaaS 服务将不断普及，PaaS 服务也将具有较大发展空间，使云计算产业链呈现软化趋势，国内企业也将依托本土优势占据产业发展主导地位。

1.7　企业云计算的发展趋势

随着云计算技术在各行各业日新月异的发展与突破，以及云计算产学研生态链各环节持续不懈的"化云为雨"的努力，云计算的应用与价值挖掘已全面渗透到企业 IT 信息化以及电信网络转型变革的方方面面。各行业、各企业依据自身业务现状、竞争形势与信息化变革程度的不同，不断持续深化企业 IT 云化的程度，并从一个里程碑走向下一个里程碑。

1.7.1　云计算发展的里程碑

从云计算理念最初诞生至今，企业 IT 架构从传统非云架构，向目标云化架构的演进，可总结为经历了三大里程碑发展阶段，如图 1.5 所示。

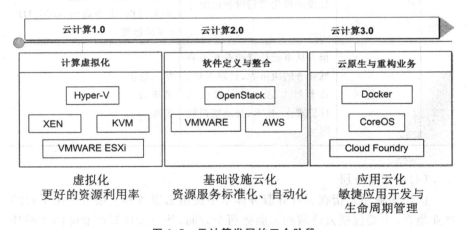

图 1.5　云计算发展的三个阶段

（1）云计算 1.0

面向数据中心管理员的 IT 基础设施资源虚拟化阶段。该阶段通过计算虚拟化技术的引入，将企业 IT 应用与底层的基础设施彻底分离解耦，将多个企业 IT 应用实例及运行环境（客户机操作系统）复用在相同的物理服务器上,并通过虚拟化集群调度软件,将更多的 IT 应用复用在更少的服务器节点上,从而实现资源利用效率的提升。

(2)云计算 2.0

面向基础设施云租户和云用户的资源服务化与管理自动化阶段。该阶段通过管理平面的基础设施标准化服务与资源调度自动化软件的引入,以及数据平面的软件定义存储和软件定义网络技术,面向内部和外部的租户,将原本需要通过数据中心管理员人工干预的基础设施资源复杂低效的申请、释放与配置过程,转变为在必要的限定条件下(比如资源配额、权限审批等)的一键式全自动化资源发放服务过程。

云计算 2.0 阶段面向云租户的基础设施资源服务供给,可以是虚拟机形式,可以是容器(轻量化虚拟机),也可以是物理机形式。该阶段的企业 IT 云化演进,暂时还不涉及基础设施层之上的企业 IT 应用与中间件、数据库软件架构的变化。

(3)云计算 3.0

面向企业 IT 应用开发者及管理维护者的企业应用架构的分布式微服务化和企业数据架构的互联网化重构及大数据智能化阶段。该阶段企业 IT 自身的应用架构逐步从(依托于传统商业数据库和中间件商业套件,为每个业务应用领域专门设计的、烟囱式的、高复杂度的、有状态的、规模庞大的)纵向扩展应用分层架构体系,走向(依托开源增强的、跨不同业务应用领域高度共享的)数据库、中间件平台服务层以及(功能更加轻量化解耦、数据与应用逻辑彻底分离的)分布式无状态化架构,从而使得企业 IT 在支撑企业业务敏捷化、智能化以及资源利用效率提升方面迈上一个新的高度和台阶,并为企业创新业务的快速迭代开发铺平了道路。

1.7.2 云计算各阶段间的主要差异

(1)差别 1:从 IT 非关键应用走向电信网络应用和企业关键应用

站在云计算面向企业 IT 及电信网络的使用范围的视角来看,云计算发展初期,虚拟化技术主要局限于非关键应用,比如办公云桌面、开发测试云等。该阶段更加关注于资源池规模化集中之后资源利用效率的提升以及业务部署效率的提升。如何确保云平台可以更为高效、更为可靠地支撑好时延敏感的企业关键应用,就变得至关重要。

对于企业 IT 基础设施的核心资产而言,除去实实在在的计算、存储、网络资源等有形物理资产之外,最有价值的莫过于企业数据这些无形资产。随着虚拟化 XEN/KVM 引擎在 I/O 性能上的不断优化提升(如采用 SR-

IOV 直通、多队列优化技术),使得处于企业核心应用的 ERP 等关系型关键数据库迁移到虚拟化平台上实现部署和运行已不是问题。

与此同时,云计算在最近 2~3 年内,已从概念发源地的互联网 IT 领域,渗透到电信运营商网络领域。互联网商业和技术模式的成功,启发电信运营商们通过引入云计算实现对现有电信网络和网元的重构来打破传统意义上电信厂家所采用的电信软件与电信硬件绑定的销售模式,同样享受到云计算为 IT 领域带来的红利,诸如:硬件 TCO 的降低,绿色节能,业务创新和部署效率的提升,对多国多子网的电信功能的快速软件定制化以及更强的对外能力开放。

(2)差别 2:从计算虚拟化走向存储虚拟化和网络虚拟化

云计算早期阶段主要聚焦在计算虚拟化领域。随着数据和信息越来越成为企业 IT 中最为核心的资产,作为数据信息持久化载体的存储已经逐步从服务器计算中剥离出来成为了一个庞大的独立产业,与必不可少的 CPU 计算能力一样,在数据中心发挥着至关重要的作用。当企业对存储的需求发生变化时该如何快速满足新的需求以及如何利用好已经存在的多厂家的存储,这些问题都需要存储虚拟化技术来解决。

与此同时,现代企业数据中心的 IT 硬件的主体已经不再是封闭的、主从式架构的大小型机一统天下的时代。客户端与服务器之间南北方向通信、服务器与服务器之间东西方向协作通信以及从企业内部网络访问远程网络和公众网络的通信均已走入了基于对等、开放为主要特征的以太互联和广域网互联时代。因此,网络也成为计算、存储之后,数据中心,IT 基础设施中不可或缺的"三要素"之一。

就企业数据中心端到端基础设施解决方案而言,服务器计算虚拟化已经远远不能满足用户在企业数据中心内对按需分配资源、弹性分配资源、与硬件解耦的分配资源的能力需求,由此存储虚拟化和网络虚拟化技术应运而生。

除去云管理和调度所完成的管理控制面的 API 与信息模型归一化处理之外,虚拟化的重要特征是通过在指令访问的数据面上,对所有原始的访问命令字进行截获,并实时执行"欺骗"式仿真动作,使得被访问的资源呈现出与其真正的物理资源不同的(软件无须关注硬件)、"按需获取"的颗粒度。对于普通 x86 服务器来说,CPU 和内存资源虚拟化后再将其(以虚拟机 CPU/内存规格)按需供给资源消费者(上层业务用户)。计算能力的快速发展,以及软件通过负载均衡机制进行水平扩展的能力提升,计算虚拟化中仅存在资源池的"大分小"的问题。然而对于存储来说,由于最基本的硬盘(SATA/SAS)容量有限,而客户、租户对数据容量的需求越来越大,因此必须考虑对数据中心内跨越多个松耦合的分布式服务器单元内的存储资源（服务器内的存储资源、外置 SAN/NAS 在内的存储资源）进行"小聚大"的整合,组成存储资源池。这个存储资源池,可能是某一厂家提供的存储软硬件组成的同构资源池,也可以是被存储虚拟化层整合成为跨多厂家异构存储的统一资源池。各种存储资源池均能以统一的块存储、对象存储或者文件的数据面格式进行访问。

对于数据中心网络来说,其实网络的需求并不是凭空而来的,而是来源于业务应用,与作为网络端节点的计算和存储资源有着无法切断的内在关联性。然而,传统的网络交换功能都是在物理交换机和路由器设备上完成的,网络功能对上层业务应用而言仅仅体现为一个一个被通信链路连接起来的孤立的"盒子",无法动态感知来自上层业务的网络功能需求,完全需要人工配置的方式来实现对业务层网络组网与安全隔离策略的需要。在多租户虚拟化的环境下,不同租户对于边缘的路由及网关设备的配置管理需求也存在极大的差异化,而物理路由器和防火墙自身的多实例能力也无法满足云环境下租户数量的要求,采用与租户数量等量的路由器与防火墙物理设备,成本上又无法被多数客户所接受。于是人们思考是否可能将网络自身的功能从专用封闭平台迁移到服务器通用 x86 平台上来。这样至少网络端节点的实例就可以由云操作系统来直接自动化地创建和销毁,并通过一次性建立起来的物理网络连接矩阵,进行任意两个网络端节点之间的虚拟通信链路建立,以及必要的安全隔离保障,从而里程碑式地实现了业务驱动的网络自动化管理配置,大幅度降低数据中心网络管理的复杂度。从资源利用率的视角来看,任意两个虚拟网络节点之间的流量带宽,都需要通过物理网络来交换和承载,因此只要不超过物理网络的资源配额上限（缺省建议物理网络按照无阻塞的 CLOS 模式来设计实施）,只要虚拟节点被释放,其所对应的网络带宽占用也将被同步释放,因此也就相当于实现对物理网络资源的最大限度的"网络资源动态共享"。换句话说,网络虚拟化让多个盒子式的网络实体第一次以一个统一整合的"网络资源池"的形态出现在业务应用层面前,同时与计算和存储资源之间也有了统一协同机制。

（3）差别 3：资源池从小规模的资源虚拟化整合走向更大规模的资源池构建,应用范围从企业内部走向多租户的基础设施服务乃至端到端 IT 服务

云计算发展早期,虚拟化技术（如 VMware ESX、微软 Hyper-V、基于 Linux 的 XEN、KVM）被普遍采用,被用来实现以服务器为中心的虚拟化资源整合。在这个阶段,企业数据中心的服务器只是部分孤岛式的虚拟化以及资源池整合,还没有明确的多租户以及服务自动化的理念,服务器资源

池整合的服务对象是数据中心的基础设施硬件以及应用软件的管理人员。在实施虚拟化之前，物理的服务器及存储、网络硬件是数据中心管理人员的管理对象；在实施虚拟化之后，管理对象从物理机转变为虚拟机及其对应的存储卷、软件虚拟交换机，甚至软件防火墙功能。目标是实现多应用实例和操作系统软件在硬件上最大限度共享服务器硬件，通过多应用负载的削峰错谷达到资源利用率提升的目的，同时为应用软件进一步提供额外的 HA/FT（High Availability/Fault Tolerance，高可用性/容错）可靠性保护，以及通过轻载合并、重载分离的动态调度，对空载服务器进行下电控制，实现PUE功耗效率的优化提升。

然而，这些虚拟化资源池的构建，仅仅是从数据中心管理员视角实现了资源利用率和能效比的提升，与真正的面向多租户的自动化云服务模式仍然相差甚远。因为在云计算进一步走向普及深入的新阶段，通过虚拟化整合之后的资源池的服务对象，不能再仅仅局限于数据中心管理员本身，而是需要扩展到每个云租户。因此云平台必须在基础设施资源运维监控管理Portal 的基础上，进一步面向每个内部或者外部的云租户提供按需定制基础设施资源，订购与日常维护管理的 Portal 或者 API 界面，并将虚拟化或者物理的基础设施资源的增、删、改、查等权限按照分权分域的原则赋予每个云租户，每个云租户仅被授权访问其自己申请创建的计算、存储以及与相应资源附着绑定的 OS 和应用软件资源，最终使得这些云租户可以在无须购买任何硬件 IT 设备的前提下，实现按需快速资源获取，以及高度自动化部署的 IT 业务敏捷能力的支持，从而将云资源池的规模经济效益，以及弹性按需的快速资源服务的价值充分发掘出来。

（4）差别 4：数据规模从小规模走向海量，数据形态从传统结构化走向非结构化和半结构化

随着智能终端的普及、社区网络的火热、物联网的逐步兴起，IT 网络中的数据形态已经由传统的结构化、小规模数据，迅速发展成为有大量文本、大量图片、大量视频的非结构化和半结构化数据，数据量也是呈几何指数的方式增长。

对非结构化、半结构化大数据的处理而产生的数据计算和存储量的规模需求，已远远超出传统的 Scale.Up 硬件系统可以处理的，因此要求必须充分利用云计算提供的 Scale.Out 架构特征，按需获得大规模资源池来应对大数据的高效高容量分析处理的需求。

（5）差别 5：企业和消费者应用的人机交互计算模式，也逐步从本地固定计算走向云端计算、移动智能终端及浸入式体验瘦终端接入的模式

随着企业和消费者应用云化演进的不断深入，面对局域网及广域网连

接在通信包转发与传输时延不稳定、丢包以及端到端 QoS 质量保障机制缺失等实际挑战，如何确保远程云接入的性能体验达到与本地计算相同或近似的水平，成为企业云计算 IT 基础设施平台面临的又一大挑战。

为应对云接入管道上不同业务类型对业务体验的不同诉求，业界通用的远程桌面接入协议在满足本地计算体验方面已越来越无法满足当前人机交互模式发展所带来的挑战，需要重点聚焦解决面向 IP 多媒体音视频的端到端 QoS/QoE 优化，并针对不同业务类别加以动态识别并区别处理，使其满足如下场景需求：

1) 普通办公业务响应时延小于 100ms，带宽占用小于 150Kbps。通过在服务器端截获 GDI/DX/OpenGL 绘图指令，结合对网络流量的实时监控和分析，从而选择最佳传输方式和压缩算法，将服务端绘图指令重定向到瘦客户端或软终端重放，从而实现时延与带宽占用的最小化。

2) 针对虚拟桌面环境下 VoIP 质量普遍不佳的情况，缺省的桌面协议 TCP 连接不适合作为 VoIP 承载协议的特点，采用 RTP/UDP 代替 TCP，并选择 G.729/AMR 等成熟的 VoIP Codec；瘦客户端可以在支持 VoIP/UC 客户端的情况下，尽量引入 VoIP 虚拟机旁路方案，从而减少不必要的额外编解码处理带来的时延及话音质量上的开销。上述优化措施使得虚拟桌面环境下的话音业务 MOS 平均评估值从 3.3 提升到 4.0。

3) 针对远程云接入的高清（1080p/720p）视频播放场景，在云端桌面的多虚拟机并发且支持媒体流重定向的场景下，针对普通瘦终端高清视频解码处理能力不足的问题，桌面接入协议客户端软件应具备通过专用 API 调用具备瘦终端芯片多媒体硬解码处理能力；部分应用如 Flash 以及直接读写显卡硬件的视频软件，必须依赖 GPU 或硬件 DSP 的并发编解码能力，基于通用 CPU 的软件编解码将导致画面停滞、体验无法接受，此时就需要引入硬件 GPU 虚拟化或 DSP 加速卡来有效提升云端高清视频应用的访问体验，达到与本地视频播放相同的清晰与流畅度。桌面协议还能够智能识别并区分画面变化热度，仅对变化度高且绘图指令重定向无法覆盖部分才启动带宽消耗较高的显存数据压缩重定向。

4) 针对工程机械制图、硬件 PCB 制图、3D 游戏，以及最新近期兴起 VR 仿真等云端图形计算密集型类应用，同样需要大量的虚拟化 GPU 资源进行硬件辅助的渲染与压缩加速处理，同时对接入带宽（单路几十到上百 M 带宽，并发达到数 10G/100G）提出了更高的要求，在云接入节点与集中式数据中心站点间的带宽有限的前提下，就需要考虑进一步将大集中式的数据中心改造为逻辑集中、物理分散的分布式数据中心，从而将 VDINR 等人机交互式重负载直接部署在靠近用户接入的 Service PoP 点的位置上。

此外，iOS 及 Android 移动智能终端同样正在悄悄取代企业用户办公位上的 PC 甚至便携电脑，企业用户希望通过智能终端不仅可以方便地访问传统 Windows 桌面应用，同样期待可以从统一的"桌面工作空间"访问公司内部的 Web SaaS 应用、第三方的外部 SaaS 应用，以及其他 Linux 桌面系统里的应用，而且希望一套企业的云端应用可以不必针对每类智能终端 OS 平台开发多套程序，就能够提供覆盖所有智能终端形态的统一业务体验，针对此 BYOD 云接入的需求，企业云计算需在 Windows 桌面应用云接入的自研桌面协议基础上，进一步引入基于 HTML5 协议、支持跨多种桌面 OS 系统、支持统一认证及应用聚合、支持应用零安装升级维护，及异构智能终端多屏接入统一体验的云接入解决方案——WebDesktop。

（6）差别 6：云资源服务从单一虚拟化，走向异构兼容虚拟化、轻量级容器化以及裸金属物理机服务器

随着企业 IT 应用越来越多地从小规模、单体式的有状态应用走向大规模、分布式、数据与逻辑分离的无状态应用，人们开始意识到虚拟机虽然可以较好地解决大规模 IT 数据中心内多实例应用的服务器主机资源共享的问题，但对于租户内部多个应用，特别是成百上千，甚至数以万计的并发应用实例而言，均需重复创建成百上千的操作系统实例，资源消耗大；同时虚拟机应用实例的创建、启动，以及生命周期升级效率也难以满足在线 Web 服务类、大数据分析计算类应用这种突发性业务对快速资源获取的需求。以 Google、Facebook、Amazon 等为代表的互联网企业，开始广泛引入 Linux 容器技术（namespace、cgroup 等机制），基于共享 Linux 内核，对应用实例的运行环境以容器为单位进行隔离部署，并将其配置信息与运行环境一同打包封装，并通过容器集群调度技术（如 Kubemetes、MESOS、Swarm 等）实现高并发、分布式的多容器实例的快速秒级发放及大规模容动态编排和管理，从而将大规模软件部署与生命周期管理，以及软件 DevOps 敏捷快速迭代开发与上线效率提升到了一个新的高度。尽管从长远趋势上来看，容器技术终将以其更为轻量化、敏捷化的优势取代虚拟化技术，但在短期内仍很难彻底解决跨租户的安全隔离和多容器共享主机超分配情况下的资源抢占保护问题，因此，容器仍将在可见的未来继续依赖跨虚拟机和物理机的隔离机制来实现不同租户之间的运行环境隔离与服务质量保障。

（7）差别 7：云平台和云管理软件从闭源、封闭走向开源、开放

从云计算平台的接口兼容能力角度看，云计算早期阶段，闭源 VMware vSphere/vCenter、微软 SystemCenter/Hyper-V 云平台软件由于其虚拟化成熟度遥遥领先于开源云平台软件的成熟度，因此导致闭源的私有云平台成为业界主流的选择。然而，随着 XEN/KVM 虚拟化开源，以及 OpenStack、

CloudStack、Eucalyptus 等云操作系统 OS 开源软件系统的崛起和快速进步，开源力量迅速发展壮大起来，迎头赶上并逐步成长为可以左右行业发展格局的重要决定性力量。

从目前的发展态势来看，OpenStack 开源大有成为云计算领域的 Linux 开源之势。回想 2001 年前后，当 Linux 操作系统仍相当弱小、UNIX 操作系统大行其道、占据企业 IT 系统主要生产平台的阶段，多数人不会想象到仅 10 年的时间，开源 Linux 已取代闭源 UNIX，成为主导企业 IT 服务端的缺省操作系统的选择，小型机甚至大型机硬件也正在进行向通用 x86 服务器的演进。

第 2 章　云计算的基础架构与标准化

2.1　云计算的基础架构

云计算是基于对整个 IT 领域的变革,其技术和应用涉及硬件系统、软件系统、应用系统、运维管理、服务模式等各个方面。云计算基础架构的简化形式如图 2.1 所示。

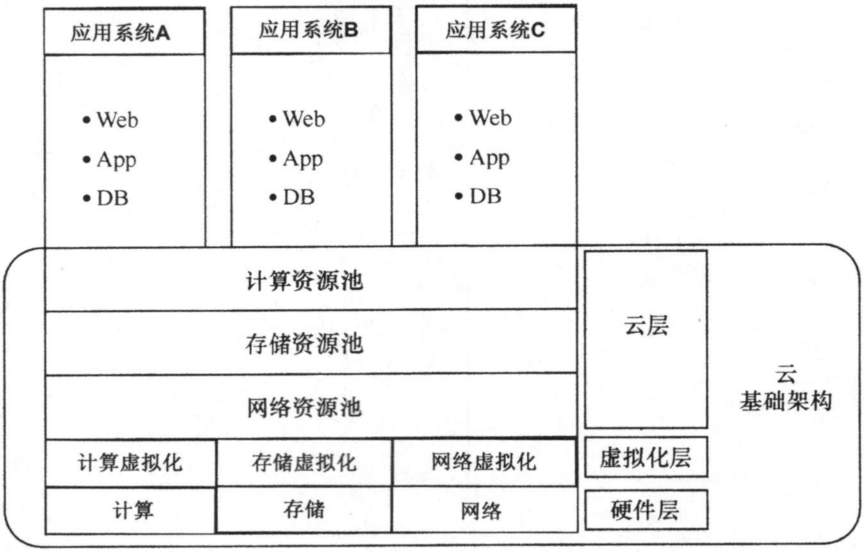

图 2.1　云计算基础架构

图 2.1 中,云计算基础架构在传统 IT 部署架构的硬件层(包括计算、存储和网络)的基础上,增加了虚拟化层和云层。虚拟化层屏蔽了硬件层自身的差异和复杂度,向上呈现为标准化、可灵活扩展和收缩、弹性的虚拟化资源池。大多数云基础架构都广泛采用虚拟化技术,包括计算虚拟化、存储虚拟化、网络虚拟化等。云层则通过对资源池进行调配、组合,根据应用系统

的需要自动生成、扩展所需的硬件资源,将更多的应用系统通过流程化、自动化部署和管理,提升 IT 效率。

　　云基础架构通过虚拟化整合与自动化,应用系统共享基础架构资源池,实现高利用率、高可用性、低成本、低能耗,并且通过云层(云平台层)的自动化管理,实现快速部署、易于扩展、智能管理,帮助用户构建 IaaS 云业务模式。

　　云基础架构资源池使得计算、存储、网络以及对应虚拟化单个产品和技术本身不再是核心,重要的是这些资源的整合,形成一个有机的、可灵活调度和扩展的资源池,面向云应用实现自动化的部署、监控、管理和运维。

　　云基础架构资源的整合对计算、存储、网络虚拟化提出了新的挑战,并带动了一系列网络、虚拟化技术的变革。云基础架构模式下,服务器、网络、存储、安全采用了虚拟化技术,资源池使得设备及对应的策略是动态变化的。云基础架构的融合部署如图 2.2 所示。

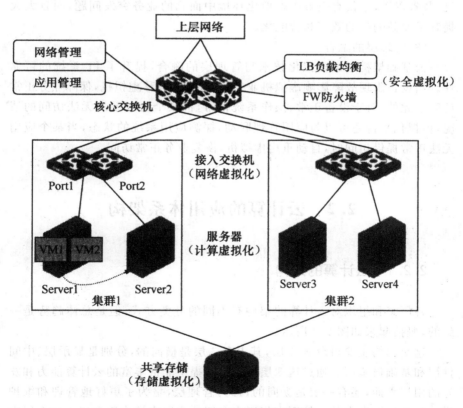

图 2.2　云基础架构的融合部署

云基础架构的融合部署分为 3 个层次的融合：硬件层的融合、业务层的融合和管理层的融合。

（1）硬件层的融合

将计算虚拟化与网络设备和网络虚拟化进行融合，实现虚拟机与虚拟网络之间的关联。或者将存储与网络进行融合。还包括横向虚拟化、纵向虚拟化，实现网络设备自身的融合。

（2）业务层的融合

典型的云安全解决方案就是通过虚拟防火墙与虚拟机之间的融合，实现虚拟防火墙对虚拟机的感知、关联，确保虚拟机迁移、新增或减少时，防火墙策略也能够自动关联；此外，还有虚拟机与 LB 负载均衡之间的联动。当业务突发资源不足时，通过自动探测某个业务虚拟机的用户访问和资源利用率情况，在业务突发时，自动按需增加相应数量的虚拟机，与 LB 联动进行业务负载分担；同时，当业务突发减小时，可以自动减少相应数量的虚拟机，节省资源，不仅有效解决虚拟化环境中面临的业务突发问题，而且大大提升了业务响应的效率和智能化。

（3）管理层的融合

云基础架构通过虚拟化技术与管理层的融合，提升了 IT 系统的可靠性。当设备出现故障影响虚拟机业务时，可自动迁移虚拟机，保障业务正常访问。此外，对于设备正常、操作系统正常，但某个业务系统无法访问的情况，虚拟化平台还可以与应用管理联动，探测应用系统的状态，当某个应用无法正常提供访问时，自动重启虚拟机，恢复业务正常访问。

2.2　云计算的应用体系架构

2.2.1　云计算的架构

各厂家和组织对云计算的架构有不同的分类方式，但是总体趋势是一致的，概括起来如图 2.3 所示。

这套架构主要可分为 4 层，其中有 3 层是横向的，分别是显示层、中间件层和基础设施层。通过这 3 层技术能够提供非常丰富的云计算能力和友好的用户界面，还有一层是纵向的，称为管理层，是为了更好地管理和维护横向的 3 层而存在的。接下来将逐个介绍每个层次的作用和属于这个层次的主要技术。

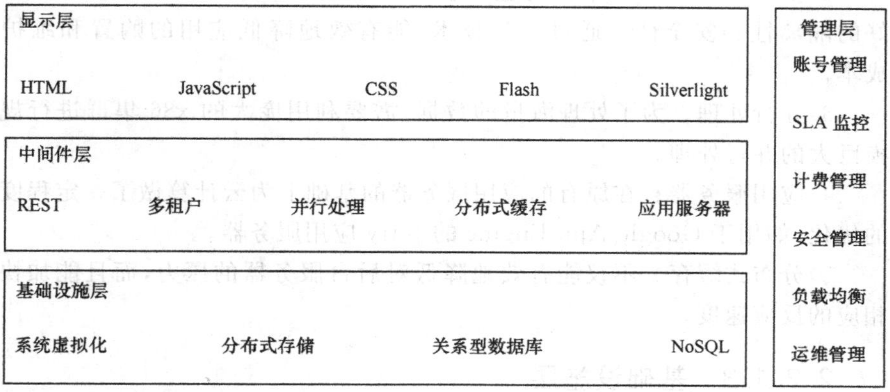

显示层					管理层
HTML	JavaScript	CSS	Flash	Silverlight	账号管理
					SLA 监控
中间件层					计费管理
REST	多租户	并行处理	分布式缓存	应用服务器	安全管理
					负载均衡
基础设施层					运维管理
系统虚拟化	分布式存储	关系型数据库	NoSQL		

图 2.3　云计算的架构

2.2.1.1　显示层

显示层用于展现用户所需的内容,主要有以下 5 种技术:

1)HTML。标准的 Web 页面技术,以 HTML 4 为主,后来推出的 HTML 5 在很多方面推动 Web 页面的发展,如视频和本地存储等方面。

2)JavaScript。Web 页面动态语言,通过 JavaScript,能够极大地丰富 Web 页面的功能,最流行的 JavaScript 框架有 jQuery 和 Prototype。

3)CSS。控制 Web 页面的外观,使页面的内容与其表现形式之间进行优雅的分离。

4)Flash。以 RIA(Rich Internet Applications)技术为主,在用户体验方面,非常不错,随着 HTML 5 的发展,可能会受到一定影响。

5)Silverlight。来自微软的 RIA 技术,可以使用 C♯进行编程,对开发者非常友好。

在显示层,主要以 HTML、JavaScript 和 CSS 为主,但是 Flash 和 Silverlight 等 RIA 技术也有一定的应用,如 WMware vCloud 采用基于 Flash 的 Flex 技术。

2.2.1.2　中间件层

中间件层是承上启下的,它在下面的基础设施层所提供资源的基础上提供了多种服务,如缓存服务和 REST(Representation State Transfer,基于表述性状态转移)服务等,而且这些服务既可用于支撑显示层,也可以直接让用户调用,并主要有以下 5 种技术:

1)REST。能够非常方便和迅速地将中间件层所支撑的部分服务提供给调用者。

2）多租户。让一个单独的应用实例可以为多个组织服务，且保持良好的隔离性和安全性。通过这种技术，能有效地降低应用的购置和维护成本。

3）并行处理。为了处理海量的数据，需要利用庞大的 x86 集群进行规模巨大的并行处理。

4）应用服务器。在原有的应用服务器的基础上为云计算做了一定程度的优化，如用于 Google App Engine 的 Jetty 应用服务器。

5）分布式缓存。不仅能有效地降低对后台服务器的压力，而且能加快相应的反应速度。

2.2.1.3　基础设施层

基础设施层的作用是为给中间件层或者用户准备所需的计算和存储等资源，主要有以下 4 种技术：

1）系统虚拟化。能够在一个物理服务器上生成多个虚拟机，并且能在这些虚拟机之间实现全面的隔离，这样不仅能减低服务器的购置成本，还能同时降低服务器的运维成本。例如，WMware 的 ESX 和开源的 Xen、KVM。

2）分布式存储。为了承载海量的数据，并对这些数据实施管理，需要一整套分布式的存储系统。例如，Google 的 GFS。

3）关系型数据库。基本是在原有的关系型数据库的基础上做了扩展和管理等方面的优化，使其在云中更适应。

4）NoSQL。为了满足一些关系数据库所无法满足的目标，如支撑海量数据等。例如，Google 的 BigTable 和 Facebook 的 Cassandra 等。

2.2.1.4　管理层

管理层是为横向 3 层提供多种管理和维护等方面的技术，主要包括以下 6 个方面：

1）账号管理。能够在安全的条件下方便用户登录，并方便管理员对账号的管理。

2）SLA 监控。对各个层次运行的虚拟机、服务和应用等进行性能方面的监控，以使它们都能在满足预先设定的 SLA（Service Level Agreement，服务等级协议）的情况下运行。

3）计费管理。对每个用户所消耗的资源等进行统计，来准确地向用户索取费用。

4)安全管理。对数据、应用和账号等 IT 资源采取全面保护,使其免受犯罪分子和恶意程序的侵害。

5)负载均衡。通过将流量分发给一个应用或者服务的多个实例来应对突发情况。

6)运维管理。主要是使运维操作尽可能专业和自动化,降低云计算中心的运维成本。

2.2.2　Sales Cloud 和 App Engine

以 Salesforce 的 Sales Cloud 和 Google 的 App Engine 这两个著名的云计算产品为例,来介绍云计算架构。

2.2.2.1　Sales Cloud

Sales Cloud[Salesforce CRM(客户关系管理)]属于云计算中的 SaaS 层,主要是通过在云中部署可定制化的 CRM 应用,方便企业用户在初始投入下使用 CRM。此外,只需接入网络,就可根据自身的流程来进行灵活地定制使用。

图 2.4 为 Sales Cloud 在技术层面上的大致架构。

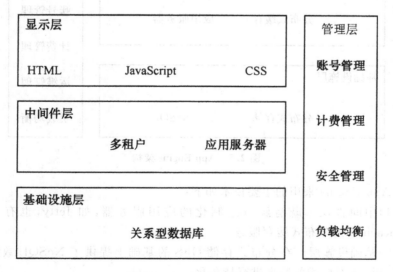

图 2.4　Sales Cloud 的架构

Sales Cloud 采用的主要技术如下:

1)显示层。基于 HTML、JavaScript 和 CSS 的黄金组合。

2)中间件层。Salesforce 引入了多租户内核和为支撑此内核运行而定制的应用服务器。

3)基础设施层。其为了支撑上层的多租户内核做了很多优化。

4)管理层。Salesforce 在安全管理方面提供了多层保护,并支持 SSL 加密等技术。此外,其对于账号管理、计费管理和负载均衡方面的支持也是很大的。

2.2.2.2 App Engine

App Engine 属于云计算中的 PaaS 层。其主要提供一个平台,让用户在 Google 强大的基础设施上部署和运行应用程序,同时 App Engine 会根据应用所承受的负载来对应用所需的资源进行调整,并免去用户对应用和服务器等的维护工作,而且支持 Java 和 Python 这两种语言。由于 App Engine 属于 PaaS 平台,所以关于显示层的技术选择由应用的自身需要而定,与 App Engine 无关,App Engine 在技术层面上的大致架构如图 2.5 所示。

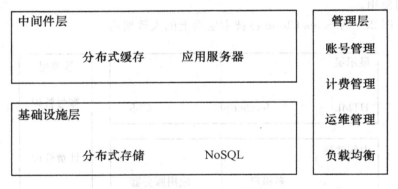

图 2.5 App Engine 架构

App Engine 采用的主要技术如下:

1)中间件层。既有经过定制化的应用服务器,如 Jetty,也有基于 Memcached 的分布式缓存服务。

2)基础设施层。在分布式存储 GFS 的基础上提供了 NoSQL 数据库 BigTable 来对应用的数据进行持久化。

3)管理层。由于 App Engine 是基于 Google 强大的分布式基础设施的,它在运维管理技术、计费管理都做得非常出色,而且在账号管理和负载均衡这两方面都有非常好的支持。

2.3 云计算标准化组织与内容

云计算是新生事物,很多方面的标准还存在空白,容易形成无规范可依的情况。于是很多标准化组织应运而生,研究范围包括云计算架构、关键技术、安全等方面,近年来的热点集中在云计算安全及云迁移方面。

2.3.1 国际标准组织

2.3.1.1 CSA

云安全联盟(Cloud Security Alliance,CSA)成立于 2009 年 4 月,目标是推广安全最佳实践和云安全培训。CSA 编写了针对云计算消费者和服务提供商的 15 个战略领域的关键问题和建议,其发布的《云计算关键领域的安全指南 V4.0》白皮书,已成为云计算安全领域的重要指导文件,在云计算安全最佳实践方面影响力巨大。

2.3.1.2 ITU

国际电联 ITU-T 成立了云计算焦点研究组(FG Cloud),这是全球首个由权威标准化组织成立的云计算组织,目的是实现一个全球性的云计算生态系统,确保各个系统之间信息交互的安全性。云计算安全是标准组最重要的研究课题之一,后续将与 ITU-T 云计算焦点研究组和 SG17 Q8 组(面向架构安全的服务)同时开展研究工作。

2.3.1.3 IETF

2010 年 11 月,在 IETF(国际互联网工程组织)第 79 次大会上,通过了 Cloud OPS WG(云计算运维工作组)和 Cloud APS BOF(云计算应用兴趣组)成立提案。其中 Cloud OPS WG 工作组将开展云计算资源建模、资源管理和资源提供的标准化工作;Cloud APS BOF 主要面向各种业务需求,研究提供安全高效的云资源部署方案,以及目前云计算平台互联所面临的技术问题。

2.3.1.4 IEEE

IEEE(美国电气和电子工程师协会)2011 年 4 月 4 日宣布,将启动

P2301 和 P2302 两个云计算标准化项目组，以推动云计算的发展。

P2301 工作组将采用多种文件格式和接口标准，研究云迁移和云管理方面的标准化。其标准成果将为云服务提供商及采购云服务或系统的用户提供指导，规范各种行业组织已经完成或正在进行中的云计算工作，如云应用、云迁移、云管理、云界面，为文件格式和操作惯例等提供一份单一的参照源。其预期的工作结果是一组云服务的互操作性规范，主要对互联网和电话信令系统 7 的命名和路由协议进行标准化。工作组最初只是针对高层的软件结构，未来如有需要，系统和芯片的硬件设计也将会纳入其标准体系。

2.3.1.5　NIST

美国国家标准技术研究院（National Institute of Standards and Technology，NIST）的目标是提供能在政府和工业领域得到有效安全应用的技术指导和推广技术标准。NIST 提出了针对美国联邦政府的安全云架构和安全部署策略，成立了云计算安全工作组。在相关标准中，《云计算安全和隐私管理指南》描述了云计算所面临的安全和隐私方面的问题，并针对"架构、互联信任、合规性、访问控制、软件隔离、数据保护"等方面问题提出了管理建议。

2.3.1.6　OASIS

结构化信息标准推进组织（Organization for the Advancement of Structure Information Standards，OASIS）成立于 1993 年，是非营利联合会组织。目标是推动全球信息社会的开发、融合和应用开放标准。

OASIS 推动的云计算标准包括"访问和身份策略安全""格式控制和数据输入输出内容""目录池""目录和注册表标准""面向服务架构方法和模型""网络管理和服务质量""互操作性"。

2.3.1.7　DMTF

分布式管理任务组（Distributed Management Task Force，DMTF）的目标是联合整个 IT 行业，协同开发、验证和推广系统管理标准，以简化跨越全球的系统管理，降低 IT 管理成本。目前，主机操作系统及硬件级的管理接口规范都来自 DMTF 标准。

2.3.1.8　SNIA

存储工业协会（Storage Network Industry Association，SNIA）是存储行业的领导组织，其宗旨是领导全世界范围的存储行业开发、推广标准、技术和培训服务,增强组织的信息管理能力。

2010 年 8 月 SNIA 成立了云备份与恢复(BUR)特别兴趣小组。

2.3.1.9　The Open Group

The Open Group 开放组是厂家中立、技术中立的联合会,旨在开放标准和全球互操作性的基础上,实现企业内部和企业之间的无边界的集成信息流,建立消费者和供应商之间的共识,共识内容涉及云计算的 IT 技术,以及如何安全、可靠地实现不同规模的企业运营,减少企业运营的成本,增大商业可扩展性和敏捷性,消除云产品和服务对企业的厂家锁定。最近推出了一系列关于云计算商业应用场景、云计算的参考架构、云计算投资回报计算方法的优秀白皮书。

2.3.1.10　CCIF

云计算互操作论坛(Cloud Computing Interoperability Forum,CCIF)是开放的厂家中立的非营利技术社区组织,其目标是建立全球的云团体和生态系统,讨论云计算的社区共识,探讨新兴趋势和参考结构,帮助不同组织加快应用云计算解决方案和服务。

CCIF 提出了统一云接口(Unified Cloud Interface,UCI),把不同云的 API 统一成标准接口实现互操作,提出了资源描述框架 RDF(Resource Description Framework),定义资源的语义、分类和实体方法。

2.3.1.11　OGF

开放网格论坛(Open Grid Forum,OGF)提出了 OCCI 1.0,目的是建立架构即服务云的接口标准解决方案,实现架构云远程管理,开发不同工具以支持部署、配置、自动扩展、监控和定义云计算、存储和网络服务。OGF成员发表了很多针对网格计算、节能降耗的数据中心建设的最佳实践白皮书,对云计算数据中心建设有非常好的参考价值。

2.3.2　国内标准组织

2.3.2.1　CCSA

中国通信标准化协会(China Communications Standards Association,CCSA)于 2002 年 12 月 18 日在北京正式成立。该协会的主要任务是为了更好地开展通信标准研究工作,把通信运营企业、制造企业、研究单位、大学等关心标准的企事业单位组织起来,按照公平、公正、公开的原则制定标准,进行标准的协调、把关,把高技术、高水平、高质量的标准推荐给政府,把具有我国自主知识产权的标准推向世界,支撑我国的通信产业,为世界通信做出贡献。

CCSA 侧重于在电信领域云计算的应用和影响,发布了《互联网云计算与 P2P 技术研究报告》。

2.3.2.2 CCCTIA

中国云计算技术与产业联盟(China Cloud Computing Technology and Industry Aliance,CCCTIA)成立于 2010 年 1 月 22 日,是一个开放式、非营利性的技术与产业联盟。中国云计算技术与产业联盟由中国电子学会发起,组织成员包括中国电信、中国移动、中国电子信息产业集团、中国国际电子商务中心等 79 家企事业机构,2010 年发布了《云计算白皮书》。

2.4 云计算的国际标准化状况

表 2.1 是近年来国际部分标准化组织云计算标准化工作主要关注点。从部分国际标准化组织云计算标准制定动态图示中,可以清晰地了解到,各个国际标准化组织对云计算标准的侧重点不同。

表 2.1 相关组织云计算标准化工作主要关注点

研究关注对象		国际标准化组织和协会
互操作	虚拟资源管理	DMTF、OGF、ETSI
	数据存储与管理	SNIA、DMTF
	应用移植与部署	DMTF、Use Cases Group、Open Cloud Manifesto
安全		CSA、DMTF、NIST、Open Cloud Manifesto
运营管理		Use Cases Group、Open Cloud Manifesto
概念与架构		NIST、Use Cases Group、Open Cloud Manifesto
用户案例与需求分析		DMTF、GICTF、OGF、The Open Group
测试		OCC

　　表 2.1 将现有的 23 个相关组织制定的 23 个云计算相关规范分为 6 类,包括互操作、安全、运营管理、概念与架构、用户案例与需求分析、测试。其中,一半以上(12 个)设计互操作标准,从虚拟资源管理、数据存储与管理、应用移植与部署 3 个方面展开,从各个层面保证跨云访问、跨云存储和云之间的互联互通。此外,在用户案例与需求分析方面的研究也较多。测试方面的标准比较少,只有 OCC 制定了数据密集型计算的基准测试规范。

　　下面就一些主要标准组织的工作情况作简要介绍分析。

　　(1)开放云计算联盟

　　开放云计算联盟(Open Cloud Consortium,OCC)成立的目的是设法改善分布在不同地理位置的数据中心的云存储和云计算的性能,并推广开放的架构,让由不同组织运营的云计算能够在一起无缝地工作,研究内容如下:

　　1)支持云计算标准和云间互操作框架的开发。

　　2)开发云计算 Benchmark。

　　3)支持云计算的实施,特别是开源云案例的实施。

　　4)管理名为"Open Cloud Testbed"的云计算测试床。

　　5)赞助云计算的研讨会以及相关会议。

　　该联盟重要的基础设施是开放云计算试验台(Open Cloud Testbed),试验台由位于芝加哥的两个机架、位于马里兰州巴尔的摩市约翰霍普金斯大学的一个机架和位于加州拉霍亚市 Calit2 的一个机架组成,这些机架靠万兆以太网相连。

　　(2)分布式管理任务组

　　分布式管理任务组(Distributed Management Task Force,DMTF)已经组建了一个研究组,专门解决云计算开放管理标准的需求。开放云计算标准研究组将制定一套云计算资源管理的信息技术规范。这些技术规范将在 12 个月内成为互操作性标准。

　　目前这一工作组的一项重要成果是开放虚拟化格式(Open Virtualization Format,OVF),它是关于虚拟机镜像格式的标准。有了这个标准,来自不同虚拟化厂商的虚拟机就可以使用同样的格式进行存储,并使得在一个厂商的虚拟化引擎上运行其他厂商的虚拟机成为可能。将来,研究组将在分布式管理任务组新的 OVF 的基础之上建立一套虚拟化环境的系统管理标准。这个团队重点推出的一套具体标准如下:

　　1)云计算分类学:一套词汇和定义。

　　2)云计算用户操作性白皮书。

　　3)信息性技术规范,包括用于云计算的 OVF 修改规范、管理云计算资源发布的规范（如应用程序编程接口和协议）等。

4）信任云计算资源管理的要求。

5）与合适的联盟合作伙伴一起研究记录。

该组织目前已经吸引了超过 35 家企业参与，其中包括 17 家领导委员会成员企业，分别为 AMD、CA、思科、思杰、EMC、日立、惠普、IBM、英特尔、微软、Novell、Rackspace、Red Hat、Savvis、SunGard、Sun 以及 VMware。

（3）企业云买方理事会

企业云买方理事会（Enterprise Cloud Buyers Council）的成立是为了以消除妨碍企业使用云计算服务的障碍。行业组织分布式管理任务组和 IT 服务管理论坛（IT Service Management Forum）也是该组织的成员。

企业云买方理事会的一个重要任务是消除企业对厂商锁定的担忧。企业云买方理事会将研发基于标准的解决方案，其中包括虚拟、管理和控制层，使企业能方便地将项目由一个厂商的服务迁移到另外一家厂商，并研究如何为企业提供安全可靠的云计算解决方案。企业云买方理事会还将解决与云计算性能和延迟相关的问题。

（4）云安全联盟

云安全联盟（Cloud Security Alliance，CSA）是个推动按需、基于 Web 的计算领域通用最佳实践的非盈利性行业组织，其成立的目的是推广为使用云计算提供更好的安全保证的最佳做法，并且为人们提供云计算方面的教育，帮助保证所有其他计算形式的安全，其目标如下：

1）保证用户和供应商对云计算的安全需求和质量保证有着同样的认识。

2）促进对云计算安全最佳做法的独立研究。

3）发起正确使用云计算和云安全解决方案的宣传和教育计划。

4）创建有关云安全保证的问题和方针的明细表。

为了减轻与云计算有关的安全顾虑，云安全联盟召集了大量 IT 管理、法律、网络安全、审计、应用安全、存储、加密、虚拟化、风险管理以及其他领域的专家，为政府机构安全迁移到云环境提供必要指导。

该联盟可能为云计算安全提供解决建议。云安全联盟网站上的信息显示，该联盟将详细检查信息安全中包括安全架构、信息生命周期管理、业务连续性和灾难恢复等在内的 15 个项目，以及检查各个项目中的风险和机会。云安全联盟的联合创始人 Jim Reavis 说："一开始，我们将为企业提供各个领域的实用建议，让它们在选择云服务供应商时更好地保护自己。"

（5）《云开放宣言》

2009 年 3 月，由 IBM 牵头的《云开放宣言》（Open Cloud Manifesto）正式签署。该文件敦促厂商就有关云计算和竞争性云服务的互操作性的基本原则达成一致。思科、EMC、Sun、VMware 和大批重要的创业公司等众多的"云计算"厂商都参与并共同签署了该宣言。此外，还有 AT&T、Telefonica、SAP、AMD、Elastra、rPath、Juniper、Red Hat、Hyperic、Akamai、Novell、Sogetil Rackspace、RightScale GoGrid、Aptanal Cast Iron、Engine Yard、Eclipse、SOASTA、F5、LongJump，NC State、Enomaly、Nirvanix、OMG、CSC、Boomi、Reservoir、Appistry 和 Heroku。

IBM 一直是开源技术的倡导者和支持者，此次带领众厂商签署云计算开放宣言，进一步验证了 IBM 对开源的一贯支持，特别是在云计算相关技术上，IBM 也将支持开源技术。

（6）SNIA

网络存储工业协会（Storage Networking Industry Association，SNIA）宣布云计算数据管理接口标准，该标准允许云计算服务提供商和存储厂商进行交互式云存储，标志着云计算的首个行业开发开放标准。它可应用于公共、私有和混合存储云，希望由服务提供商和云计算技术架构商实施到所有云计算的部署模型中。

（7）ETSI

欧洲电信标准化协会（The European Telecommunications Standards Institute，ETSI）ETSI Cloud 组织的目标是解决 IT（信息技术）和电信融合的相关问题，重点是跨越本地网络的一些场景。这不仅包括网格计算，而且包括重在实现通过无处不在的网络接入弹性的计算和存储资源的新兴的云计算技术。

ETSI Cloud 组织特别关注同时涉及 IT 和电信行业的互操作性解决方案，重点是 IaaS（基础架构即服务）的实施模型。ETSI Cloud 组织主要用基于全球标准和验证工具的互操作性应用和服务来支持这些标准，并朝着连贯一致的通用基础设施演进，同时支持公共部门、学术和消费者环境中的网络化业务应用。

（8）开放网络论坛（Open Grid Forum，OGF）

开放云计算接口工作组（Open Cloud Computing Interface，OCCI）是开放网络论坛中一个组织，它的目的是为基础架构即服务的接口创造实用的解决方案，重点是云计算基础架构服务的部署、监控和定义。该工作组将会用灵活的方式创建 API。

2.5 云计算的国内标准化跟踪

我国当前的标准化工作主要是对国际标准化组织云计算标准的梳理，对我国国内云计算商业应用调研，并基于此，规划我国的云计算标准体系及开展急需的云计算标准。国内开展云计算标准化工作组织见表 2-2。

表 2.2　国内开展云计算标准化工作组织

序号	组织/学会	工作目标	主要成果
1	全国信息技术标准化技术委员会 SOA 标准工作组	开展云计算标准体系研究及关键技术和产品、测评标准的研究和制定工作	《云计算标准研究报告》（征求意见稿）
2	工信部 IT 服务标准工作组	开展云计算相关服务、运营等方面的标准研究和制定	《中国信息技术服务标准（ITSS）白皮书》《信息技术服务云计算服务第 1 部分：通用要求》（草案）
3	中国电子学会	云计算技术和产业发展	《云计算白皮书》

我国也在积极参与和推动国际云计算标准化相关工作。目前我国专家承担了 ISO/IEC、JTC1/SC38 云计算研究组的秘书职位和 SC7 云计算研究组的联合召集人职位，在 2010 年的 SC38 第二次年会上，我国提交的《云计算潜在标准化需求分析》提案得到了 SC38/SGCC 其他国家的认可，相关内容纳入后续研究组报告中，并争取到云计算研究报告的联合编辑职位。另外，我国还向 JTC1/SC32 提交了互操作性元模型框架（Metamodel Framework for Interoperability，MFI），这是数据管理的基础。这些成果的取得为今后我国的国际云计算标准化工作的开展奠定了良好的基础。

（1）IT 服务标准工作组

2009 年 10 月 24 日，信息技术领域的国际标准化官方组织 ISO/IEC JTCI（国际标准化组织/国际电工委员会第一联合技术委员会）在以色列特拉维夫召开的 2009 年全会上正式通过了成立分布应用平台服务分技术委员会（简称 SC38）的决议，并明确规定 SC38 下设 Web 服务、面向服务的体系结构（SOA）工作组和云计算研究组。本次会议期间，中国电子技术标准化研究所的相关负责人分别成为 SOA 工作组召集人以及云计算研究组秘书,为我国组织研究制定 SOA 和云计算两个新兴技术领域的国际标准奠定了坚实的基础。

在工业和信息化部及国家标准化管理委员会的共同领导下,全国信息标准化技术委员会筹建了 SOA 标准工作组(以下简称"SOA 工作组"),以推动中国 SOA 标准体系的研究及基础性 SOA 国家制定标准,并协助各行业制定 SOA 行业或领域的应用标准。在 SOA 标准工作组下设的云计算专题组,它侧重于相关的云计算技术标准的研究,包括云计算的基础性标准,以及技术、产品、互操作相关标准的研究和制定,明确我国云计算标准化工作的思路、定位和作用,并提出标准贯彻实施的方法;其次是研究制定云计算参考实现,为硬件厂商、软件厂商和服务商在云计算中应发挥的作用和拥有的地位提供指导;最后是制定相关的技术标准,为云计算的推广应用及相关的产业化工作提供标准化支撑。标准的竞争是国际产业竞争的制高点。本次国际标准化工作中取得的重大突破,标志着我国在 SOA 与云计算领域的标准化工作得到了国际社会认可,获得了在此领域的标准化主导权。

在 2010 年初,SOA 标准化工作组云计算专题组启动了《云计算标准研究报告》项目并计划将研究成果代表我国提交至国际标准组织 ISO/IEC JTC1。

(2)中国通信标准化协会

中国通信标准化协会也是相关的通信领域标准化的一个权威标准化机构。他们目前也成立了一个 TCR,在移动互联网协议组下开展了相关的工作。

中国通信标准化协会隶属于工业与信息化部电信研究院,是国内专门从事通信信息网络技术研究的科研机构。该协会一直致力于通信各个专业领域的技术研究,长期为政府提供电信监管和产业发展政策等方面的技术支撑,专门从事国家和通信行业通信信息网络相关技术标准的研究和制定工作,并作为政府在国际标准活动中的代言人积极参与国际标准的制定。

中国通信标准化协会其下属的移动互联网协议组从 2010 年开始云计算的相关研究工作,包括云计算的安全问题和解决方案、云计算相关的标准化工作和云计算的政策和监管问题。同时,中国通信标准化协会积极组织相关人员进行云计算的相关探讨和研究,邀请政府机构、中国通信标准化协会、中国互联网协会等单位的领导、专家和代表,各电信运营商、研究机构、互联网公司、设备制造企业的专家和技术人员对云计算发展的关键问题进行交流，以促进云计算的持续健康发展和推动云计算相关标准的制定。

（3）全国信息技术标准化技术委员会 SOA 标准工作组

全国信息技术标准化技术委员会 SOA 标准工作组负责开展云计算标准研究及相关 SOA、中间件、虚拟化等技术标准的制定。

从前面的分析可以看出，国内外标准化组织对云计算的研究从 2009 年起步，关注度逐渐上升，到 2009 年年底呈现井喷趋势。但是，大部分标准化组织特别是国内组织对云计算的标准研究仍处于起步阶段。

目前在云计算领域较为成熟的标准化方向主要包括虚拟化（DMTF、IETF）、云存储（SNIA）、云安全（CSA）、云测试床（Open Cirrus）等。在异构主机的互操作方面，由于厂商技术壁垒还存在难题，大规模主机管理标准还需进一步研究和改进。同时，ITU 在云生态系统、云功能参考架构方面已取得一定的进展，TMF 在云管理方面也开展了很多工作。在不远的将来，进入云计算的发展期后，适用于运营商的数据中心节能增效参考模型、细粒度的海量数据计算架构评价标准体系、云网络演进策略等将成为未来云计算研究和标准化关注的主要方向。

（4）中国电子学会云计算专家委员会

中国电子学会云计算专家委员会进行国内外云计算科技研究和产业发展趋势的跟踪，开展云计算相关领域的国际国内学术交流和合作，通过会议、网络、媒体宣传等多种活动方式，正确引导和宣传云计算相关科技知识及发展方向，为该领域的长期发展提供坚实的人力资源基础；为科技规划、科研立项、应用推广提供科学决策依据，参与制定云计算技术产业规范；为企业提供高水平、实用性强的技术培训。

2010 年 1 月，由中国电子学会发起成立了中国云计算技术和产业联盟。该联盟是云计算相关企业、科研院所、相关机构自发、自愿组建的开放式、非营利性技术与产业联盟。

综上所述，各个机构和厂商目前已经开始着手云计算标准的建立。但是云计算标准化工作不是一朝一夕可以完成的，它需要技术的发展、市场的推动和实践的积累。云计算是一种开放的资源，更是一个开放的平台。就目前来看，过早建立标准反而会阻碍云计算发展，云计算标准的形成可能更多地要依靠技术和市场的发展推动。现在是各路厂商各自努力往前冲的时候，制定统一标准的大环境还不成熟，当产业发展到某一阶段后，标准制定就能水到渠成。事实上，随着云计算在中国的不断发展，云计算的标准问题也成为政府、行业协会、研究院所以及应用单位所关注的重要话题。

第3章 云存储技术及应用

3.1 云存储的概念及特征

云存储是云计算技术的重要组成部分，是云计算的重要应用之一。在云计算技术发展过程中，伴随着数据存储技术的云化发展历程。任何一项新技术的出现与发展，都有着与其密不可分的、推动其向前的背景技术。随着互联网技术的不断提升，宽带网络建设速度的加快，大容量数据传输技术的实现和普及，传统的基于 PC 的存储技术将逐渐被云存储技术所取代。

3.1.1 云存储的概念

云存储迄今为止还没有一个标准的定义，它是伴随云计算衍生出来的，是一种新兴的网络存储技术。云存储是云计算技术的重要组成部分，同时也是云计算重要应用之一。

云存储是通过网络技术、分布式文件系统、服务器虚拟化、集群应用等技术将网络中海量的异构存储设备构成可弹性扩展、低成本、低能耗的共享存储资源池，并提供数据存储访问、处理功能的系统服务。用户无须了解存储设备的物理位置、型号、容量、接口和传输协议等。

云存储在服务架构方面，包含了云计算三层服务架构的技术体系。云存储服务在 IaaS 层为用户提供了数据存储、归档、备份的服务，在 PaaS 层为用户提供各种不同类型的文件及数据库服务。作为云存储在 SaaS 层的使用，涉及的内容相当丰富和广泛，如我们熟悉的云盘、照片及文档的保存与共享、在线音视频、在线游戏等。

3.1.2 云存储的特征

（1）低成本

云存储最大的特征就是可以为中小企业降低成本，降低企业因需要服务器存储数据而专门购买昂贵的硬件和软件的成本。与此同时，企业还节省了一大笔劳务开销，如聘请专业的 IT 人士来管理、维护和更新这些硬件和软件。

（2）服务模式

实际上云存储不仅仅只是一个采用集群式的分布式架构，它还是一个通过硬件和软件虚拟化而提供的一种存储服务，其亮点之一就是按需使用、按量付费。企业或个人只需购买相应的服务就可把数据存储到云计算数据中心，而无须去购买并部署这些硬件设备来完成数据的存储。

（3）可动态伸缩性

存储系统的动态伸缩性主要指的是读/写性能和存储容量的扩展与缩减。一个设计良好的云存储系统可以在系统运行过程中简单地通过添加或移除节点来自由扩展和缩减，并且这些操作对用户来说都是透明的。

（4）高可用性

云存储方案中包括多路径、控制器、不同光纤网、端到端的架构控制/监控和成熟的变更管理过程，从而大大提高了云存储的可用性。此外，还可以在满足 CAP 理论下，适当放松对数据一致性的要求来提高数据的可用性。

（5）超大容量存储

云存储可以支持数十 PB 级的存储容量和高效地管理上百亿个文件，同时还具有很好的线性可扩展性。

（6）安全性

所有云存储服务间传输以及保存的数据都有被截取或篡改的隐患，因此也需要采用加密技术来限制对数据的访问。另外，云存储系统还采用数据分片混淆存储作为实现用户数据私密性的一种方案。细心的用户可以发现，云存储数据中心比传统的数据中心具有更少的安全漏洞和更高的数据安全性。

3.2 云存储系统结构及关键技术

3.2.1 结构模型

图 3.1 所示是一个云存储简易结构。图中的存储节点（Storage Node）负责存放文件，控制节点（Control Node）则作为文件索引，并负责监控存储节点间容量及负载的均衡，这两个部分合起来便组成一个云存储。

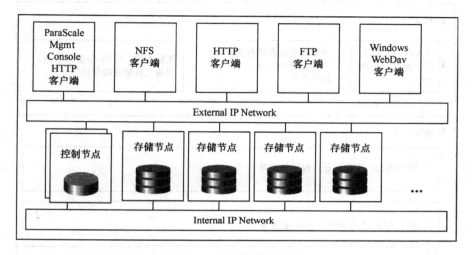

图 3.1　云存储简易结构

每个存储节点与控制节点至少有两片网卡（千兆、万兆卡都可以，有些支持 Infiniband——一种支持多并发链接的"转换线缆"技术），一片网卡负责内部存储节点与控制节点的沟通、数据迁移，另一片网卡负责对外应用端的数据读写。一片千兆卡读可以达到 100MB，写可以达到 70MB。如果觉得对外一片网卡不够，也可以多装几片。

上面 NFS、HTTP、FTP、WebDav 等是应用端，左上角的 Mgmt Console 负责云存储中存储节点的管理（一台个人计算机）。对于应用端，云存储只是个文件系统，支持标准的协议，如 NFS、HTTP、FTP、WebDav 等。

与传统的存储设备相比，云存储不仅仅是一个硬件，而且是一个网络设备、存储设备、服务器、应用软件、公用访问接口、接入网和客户端程序等多个部分组成的复杂系统。各部分以存储设备为核心，通过应用软件来对外提供数据存储和业务访问服务。

云存储系统的结构由 4 层组成，如图 3.2 所示。

（1）存储层

存储层是云存储最基础的部分。存储设备可以是光纤通道存储设备，可以是 NAS 和 iSCSI 等 IP 存储设备，也可以是 SCSI 或 SAS 等 DAS 存储设备。

云存储中的存储设备往往数量庞大且分布于不同地域，彼此之间通过广域网、互联网或者光纤通道网络连接在一起。所有的存储设备由一个统一存储设备管理系统，可以实现存储设备的逻辑虚拟化管理、多链路冗余管理，以及硬件设备的状态监控和故障维护。

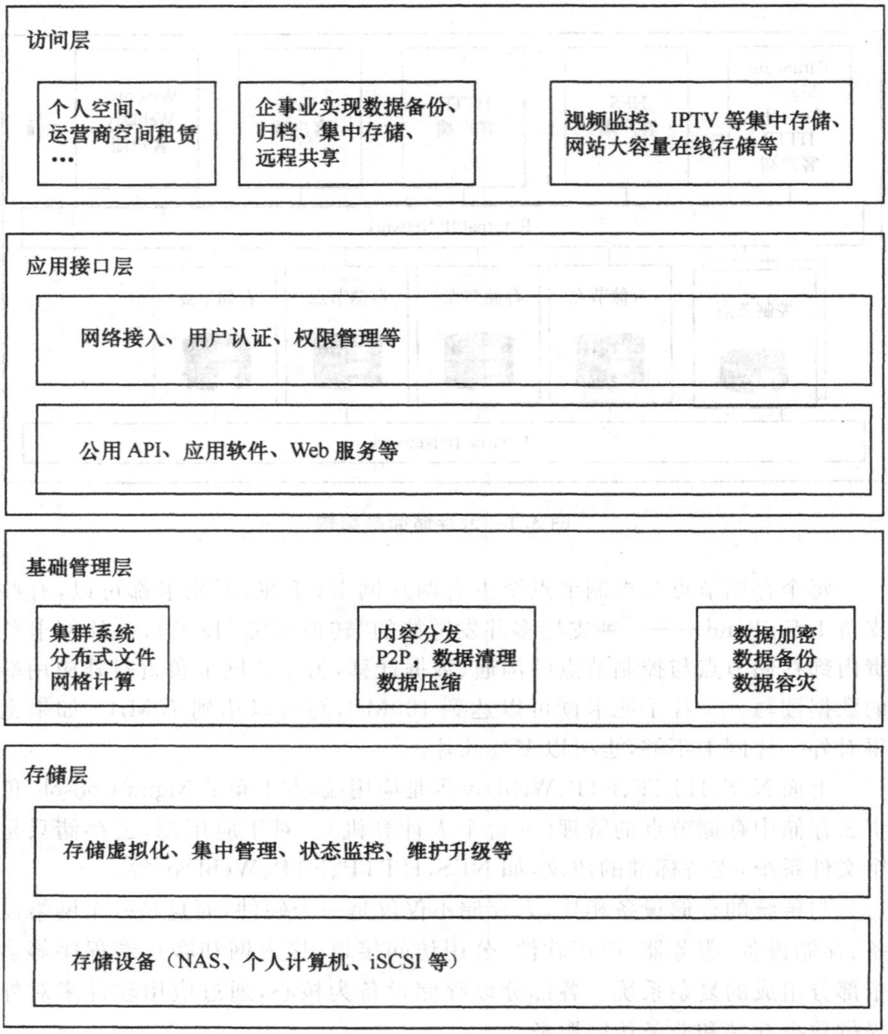

访问层

| 个人空间、
运营商空间租赁
… | 企事业实现数据备份、
归档、集中存储、
远程共享 | 视频监控、IPTV 等集中存储、
网站大容量在线存储等 |

应用接口层

网络接入、用户认证、权限管理等

公用 API、应用软件、Web 服务等

基础管理层

| 集群系统
分布式文件
网格计算 | 内容分发
P2P,数据清理
数据压缩 | 数据加密
数据备份
数据容灾 |

存储层

存储虚拟化、集中管理、状态监控、维护升级等

存储设备(NAS、个人计算机、iSCSI 等)

图 3.2 云存储系统结构模型

(2)基础管理层

基础管理层是云存储最核心的部分,也是云存储中最难以实现的部分。基础管理层通过集群、分布式文件系统和网格计算等技术实现云存储中多个存储设备之间的协同工作,使多个存储设备可以对外提供同一种服务,并提供更大、更强、更好的数据访问性能。

(3)应用接口层

应用接口层是云存储最灵活多变的部分。不同的云存储运营单位可以根据实际业务类型,开发不同的应用服务接口,提供不同的应用服务。如视频监控应用平台、IPTV 和视频点播应用平台、网络硬盘引用平台、远程数据备份应用平台等。

（4）访问层

通过标准的公用应用接口,任何一个授权用户都可以来登录云存储系统,享受云存储服务。云存储运营单位不同,云存储提供的访问类型和访问手段也不同。

1）服务模式。这种模式很容易开始,其可扩展性几乎是瞬间的。根据定义,用户拥有一份异地数据的备份。但是基于带宽的有限性,因此要考虑恢复模型,用户必须满足网络之外的数据的需求。

2）HW 模式。这种部署位于防火墙背后,并且其提供的吞吐量要比公共的内部网络好。购买整合的硬件存储解决方案非常方便。

3）SW 模式。该模式具有 HW 模式所具有的优势。另外,它还具有 HW 所没有的价格竞争优势。然而安装某些 SW 却非常困难。

3.2.2　两种架构

传统的系统利用紧耦合对称架构,这种架构的设计旨在解决 HPC（High Performance Computing,高性能计算、超级运算）问题,现在其正在向外扩展成为云存储从而满足快速呈现的市场需求。下一代架构则已经采用松弛耦合非对称架构,集中元数据和控制操作,这种架构并不非常适合高性能 HPC,但是可以解决云部署的大容量存储需求。

（1）紧耦合对称（Tightly Coupled Symmetric,TCS）架构

构建 TCS 系统是为了解决单一文件性能所面临的挑战,这种挑战限制了传统 NAS 系统的发展。HPC 系统所具有的优势迅速压倒了存储,因为它们需要单一文件的 I/O 操作要比单一设备的 I/O 操作多得多。业内对此的解决方案是创建利用 TCS 架构的产品,很多节点同时伴随着分布式锁管理（锁定文件不同部分的写操作）和缓存一致性功能。这种解决方案对于单文件吞吐量问题很有效,几个不同行业的很多 HPC 客户已经采用了这种解决方案。这种解决方案很先进,需要一定程度的技术经验才能安装和使用。

（2）松弛耦合非对称（Loosely Coupled Asymmetric,LCA）架构

LCA 系统采用不同的方法来向外扩展。它不是通过执行某个策略来使每个节点知道每个行动所执行的操作,而是利用一个数据路径之外的中央元数据控制服务器。集中控制提供了很多好处,允许进行新层次的扩展。

虽然在可扩展的 NAS 平台上有很多选择,但是通常来说,它们表现为一种服务、一种硬件设备或一种软件解决方案,每一种选择都有它们自身的优势和劣势。

3.2.3 关键技术

3.2.3.1 存储虚拟化技术

存储虚拟化技术能够对存储资源进行统一分配管理,又可以屏蔽存储实体间的物理位置以及异构特性,实现了资源对用户的透明性,降低了构建、管理和维护资源的成本,从而提升云存储系统的资源利用率。

存储虚拟化技术从总体来说,可概括为基于主机虚拟化、基于存储设备虚拟化和基于存储网络虚拟化三种技术。

1)基于主机的虚拟化存储。通过增加一个运行在操作系统下的逻辑卷管理软件将磁盘上的物理块号映射成逻辑卷号,并以此实现把多个物理磁盘阵列映射成一个统一的虚拟的逻辑存储空间(逻辑块),实现存储虚拟化的控制和管理。

基于主机的虚拟化存储不需要额外的硬件支持,便于部署,只通过软件即可实现对不同存储资源的存储管理。但是,软件的部署和应用影响了主机性能,存在越权访问的数据安全隐患,进而降低系统的可操作性与灵活性。

2)基于存储设备虚拟化技术。其依赖于提供相关功能的存储设备的阵列控制器模块,常见于高端存储设备,其主要应用针对异构的 SAN 存储构架。

尽管此类技术不占主机资源,技术成熟度高,容易实施;但是其易消耗存储控制器的资源,同时由于异构厂家磁盘阵列设备的控制功能被主控设备的存储控制器接管导致其高级存储功能将不能使用。

3)基于存储网络虚拟化的技术。在存储区域网中增加虚拟化引擎实现存储资源的集中管理,通过具有虚拟化支持能力的路由器或交换机实现。在此基础上,存储网络虚拟化又可以分为带内虚拟化与带外虚拟化两类。带内虚拟化使用同一数据通道传送存储数据和控制信号;带外虚拟化使用不同的通道传送数据和命令信息。

基于存储网络的存储虚拟化技术架构合理,不占用主机和设备资源。但是其存储阵列中设备的兼容性需要严格验证,由于网络中存储设备的控制功能被虚拟化引擎所接管,导致存储设备自带的高级存储功能将不能使用。

3.2.3.2 分布式存储技术

分布式存储是通过网络使用服务商提供的各个存储设备上的存储空间，并将这些分散的存储资源构成一个虚拟的存储设备，数据分散的存储在各个存储设备上。

（1）分布式块存储系统

块存储就是服务器直接通过读写存储空间中的一个或一段地址来存取数据。由于采用直接读写磁盘空间来访问数据，相对于其他数据读取方式，块存储附读取效率最高，一些大型数据库应用只能运行在块存储设备上。

分布式块存储系统以标准的 Intel/Linux 硬件组件作为基本存储单元，组件之间通过千兆以太网采用任意点对点拓扑技术相互连接，共同工作，构成大型网格存储，网格内采用分布式算法管理存储资源。此类技术比较典型的代表是 IBM XIV 存储系统。

（2）分布式文件系统

文件存储系统可提供通用的文件访问接口，如 POSIX、NFS、CIFS、FTP 等，实现文件与目录操作、文件访问、文件访问控制等功能。目前的分布式文件系统存储的实现有软硬件一体和软硬件分离两种方式。主要通过 NAS 虚拟化，或者基于 x86 硬件集群和分布式文件系统集成在一起，以实现海量非结构化数据处理能力。

（3）分布式对象存储系统

对象存储系统是针对 Linux 集群对存储系统高性能和数据共享的需求而研究的全新的存储架构。对象存储系统底层基于分布式存储系统来实现数据的存取，其存储方式对外部应用透明。这样的存储系统架构具有高可扩展性，支持数据的并发读写，一般不支持数据的随机写操作。最典型的应用实例就是 Amazon 的 S3。

（4）分布式表存储系统

表结构存储是一种结构化数据存储，它提供的表空间访问功能受限，但更强调系统的可扩展性。提供表存储的云存储系统的特征就是同时提供高并发的数据访问性能和可伸缩的存储和计算架构。

分布式表格系统用于存储关系较为复杂的半结构化数据。分布式表格系统以表格为单位组织数据，每个表格包括很多行，通过主键标识一行，支持根据主键的 CRUD 功能以及范围查找功能。分布式表格系统借鉴了很多关系数据库的技术，例如支持某种程度上的事务，比如单行事务，某个实体组（Entty Group）下的多行事务。典型的系统包括 Google

Bigtable 以及 Megastore、Microsoft Azure Table Storage、Amazon DynamoDB、和 Apache HBase 等。

3.2.3.3　数据容错技术

数据容错技术是云存储研究领域的一项关键技术,良好的容错技术不但能够提高系统的可用性和可靠性,而且能够提高数据的访问效率。数据容错技术一般都是通过增加数据冗余来实现的,以保证即使在部分数据失效以后也能够通过访问冗余数据满足需求。冗余提高了容错性,但是也增加了存储资源的消耗。因此,在保证系统容错性的同时,要尽可能地提高存储资源的利用率,以降低成本。

(1)基于复制的容错技术

基于复制的容错技术对一个数据对象创建多个相同的数据副本,并把得到的多个副本散布到不同的存储节点上。当若干数据对象失效以后,可以通过访问其他有效的副本获取数据。基于复制的容错技术主要关注两方面的研究:

1)数据组织结构。数据组织结构主要研究大量数据对象及其副本的管理方式。

2)数据复制策略。数据复制策略主要研究副本的创建时机、副本的数量、副本的放置等问题。

(2)基于纠删码的容错技术

基于编码的容错技术通过对多个数据对象进行编码产生编码数据对象,进而降低完全复制带来的巨大的存储开销。RAID 技术中使用最广泛的 RAID5 通过把数据条带化(Stripping)分布到不同的存储设备上以提高效率,并采用一个校验数据块使之能够容忍一个数据块的失效。但是随着节点规模和数据规模的不断扩大,只容忍一个数据块的失效已经无法满足应用的存储需求。纠删码(Erasure Coding)技术是一类源于信道传输的编码技术,因为能够容忍多个数据帧的丢失,被引入到分布式存储领域,使得基于纠删码的容错技术成为能够容忍多个数据块同时失效的、最常用的基于编码的容错技术。

3.2.3.4　数据备份技术

在以数据为中心的时代,数据的重要性毋庸置疑,数据备份技术非常重要。数据备份技术是将数据本身或者其中的部分在某一时间的状态以特定的格式保存下来,以备原数据出现错误、被误删除、恶意加密等各种原因不可用时,可快速准确地将数据进行恢复的技术。数据备份是容灾的基础,是为防止突发事故而采取的一种数据保护措施,根本目的是数据资源重新利用和保护,核心的工作是数据恢复。

连续数据保护(CDP)是一种连续捕获和保存数据变化,并将变化后的数据独立于初始数据进行保存的方法,而且该方法可以实现过去任意一个时间点的数据恢复。CDP 系统可能基于块、文件或应用,并且为数量无限的可变恢复点提供精细的可恢复对象。

CDP 可以提供更快的数据检索、更强的数据保护和更高的业务连续性能力。尽管一些厂商推出了 CDP 产品,然而从它们的功能上分析,还做不到真正连续的数据保护,比如有的产品备份时间间隔为一小时,那么在这一小时内仍然存在数据丢失的风险,因此,严格地讲,它们还不是完全意义上的 CDP 产品,目前我们只能称之为类似 CDP 产品。

3.2.3.5　数据缩减技术

云存储技术不仅解决了存储中的高安全性、可靠性、可扩展、易管理等存储的基本要求,同时也利用云存储中的数据缩减技术,满足海量信息爆炸式增长趋势,一定程度上节约企业存储成本,提高效率。

(1)自动精简配置

自动精简配置是一种存储管理的特性,它利用虚拟化方法减少物理存储空间的分配,最大限度提升存储空间利用率。这种技术节约的存储成本可能会非常巨大,并且使存储的利用率超 90%。

自动精简配置技术的应用会减少已分配但未使用的存储容量的浪费,在分配存储空间时,需要多少存储空间系统则按需分配。自动精简配置技术优化了存储空间的利用率,扩展了存储管理功能,虽然实际分配的物理容量小,但可以为操作系统提供超大容量的虚拟存储空间。随着数据存储的信息量越来越多,实际存储空间也可以及时扩展,无须用户手动处理。利用自动精简配置技术,用户不需要了解存储空间分配的细节,这种技术就能帮助用户在不降低性能的情况下,大幅度提高存储空间利用效率;需求变化时,无须更改存储容量设置,通过虚拟化技术集成存储,减少超量配置,降低总功耗。

(2)自动存储分层

自动存储分层(Automated Storage Tier,AST)技术(图 3.3)能够在同一阵列的不同类型介质间迁移数据,主要用来帮助数据中心最大限度地降低成本和复杂性。

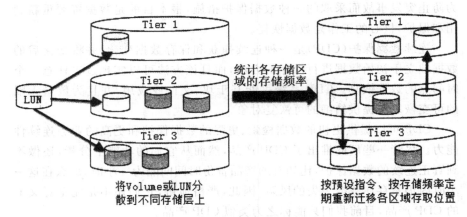

图 3.3   自动存储分层技术

自动存储分层管理系统能够将使用不频繁的数据安全地迁移到较低的存储层中并削减存储成本,而把频繁使用的数据迁移到更高性能的存储层中。自动存储分层(AST)在于两个目标:降低成本和提高性能。

自动存储分层的重要性随着固态存储在当前磁盘阵列中的采用而提升,并随着云存储的来临而补充企业内部部署的存储。自动存储分层使用户数据保留在合适的存储层级,因此减少了存储需求的总量并实质上减少了成本,提升了性能。数据从一层迁移到另一层的粒度越精细,可以使用的昂贵存储的效率就越高。子卷级的分层意味着数据是按照块来分配而不是整个卷。

目前最常见的"Sub-LUN"式自动分层存储技术,基本上可视为是三个功能(存储虚拟化、存取行为的追踪统计与分析、数据迁移)的综合。

比较自动分层存储技术时,需注意的功能与参数包括支持的存储层级数目、针对各存储层 I/O 负载与效能的监控功能等,不过最重要的两个标准分别是"精细度"与"运算周期"。

"精细度"是指系统以多大的磁盘单位,来执行存取行为收集分析与数据迁移操作,这将决定最终所能达到的存储配置最优化效果,以及执行重新配置时所需迁移的数据量。

理论上越精细、越小越好,不过副作用是越精细,将会增加追踪统计操作给控制器带来的负担。假设 1 个 100GB 的 LUN,若采用 1GB 的精细度,系统只需追踪与分析 100 个数据区块,若采用更精细的 10MB 精细度,那就得追踪分析 1 万个数据区块,操作量高出 100 倍,同时对应于数据区块的元数据量也随之大幅增加。

"运算周期"则是指系统多久执行一次存取行为统计分析与数据迁移操作,这会影响系统能多快地反映磁盘存取行为的变化,运算周期越短、越密集,系统将能更快地依照最新的磁盘存取特性,重新配置数据在不同磁盘层集中的分布。

反之,若运算周期间隔太长,很可能磁盘存取状态已发生重大变化,但整个系统仍必须慢吞吞地等到下次统计分析与数据迁移时间到来,才能重新分派磁盘资源。不过若运算周期太密集,也会造成统计分析与数据迁移操作占用过多 I/O 资源的副作用。

(3)重复数据删除

"重复删除"技术(De-duplication)作为一种数据缩减技术可对存储容量进行优化。它通过删除集中重复的数据,只保留其中一份,从而消除冗余数据。使用重复删除技术可以将数据缩减到原来的 $1/20 \sim 1/50$。由于大幅度减少了对物理存储空间的信息量,进而减少传输过程中的网络带宽、节约设备成本、降低能耗。

重复数据删除技术原理是按照消重的粒度可以分为文件级和数据块级。可以同时使用 2 种以上的 Hash 算法计算数据指纹,以获得非常小的数据碰撞发生概率。具有相同指纹的数据块即可认为是相同的数据块,存储系统中仅需要保留一份。这样,一个物理文件在存储系统中就只对应一个逻辑表示。

重复数据删除技术主要分为两类。

1)相同数据的检测技术。相同数据主要包括相同文件及相同数据块两个层次。完全文件检测(Whole File Detection,WFD)技术主要通过 Hash 技术进行数据挖掘;细粒度的相同数据块主要通过固定分块(Fixed-Sized Partition,FSP)检测技术、可变分块(Content-Defined Chunking,CDC)检测技术、滑动块(Sliding Block)技术进行重复数据的查找与删除。

2)相似数据的检测与编码技术,利用数据自身的相似性特点,通过 Shingle 技术、Bloom Filter 技术和模式匹配技术挖掘出相同数据检测技术不能识别的重复数据;对相似数据采用 Delta 技术进行编码并最小化压缩相似数据,以进一步缩减存储空间和网络带宽的占用。

重复数据删除会对数据可靠性产生影响。因为上述这些技术使得共享数据块的文件之间产生了依赖性,几个关键数据块的丢失或错误可能导致多个文件的丢失和错误发生,因此它同时又会降低存储系统的可靠性。

(4)数据压缩

数据压缩技术是提高数据存储效率最古老、最有效的方法之一。数据压缩就是将收到的数据通过存储算法存储到更小的空间中去。随着目前

CPU 处理能力的大幅提高,应用实时压缩技术来节省数据占用空间成为现实。这项新技术就是最新研发出的在线压缩(RACE)。对 RACE 技术,当数据在首次写入时即被压缩,以帮助系统控制大量数据在主存中杂乱无章地存储的情形,特别是多任务工作时更加明显。该技术还可以在数据写入到存储系统前压缩数据,进一步提高了存储系统中的磁盘和缓存的性能和效率。

压缩算法分为无损压缩和有损压缩。相对于有损压缩来说,无损压缩的占用空间大,压缩比不高,但是它有效地保存了原始信息,没有任何信号丢失。但是随着限制无损格式的种种因素逐渐被消除,使得无损压缩格式具有广阔的应用前景。数据压缩中使用的 LZS 算法基于 LZ77 实现,主要由 2 部分构成:滑窗(Sliding Window)和自适应编码(Adaptive Coding),如图 3.4 所示。压缩处理时,在滑窗中查找与待处理数据相同的块,并用该块在滑窗中的偏移值及块长度替代待处理数据,从而实现压缩编码。如果滑窗中有与待处理数据块相同的字段,或偏移值及长度数据超过被替代数据块的长度,则不进行替代处理。LZS 算法的实现非常简洁,处理比较简单,能够适应各种高速应用。数据压缩的应用可以显著降低待处理和存储的数据量,一般情况下可实现 2∶1～3∶1 的压缩比。

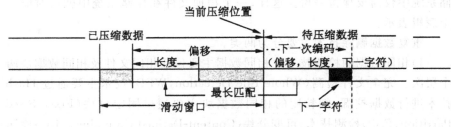

图 3.4　LZ77 压缩原理

压缩和去重是互补性的技术,提供去重的厂商通常也提供压缩。而对于虚拟服务器卷、电子邮件附件、文件和备份环境来说,去重通常更加有效,压缩对于随机数据效果更好,例如数据库。换句话说,在数据重复性比较高的地方,去重比压缩有效。

3.2.3.6　内容分发网络技术

内容分发网络(Content Distribute Network,CDN)是一种新型网络构建模式,主要是针对现有的互联网进行改造。通过在网络各处放置节点服务器,在现有互联网的基础之上构成一层智能虚拟网络,实时地根据网络流量、各节点的连接和负载情况、响应时间、到用户的距离等信息将用户的请求重新导向离用户最近的服务节点上。目的是使用户可就近取得所需内容，解决互联网网络拥挤的状况，提高用户访问网站的速度。CDN 部署结构如图 3.5 所示。

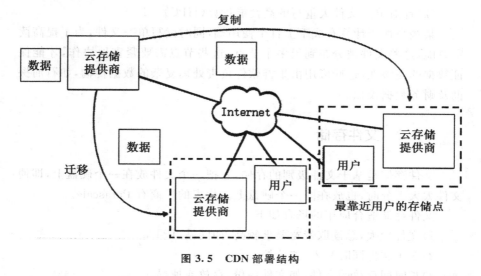

图 3.5　CDN 部署结构

CDN 的关键技术是用户访问调度和内容缓存管理，通过对分散在多个物理节点中的分布式服务设备进行统一调度、统一管理，使用户总能在离自己"最近"的服务设备上找到需要的内容。

3.3　云存储的类型及适合的应用

存储方案的选择要根据数据的形态、数据量及数据读写的方式来做规划。每个存储方案都有它的优点和缺点，用户需要根据自己的应用场景选择合适的云存储类型。云储存分为 3 类：块存储（Block Storage）、文件存储（File Storage）和对象存储（Object Storage）。

3.3.1　块存储

块存储适合用在数据库或是需要单笔数据快速读写的应用。哪些应用适合块存储？

（1）快速更改的单一文件系统

快速更改的单一文件包括数据库、共用的电子表单等。对于好几个人共享一个文件，文件经常性、频繁地更改。为了达到这样的目的，系统必须具备很大的内存、很快的硬盘及快照等功能，市场上有很多这样的产品可以选择。

（2）针对单一文件大量写的高性能计算（HPC）

某些高性能计算有成千上百个使用端，同时读写单一文件，为了提高读写效能，这些文件被分布到很多个节点，这些节点需要紧密地协作，才能保证数据的完整性，这些应用由集群软件负责处理复杂的数据传输，如石油探勘及财务数据模拟。

3.3.2　文件存储

文件存储是基于文件级别的存储，它把一个文件放在一个硬盘上，即使文件太大拆分时，也放在同一个硬盘上。代表的厂商有 Parascale。

文件存储适合应用的场合如下：

1）文件较大，总读取带宽要求较高，如网站、IPTV。

2）多个文件同时写入，如监控。

3）长时间存放的文件，如文件备份、存放或搜寻。

3.3.3　对象存储

对象存储比传统的文件系统存储在规模上要大得多，对象存储系统并非将文件组织成一个目录层次结构，而是在一个扁平化的容器组织中存储文件（在 Amazon 的 S3 系统中被称作"桶"），并使用唯一的 ID（在 S3 中被称作"关键字"）来检索它们。其结果是对象存储系统相比文件系统需要更少的元数据来存储和访问文件，并且它们还减少了因存储元数据而产生的管理文件元数据的开销。这意味着对象存储能够通过增加节点而近乎无限制地扩展规模。

对象存储系统是针对 Linux 集群对存储系统高性能和数据共享的需求而研究的全新的存储架构。对象存储系统有效地结合了 SAN 和 NAS 系统的优点，支持直接访问磁盘以提高性能；通过共享的文件和元数据以简化管理。Amazon 的 S3 和 OpenStack 的 Swift 存储系统就是典型的对象存储系统。

对象存储系统的功能通常是最少的，用户仅仅能够存储、检索、复制和删除文件，还可以控制哪些用户可以进行哪些操作。如果用户想要搜索或是拥有一个其他应用程序可以借鉴的对象元数据中央存储库，那么就需要进行二次开发。Amazon 的 S3 和其他对象存储系统提供 REST API,使得程序员能够使用这些容器和对象。

对象存储系统的 HTTP 接口允许全球各地的用户快速、方便地访问文件。例如,OpenStack 的 Swift 系统中的每一个文件都有一个唯一的基于账号名、容器名和对象名的 URL。因为使用 HTTP 接口进行访问,相比于从 NAS 中访问一个文件,用户将需要等待更长的时间来访问对象存储中的对象。

对象存储只支持数据的最终一致性。每当用户更新一个文件,直到这一更改被传播到所有副本以后,用户才能获取到最新版本。这就使得对象存储不适用于频繁更改的数据。所以对象存储系统非常适合那些不常变化的数据,比如备份、档案、视频和音频文件以及虚拟机映像等。

对象存储和文件系统在接口上的本质区别是对象存储不支持随机位置读写操作,即一个文件 PUT 到对象存储里以后,如果要读取,只能 GET 整个文件,如果要修改一个对象,只能重新 PUT 一个新的到对象存储里,覆盖之前的对象或者形成一个新的版本。

如果结合平时使用云盘的经验,就不难理解这个特点了。用户会上传文件到云盘或者从云盘下载文件。如果要修改一个文件,会把文件下载下来,修改以后重新上传,替换之前的版本。实际上几乎所有的互联网应用,都是用这种存储方式读写数据的,比如微信,在朋友圈里发照片是上传图像、收取别人发的照片是下载图像,也可以从朋友圈中删除以前发送的内容;微博也是如此,通过微博 API 我们可以了解到,微博客户端的每一张图片都是通过 REST 风格的 HTTP 请求从服务端获取的,而用户要发微博的话,也是通过 HTTP 请求将数据包括图片传上去的。

3.4　云存储的应用领域及面临的问题

3.4.1　云存储的应用领域

3.4.1.1　备份

备份应用逐渐向消费者模式及某些企业的产销模式以外的领域扩展,进入中小型企业市场。其最为普遍的应用方案是使用混合存储,将最常用的数据保存在本地磁盘,然后将它们复制到云中。

3.4.1.2 归档

对于云来说,归档是一个"完美"的云存储广泛应用的领域,它是将旧数据从自己的设备迁移到别人的设备中。这种数据移动是安全的,可进行端对端加密,而且许多供应商甚至都不会保存密钥,这样他们就是想看你的资料也无法看到。混合模式在这个领域的应用也很普遍。用户可将旧资料备份到类似 NFS(Network File System,网络文件系统)或 CIFS(Common Internet File System,公共互联网文件系统)设备中。这个领域的产品或服务供应商包括 Nirvanix、Bycast 和 Iron Mountain 等。

在归档应用中,还需调整这类产品中的应用程序接口配置。例如,用户想给归档的项目上挂上具体元数据标签。最好还能在开始归档之前标明保留时间和删除冗余数据。云归档的位置取决于提供云归档服务的服务商。

3.4.1.3 分配与协作

至于分配与协作,似乎要属于服务供应商提供的范畴。它们一般会使用上述供应商如 Nirvanix、Bycast、Mezeo、Parscale 提供的云基础设施产品或服务,或者 EMC Atoms 或 Cleversafe 等厂商的系统类产品。如果想使用更传统的归档产品或服务,可以考虑 Permabit 或者 Nexsan 等可调存储厂商的产品和服务。

服务供应商将利用这些基础设施,我们会发现这个领域开始分化。Box. net 已经采用一种 Facebook 类型的模式来协作,Soonr 则调整了备份功能以便自动将数据移动到云中,然后根据情况分享或传输那些内容。而 Dropbox 和 SpiderOak 已经开发出功能非常强大的多平台备份和同步软件。

3.4.1.4 共享

在共享应用上,文件状态的检查还需进一步完善。如想知道谁在传输文件,他们看了多长时间及他们在阅读文件过程中在哪些地方作了评论或提出了问题等。

3.4.2 云存储应用面临的问题

3.4.2.1 安全性

安全性一直是企业实施云计算首要考虑的问题之一。同样,对于想要进行云存储的客户来说,安全性通常也是首要的商业考虑和技术考虑。但是许多用户对云存储的安全要求甚至高于他们自己的架构所能提供的安全水平。即便如此,面对如此高的不现实的安全要求,许多大型、可信赖的云存储厂商也在努力满足,构建比多数企业数据中心安全得多的数据中心。用户可以发现,云存储具有更少的安全漏洞和更高的安全环节,云存储所能提供的安全性水平要比用户自己的数据中心所能提供的安全水平还要高。

3.4.2.2 便携性

一些用户在托管存储的时候还要考虑数据的便携性。一般情况下这是可以得到保证的,一些大型服务提供商所提供的解决方案承诺其数据便携性可媲美最好的传统本地存储。有的云存储结合了强大的便携功能,可以将整个数据集传送到用户所选择的任何媒介,包括专门的存储设备。

3.4.2.3 性能和可用性

最新一代云存储突破了过去的一些托管存储和远程存储总是存在着延迟时间过长的问题,体现在客户端或本地设备高速缓存上,将经常使用的数据保持在本地,从而有效地缓解互联网延迟问题。通过本地高速缓存,即使面临最严重的网络中断,这些设备也可以缓解延迟性问题。这些设备还可以让经常使用的数据像本地存储那样快速反应。通过一个本地NAS网关,云存储甚至可以模仿终端NAS设备的可用性、性能和可视性,同时将数据予以远程保护。随着云存储技术的不断发展,各厂商仍将继续努力实现容量优化和WAN(广域网)优化,从而尽量减少数据传输的延迟性。

3.4.2.4 数据访问

当执行大规模数据请求或数据恢复操作时,云存储是否可提供足够的访问性。针对这一问题,现有的厂商可以将大量数据传输到任何类型的媒介,可将数据直接传送给企业,且其速度之快相当于复制、粘贴操作。

另外,云存储厂商还可以提供一套组件,在完全本地化的系统上模仿云地址,让本地NAS网关设备继续正常运行而无须重新设置。未来,如果大型厂商构建了更多的地区性设施,那么数据传输将更加迅捷。如此一来,即便是客户本地数据发生了灾难性的损失,云存储厂商也可以将数据重新快速传输给客户数据中心。

3.5 云存储典型应用案例分析

云存储的概念一经提出，就得到了众多厂商的支持和关注。目前，业内企业针对云存储推出了很多种不同种类的云服务，Microsoft、EMC、Amazon、和 Google 等就是代表，下面将简要介绍这几个企业的云服务平台产品。

3.5.1 EMC ATMOS

EMC ATOMS 是第一套容量高达数千兆兆字节（PetaByte，PB）的信息管理解决方案。ATMOS 能通过全球云存储环境，协助客户将大量非结构化数据进行自动管理。凭借其全球集中化管理与自动化信息配置功能，可以使 Web 2.0 用户、互联网服务提供商、媒体与娱乐公司等安全地构建和实现云端信息管理服务。

Web 2.0 用户正在创造越来越多的丰富应用，文件、影像、照片、音乐等信息可在全球范围共享。Web 2.0 用户对信息管理服务提出了新需求，这正是"云优化存储"（Cloud Optimized Storage，COS）面世的主要原因，COS 也将成为今后全球信息基础架构的代名词。

EMC ATMOS 的领先优势在于信息配送与处理的能力，采用基于策略的管理系统来创建不同层级的云存储。例如，将常用的重要数据定义为"重要"，该类数据可进行多份复制，并存储于多个不同地点；而不常用的数据，复制份数与存储地方相对较少；不再使用的数据在压缩后，复制备份保存在更少的地方。同时，ATMOS 可以为非付费用户和付费用户创建不同的服务级别，付费用户创建副本更多，保存在全球范围内的多个站点，并确保更高的可靠性和更快的读取速度。

EMC ATMOS 内置数据压缩、重复数据删除功能，以及多客户共享与网络服务应用程序设计接口（API）功能。服务供应商通过 EMC ATMOS 实现安全在线服务或其他模式的应用。媒体和娱乐公司也可以运用同样的功能来保存、发布、管理全球数字媒体资产。EMC ATMOS 是企业向客户提供优质服务的必备竞争利器，因为他们只要花费低廉的成本就能拥有 PB 级云存储环境。

在如今的数字世界中，数码照片、影像、流媒体等非结构化数字资产正在快速增长，其价值也不断提升。不同规模的企业和机构希望对这类资产善加运用，而云存储基础架构正是一套效率卓越的解决方案。云存储解决方案运用多项高度分布式资源作为单一地区数据处理中心,使得信息能够自由流动,企业通过使用 EMC ATMOS 这类新型云存储基础架构解决方案进行运用,将能够大大提升业务潜能和竞争力。

EMC ATMOS 的主要功能与特色包括以下几点:

1)EMC ATMOS 将强大的存储容量与管理策略相结合,随时随地自动分配数据。

2)结合功能强大的对象元数据与策略型数据管理功能,能有效进行数据配置服务。

3)复制、版本控制、压缩、重复数据删除、磁盘休眠等数据管理服务。

4)网络服务应用程序设计接口包括 REST 和 SOAP,几乎所有应用程序都能轻松整合。

5)内含自动管理和修复功能,以及统一命名空间与浏览器管理工具。这些功能可大幅减少管理时间,实现任何地点轻松控制和管理。

6)多客户共享支持功能,可让同一基础架构执行多种应用程序,并被安全地分隔,这项功能最适合需要云存储解决方案的大型企业。

EMC ATMOS 云存储基础架构解决方案内含一套价格经济的高密度存储系统。目前 ATMOS 推出 3 个版本,系统容量分别为 120TB、240TB 以及 360TB。

3.5.2 Amazon 云存储服务

Amazon 云服务的名称是 Amazon WebServices(AWS)。除了弹性计算云(Elastic Compute Cloud,EC2)之外,Amazon 还提供了两类云存储服务,简单存储服务(Simple Storage Service,S3)和弹性块存储服务(Elastic Block Storage,EBS)。

3.5.2.1 Amazon S3

Amazon S3 是一个公有云服务,Web 开发人员能够存储各种数据资源(如图片、视频、音乐和文档等),以便在应用程序中使用。使用 S3 时,它就像一个位于互联网的机器,有一个包含数字资产的硬盘驱动。实际上,它涉及位于多个地理位置的许多机器,其中包含数据资源或者数据资源的某些部分。Amazon 还处理所有复杂的服务请求,可以存储数据并检索数据。用户只需要付少量的费用(大约每月 15 美分/GB)就可以在 Amazon 的服务器上存储数据,1 美元即可通过 Amazon 服务器传输数据。

Amazon 的 S3 服务提供了 RESTful API,用户能够使用任何支持 HTTP

通信的语言访问 S3。JetS3t 项目是一个开源 Java 库,可以抽象出使用 S3 的 REST API 的细节,将 API 公开为常见的 Java 方法和类。JetS3t 使 S3 和 Java 语言的工作变得更加简单,从根本上提高了效率。

理论上,S3 是一个全球存储区域网络(SAN),它表现为一个超大的硬盘,用户可以在其中存储和检索数据资源。但是,从技术上讲,Amazon S3 采用的是对象存储架构。通过 S3 存储和检索的资源被称为对象。对象存储在存储桶(Bucket)中。用户可以用硬盘进行类比:对象就像是文件,存储桶就像是文件夹(或目录)。与硬盘一样,对象和存储桶也可以通过统一资源标识符(Uniform Resource Identifier,URI)查找。

S3 还提供了指定存储桶和对象的所有者和权限的能力,就像对待硬盘的文件和文件夹一样。在 S3 中定义对象或存储桶时,用户可以指定一个访问控制策略。

3.5.2.2　Amazon EBS

Amazon Elastic Block Store(EBS)为 Amazon EC2 实例提供块级存储容量。Amazon EBS 提供可用性高、可靠性强且可预测的存储卷,并可以与一个正在运行 Amazon EC2 实例相连接且在实例中显示的为一个设备。Amazon EBS 卷能独立于实例的生命周期而存在。Amazon EBS 特别适合需要建立数据库、文件系统或可访问原始数据块级存储的应用程序。

存储卷的行为就像是一个原始的、未格式化的块设备,且具有用户提供的设备名称和一个块设备接口。用户可以在 Amazon EBS 卷上构建一个文件系统,或者按照用户的需要按块设备的方式使用它们,就像是使用一个硬盘一样。

Amazon EBS 卷可以是 1GB 到 1TB 的大小,可以被挂接到相同可用区域内的任何一个 Amazon EC2 上。挂载之后,EBS 卷就会像任何硬盘或者块设备一样作为一个挂载的设备出现。实例和卷之间的交互就如同它和一个本地设备一样,用一个文件系统格式化卷或者在其上直接安装应用软件。

一个卷一次只能挂载到一个实例之上,但是多个卷却可以挂载到同一个实例上。这意味着用户可以挂载多个卷并且条带化这些数据,这样就可以增加 I/O 和吞吐量性能。这对于数据库类型的应用特别有用,这些应用同时也频繁地通过数据集来完成大量的随机读写操作。如果实例失效或者实例与卷分离,这个卷仍然可以被挂载到这个有效区域内的其他实例上。

Amazon EBS 卷还可以作为 Amazon EC2 实例的一个引导分区,这就允许用户可以增加引导分区的大小到 1TB,保护用户的引导分区数据超过实例的生命期,并且一键捆绑用户的 AMI。用户同样可以停止并通过

Amazon EBS 卷的引导(当卷保持着状态时)来重启实例,此时系统具有很快的启动时间。

快照还可以用来实例化多个新的卷,通过有效区域扩展卷的规模或者移动多个卷。当生成一个新的卷时,这里有一个选项可以通过现有的 Amazon S3 快照来生成它。在这种方案中,一个新的卷作为一个原始卷的精确副本开始。通过选择性的指定一个不同的卷大小或者不同的可用区域,这个功能可以被用于增加一个现有卷大小的方法或者在一个新的可用区域内生成一个复制卷的方式。

Amazon EBS 卷是设计为高可用和高可靠的。Amazon EBS 卷数据是通过在一个有效区域内的多个服务器复制的,这可以防止数据由于任何单点失效引起的丢失。因为 Amazon EBS 服务器是在单个有效区域内复制的,在相同的有效区域内,存在多个 Amazon EBS 卷的镜像数据将不会有效地改善卷持久性。但是,对于那些需要更有效的持久性,Amazon EBS 提供生成任意时间点一致性卷快照的功能,它被存储在 Amazon S3,并且可以提供持久的恢复功能。Amazon EBS 快照是增量备份,这意味着只有当设备上的块在最近的快照有了改变时才会被保存。如果用户有一个 100GB 数据的设备,但是最近的一个快照只有 5GB 的数据改变了,只有 5GB 增加的快照数据被存储到 Amazon S3。快照是被递增地保存着,当要删除一个快照时,只有任意其他快照都不需要的数据会被删除。因此不管之前的快照是否删除了,所有有效的快照将会包含所有的需要用来恢复这个卷的数据。

3.5.3　Google 的云存储服务

Google 使用的云计算基础架构模式包括 4 个相互独立又紧密结合在一起的系统。包括 Google 建立在集群之上的文件系统、针对 Google 应用程序的特点提出的 Map/Reduce 编程模式、分布式的锁机制 Chubby,以及 Google 开发的模型简化的大规模分布式数据库 BigTable。这里我们对 Google 的云存储服务加以介绍。

3.5.3.1　Google 文件系统

为了满足 Google 迅速增长的数据处理需求,Google 设计并实现了 Google 文件系统(Google File System,GFS)。GFS 与过去的分布式文件系统拥有许多相同的目标。例如,性能、可伸缩性、可靠性以及可用性。然而,它的设计还受到 Google 应用负载和技术环境的影响。主要体现在以下

4 个方面。

1）集群中的节点失效是一种常态，而不是一种异常。由于参与运算与处理的节点数目非常庞大，通常会使用上千个节点进行共同计算，因此，每时每刻总会有节点处在失效状态，需要通过软件程序模块，监视系统的动态运行状况，侦测错误，并且将容错以及自动恢复系统集成在系统中。

2）Google 系统中的文件大小与通常文件系统中的文件大小概念不一样，文件大小通常以 G 字节计。另外文件系统中的文件含义与通常文件不同，一个大文件可能包含大量数目的通常意义上的小文件。所以，设计预期和参数，例如 I/O 操作和块尺寸都要重新考虑。

3）GFS 中的文件读写模式和传统的文件系统不同。在 Google 应用（如搜索）中对大部分文件的修改，不是覆盖原有数据，而是在文件尾追加新数据。对文件的随机写是几乎不存在的。对于这类巨大文件的访问模式，客户端对数据块缓存失去了意义，追加操作成为性能优化和原子性保证的焦点。

4）文件系统的某些具体操作不再透明，而且需要应用程序的协助完成，应用程序和文件系统 API 的协同设计提高了整个系统的灵活性。例如，放松了对 GFS 一致性模型的要求，这样不用加重应用程序的负担，就大大简化了文件系统的设计。还引入了原子性的追加操作，这样多个客户端同时进行追加的时候，就不需要额外的同步操作了。

总之，GFS 是为 Google 应用程序本身而设计的。据称，Google 已经部署了许多 GFS 集群。有的集群拥有超过 1000 个存储节点，超过 300T 的硬盘空间，被不同机器上的数百个客户端连续不断地频繁访问着。

3.5.3.2　Google BigTable

Google BigTable 是构建于 GFS 之上的分布式数据库系统。很多应用程序对于数据的组织还是非常有规则的。一般来说，数据库对于处理格式化的数据还是非常方便的，但是由于关系数据库很强的一致性要求，很难将其扩展到很大的规模。为了处理 Google 内部大量的格式化以及半格式化数据，Google 构建了弱一致性要求的大规模数据库系统 BigTable。

BigTable 是非关系型数据库，是一个稀疏的、分布式的、持久化存储的多维度排序 Map。BigTable 的设计目的是快速且可靠地处理 PB 级别的数据，并且能够部署到上千台机器上。BigTable 看起来像一个数据库，采用了很多数据库的实现策略。但是 BigTable 并不支持完整的关系型数据模型；而是为客户端提供了一种简单的数据模型，客户端可以动态地控制数据的布局和格式，并且利用底层数据存储的局部性特征。BigTable 将数据统统看成无意义的字节串,将结构化和非结构化数据写入 BigTable 时,客户端需要首先将数据串行化。

BigTable 已经实现了适用性广泛、可扩展、高性能和高可用性几个设计目标。

Bigtable 是一个为管理大规模结构化数据而设计的分布式存储系统,可以扩展到 PB 级数据和上千台服务器。很多 Google 的项目使用 BigTable 存储数据,这些应用对 BigTable 提出了不同的挑战,比如数据规模的要求、延迟的要求。BigTable 能满足这些多变的要求,为这些产品成功地提供了灵活、高性能的存储解决方案。BigTable 已经在超过 60 个 Google 的产品和项目上得到了应用,包括 Google Analytics、Google Finance、Orkut、Personalized Search、Writely 和 GooSe Earth。这些产品对 BigTable 提出了迥异的需求,有的需要高吞吐量的批处理,有的则需要及时响应数据给最终用户。它们使用的 BigTable 集群的配置也有很大的差异,有的集群只有几台服务器,而有的则需要上千台服务器、存储几百 TB 的数据。

第4章　云服务及其主要类型与应用

4.1　云服务的概念及分类

4.1.1　云服务的概念

云服务是基于互联网的相关服务的增加、使用和交付模式,通常涉及通过互联网来提供动态易扩展且经常是虚拟化的资源。云是网络、互联网的一种比喻说法。云服务所秉持的核心理念是"按需服务",它通过网络以按需、易扩展的方式获得所需服务。这种服务可以是 IT,和软件、互联网相关,也可以是其他服务,即计算能力也可作为一种商品通过互联网进行流通,就像人们使用水、电、天然气等资源的方式一样。云服务形态如图 4.1所示。

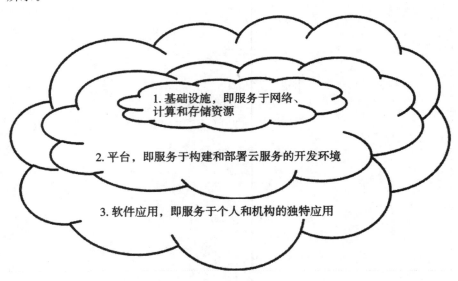

1. 基础设施,即服务于网络、计算和存储资源

2. 平台,即服务于构建和部署云服务的开发环境

3. 软件应用,即服务于个人和机构的独特应用

图 4.1　云服务形态

4.1.2　云服务的分类

在云计算中,根据其服务集合所提供的服务类型,整个云计算服务集合被划分成 4 个层次:应用层、平台层、基础设施层和虚拟化层。这 4 个层次每一层都对应着一个子服务集合,如图 4.2 所示。

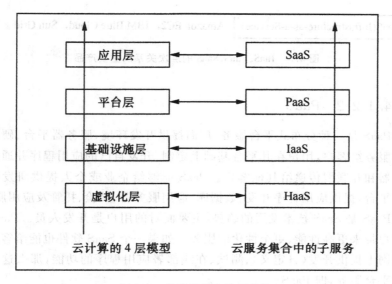

图 4.2　云计算服务体系结构

云计算的服务层次是根据服务类型即服务集合来划分。在计算机网络中每个层次都实现一定的功能,层与层之间有一定的关联。而云计算体系结构中的层次是可以分割的,即某一层次可以单独完成一项用户的请求而不需要其他层次为其提供必要的服务和支持。

云计算按照服务类型大致可分为 3 类:IaaS、PaaS 和 SaaS。图 4.3 列举了 IaaS、PaaS 和 SaaS 的关系及每个层次的主要产品。

4.1.2.1　SaaS

SaaS 是最常见的,也是最先出现的云计算服务。通过 SaaS 这种模式,用户只要接上网络,通过浏览器就能直接使用在云上运行的应用。SaaS 云供应商负责维护和管理云中的软/硬件设施,同时以免费或者按需使用的方式向用户收费,所以用户不需要顾虑类似安装、升级和防病毒等琐事,并且免去初期高昂的硬件投入和软件许可证费用的支出。

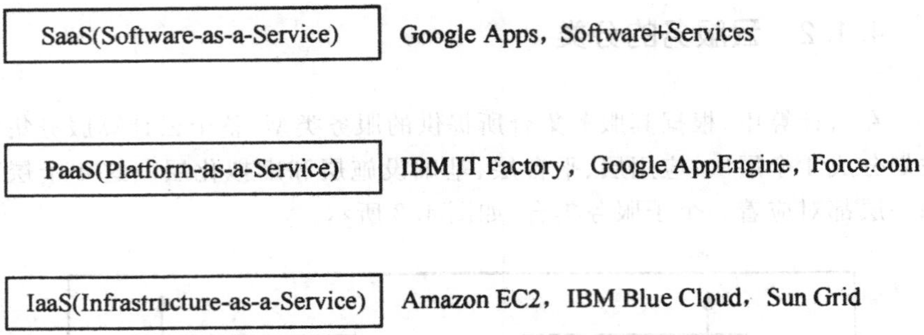

| SaaS(Software-as-a-Service) | Google Apps，Software+Services |

| PaaS(Platform-as-a-Service) | IBM IT Factory，Google AppEngine，Force.com |

| IaaS(Infrastructure-as-a-Service) | Amazon EC2，IBM Blue Cloud，Sun Grid |

图 4.3　IaaS、PaaS、SaaS 的层次关系及主要产品

4.1.2.2　PaaS

PaaS 是一种分布式平台服务，厂商提供开发环境、服务器平台、硬件资源等服务给客户，用户在其平台基础上定制、开发自己的应用程序并通过其服务器和互联网传递给其他客户。PaaS 能够给企业或个人提供研发的中间件平台，提供应用程序开发、数据库、应用服务器、试验、托管及应用服务。

PaaS 是 SaaS 技术发展的趋势，主要面对的用户是开发人员。PaaS 能给客户带来更高性能、更个性化的服务。如果一个 SaaS 软件也能给客户在互联网上提供开发（自定义）、测试、在线部署应用程序的功能，那么这就叫提供平台服务，即 PaaS。

4.1.2.3　IaaS

通过 IaaS，用户可以从供应商那里获得所需要的计算或者存储等资源来装载相关应用，并只需为其所租用的那部分资源付费，而这些烦琐的管理工作则交给 IaaS 供应商来负责。

和 SaaS 一样，类似 IaaS 的想法其实已经出现很久了，如过去的 IDC (Internet Data Center，互联网数据中心）和 VPS(Virtual Private Server，虚拟专用服务器）等，但由于技术、性能、价格和使用等方面的缺失，这些服务并没有被大中型企业广泛采用。但在 2006 年年底，Amazon 发布了 EC2 (Elastic Compute Cloud，灵活计算云）这个 IaaS 云服务。由于 EC2 在技术和性能等多方面的优势，这类技术终于被业界广泛认可和接受，其中就包括部分大型企业，如著名的纽约时报。

最具代表性的 IaaS 产品有 Amazon EC2、IBM Blue Cloud、Cisco UCS 和 Joyent。

4.2　SaaS 服务模式及其应用案例分析

　　软件即服务 SaaS(Software as a Service)是随着互联网技术的发展和应用软件的成熟，一种在 21 世纪开始兴起的创新的软件应用模式，是软件科技发展的最新趋势，主要是集中通过云端为终端用户提供在线服务软件（如应用程序和实用工具），与 On-DemandSoftware（按需软件）、Application Service Provider（应用服务提供商）、Hosted Software（托管软件）等具有相似的含义。

　　SaaS 是最高层，其特色是包含一个多重租用(Multitenancy)，根据需要作为一项服务提供的完整应用程序。所谓"多重租用"是指单个软件实例运行于提供商的基础设施，并为多个客户机构提供服务。

　　SaaS 通过租用的方式提供软件服务，让软件的使用变得简单易掌握，实现销售、生产、采购、财务等多部门多角色在同一个平台上开展工作，实现信息可掌控的高度共享和协同。正是由于这些优势，SaaS 在国内被越来越多的企业、政府和事业单位接受，对于许多中小型企业来说，SaaS 是采用先进技术的最好途径，它消除了企业购买、构建和维护基础设施和应用程序的需要。在这种模式下，客户不再像传统模式那样花费大量投资用于硬件、软件、人员，而只需要支出一定的租赁服务费用，通过互联网便可以享受到相应的硬件、软件和维护服务，享有软件使用权和不断升级。这是网络应用最具效益的营运模式。

　　SaaS 发展迅速，SaaS 应用在给企业和供应商带来收益的同时也带来了挑战：数据的安全性成为人们最关心的话题。如何保障这些数据存放在 SaaS 供应商处不被盗用或出卖？ 如何解决内部信息系统维护人员的管理和信任问题，防止客户数据丢失？

4.2.1　实现层次

　　SaaS 应用在功能上存在着共性，为了简化 SaaS 应用的开发，就需要把那些共性的功能以平台的方式实现，从而使所有 SaaS 应用可以直接使用这些功能，而不需要重复开发。实现这些功能的系统就是 SaaS 平台。

　　如图 4.4 所示，SaaS 平台是基于 IaaS 和 PaaS 平台之上的。SaaS 平台主要是为 SaaS 应用提供通用的运行环境或系统部件，如多租户支持、认证和安全、定价与计费等功能，使 SaaS 软件提供商能够专注于客户所需业务的开发。

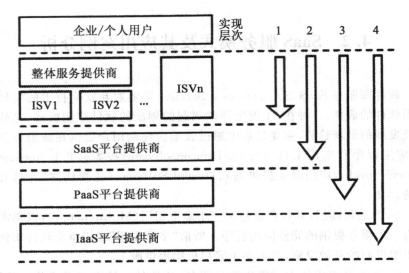

图 4.4 SaaS 应用的实现层次

SaaS 平台的直接使用者是独立软件提供商(ISV)。他们基于 SaaS 平台提供的功能,快速实现客户的需求,并以 SaaS 的模式交付软件实现的功能。整合是每个 ISV 都将面对的问题,所以也将出现专业的整合服务提供商。SaaS 的最终消费者来自于企业与个人用户。

在现实世界中,不同的 SaaS 应用提供商还可以选择不同的层次来实现向用户交付一项软件功能,如图 4.4 右侧所示。

在第 1 类实现层次中,应用提供商依靠 SaaS 平台实现应用的交付,专注于用户需求。这种方式会牺牲一定的系统灵活性和性能,但是能够以较低的投入快速实现客户需求,适用于规模较小或正在起步的公司。

在第 2 类实现层次中,应用提供商使用 PaaS 层提供的应用环境进行 SaaS 应用的开发、测试和部署。这种方式较第 1 种方案的应用提供商的要求更高,但是也赋予其更强的控制能力,使其能够针对应用的类型来优化 SaaS 基础功能,适用于规模较大、相对成熟的公司。

在第 3 类实现层次中,应用提供商只使用云中提供的基础设施服务。所以,应用提供商不但需要实现 SaaS 应用的功能需求,还需要实现安全、数据隔离、用户认证、计费等非功能性需求。同时,应用提供商还需要负责应用的部署和维护工作。采用这种实现层次的公司不但需要具有应用软件的开发能力,还必须具备丰富的平台软件开发能力。

在第 4 类实现层次中,应用提供商不依赖于任何云计算下层的服务,而是在自有的硬件资源和运行环境上提供 SaaS 应用。应用提供商不仅要负责应用和平台功能的开发、部署,还需要提供和维护硬件资源。采用这种实现层次的公司往往具有雄厚的资金和技术实力,它们不仅可以为最终消费者提供服务,也可以作为运营商为在其他层次实现 Saas 的公司提供平台服务。

4.2.2　支撑平台

4.2.2.1　支撑平台的类型

软件即服务层应用类型多样,功能各异,实现方式也各不相同。提供 SaaS 服务的应用架构由应用类型、服务用户的数量、对资源的消耗等因素决定。一般来说,SaaS 应用架构可以有 4 种类型,如图 4.5 所示。

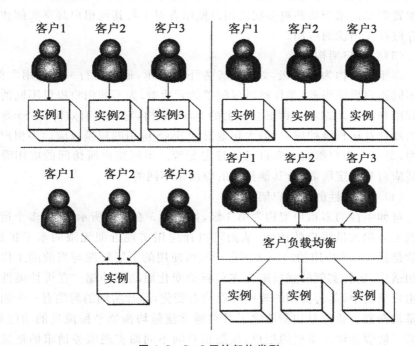

图 4.5　SaaS 层的架构类型

这 4 种类型由是否支持可定制、可扩展和多租户 3 个方面的不同组合而决定。图 4.5 所示的 4 种架构也被称为 SaaS 平台 4 级成熟度模型。每一级都比前一级增加 3 种特性中的一种。

（1）定制开发

定制开发为第 1 级,如图 4.5 左图所示,是一种最简单的提供 SaaS 服务的类型。这种模型下,SaaS 提供商为每个客户定制一套软件,并为其部署。每个客户使用一个独立的数据库实例和应用服务器实例。数据库中的数据结构和应用的代码可能都根据客户需求做过定制化修改。这种架构适用于快速开发的小众应用,而在开发的过程中没有过多考虑可定制、可扩展等因素。

(2)可配置

可配置类型为第 2 级,如图 4.5 右图所示,通过不同的配置满足不同客户的需求,以降低定制开发的成本。为了增强应用的可定制性,以实现应用功能的共享,可以将应用中可配置的点抽取出来,通过配置文件或者接口的方式开发出来。当一个租户需要这样的应用时,提供者可以修改配置,定制成租户所需要的样式。在运行的时候,提供者为每一个租户运行一个应用实例,而不同租户的应用实例共享同样的代码,仅在配置元数据方面不同。可配置类型适用于那些被多次使用但使用者对于与其他租户共享实例和数据存储存在担忧的应用。

(3)多租户架构

多租户架构为第 3 级,如图 4.5 左下图所示,通过运行一个应用实例,为不同租户提供服务,并且通过可配置的元数据,为不同租户提供不同的功能和用户体验。这才是真正意义上的 SaaS 架构,它可以有效降低 SaaS 应用的硬件及运行维护成本,最大化地发挥 SaaS 应用的规模效应。多租户架构中,每一个租户都有一套自己的特定配置。不同租户所访问的应用看起来适应自身特定所需,与其他租户的应用是不同的。

(4)可伸缩性的多租户架构

可伸缩性的多租户架构为第 4 级,如图 4.5 右下图所示,通过多个运行实例来分担大量用户的访问,从而可以让应用实现近似无限的水平扩展。也就是说,SaaS 应用的运行实例运行时所使用的下层资源与当前的工作负载相适应,运行实例的规模随工作负载的变化而动态伸缩。在可伸缩性的多租户架构中,运行实例的规模可以动态变化,运行实例的前端有一个租户流量均衡器。该流量均衡器除了具有通常流量均衡器平衡流量的功能外,还需了解服务请求所属的租户,按照租户的不同而实现服务请求的地址聚合和派发,从而实现在租户粒度上的 SLA 管理。在租户流量均衡器的后端是应用的运行实例。

由于 SaaS 应用大多是通过 Web 方式访问的,为了实现可扩展性,应用的架构可以采用 Web 应用模式的三层架构,即前端是处理 HTTP 请求的 HTTP 服务器,中间是处理应用逻辑的应用服务器,而后端是实现数据存储和交换的数据库服务器。三层架构的 Web 应用实现了传输协议、应用逻辑和数据的分离,每一层次所需的下层资源可以灵活伸缩,从而实现了整个应用的可伸缩性。

　　开发 SaaS 应用还可以采纳的另一种架构形式就是面向服务的架构（SOA）。在 SOA 架构下，SaaS 应用之间可以实现互相通信：一个 SaaS 应用可以作为服务提供者通过接口将数据或功能暴露给其他的应用；也可以作为服务的请求者从其他应用获得数据和功能。在 SaaS 平台中存在大量 Saas 应用的情况下，SOA 可以使开发者利用已有应用，方便快捷地开发和生成新的应用。

4.2.2.2　支撑平台的关键技术

　　为了实现 SaaS 平台架构，SaaS 平台开发者需要设计实现一系列的功能特性，以提供诸如多租户、可扩展、可整合、信息安全、计费与审计等功能，而这些功能组成了软件即服务层的关键技术集。本节首先介绍 Iaas 层的设计要点，然后围绕设计要点介绍该层的关键技术。

　　如图 4.6 所示，IaaS 层构建在硬件资源（如计算、存储和网络）及软件资源（如操作系统和中间件）上，为最终使用者提供具体的应用功能。其中，硬件资源和软件资源可以由 SaaS 应用提供商自己建设和维护，也可以基于本书前面章节所介绍的云计算中的 IaaS 和 PaaS。

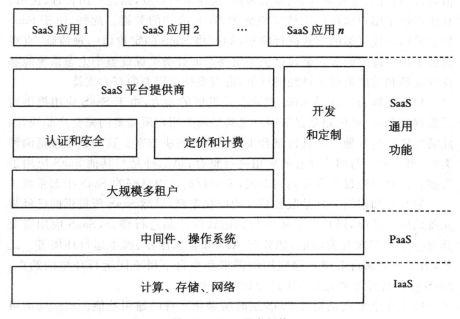

图 4.6　SaaS 平台架构

在云计算的层次架构体系中,各个层次有其不同的分工和职能。IaaS负责提供基础设施资源,包括计算资源、数据存储资源和网络连通,并保证这些资源的可用性。PaaS负责软件运行环境的部署和维护,提供性能优化和动态扩展。各层自下而上隐藏实现细节,提供功能服务。作为最接近应用使用者的SaaS,在承接了由下面层次提供的功能的情况下,仍需要在设计上关注以下要点:

1)大规模多租户支持。这是SaaS模式成为可能的基础。由于SaaS改变了传统应用用户购买许可证、本地安装副本、自行运行和维护的使用模式,向在线订阅、按需付费、无须维护的模式发展,这就自然要求运行在应用提供者或者平台运营者端的SaaS能够同时服务于多个组织和使用者,而多租户技术是使该需求成为可能的基础。

2)认证和安全。这是多租户的必要条件,它改变了以往资源非共享、数据自有的应用运行模式。当应用操作请求到来时,其发起者的身份需要被认证,其操作的安全性需要被监控。虽然诸如数据与环境隔离等基础功能是由多租户技术本身保证的,但是作为应用的前端,认证和安全仍是SaaS安全的第一道防线。

3)定价和计费。这是SaaS模式的客观要求。由于SaaS直接服务最终消费者,具有服务对象分散、需求多样、选择多的特点,因此一组合理、灵活、具体而便于用户选择的定价策略成为SaaS成功的关键。此外,由于SaaS较多采用在线订阅的方式进行购买,如何将SaaS的定价以一种清晰、直观而便于用户理解的方式呈现也至关重要。而计费是保证整个生态系统能够良性运转和发展的最关键经济环节,也需要技术层面的有力支持。

4)服务整合。这是SaaS模式长期发展的动力,由于SaaS应用提供商通常规模较小,难以独立提供用户尤其是商业用户所需要的完整产品线,因此需要依靠与其他产品进行整合来提供整套解决方案。这种整合包括两种类型,第一种是与用户现有的应用进行整合;第二种是与其他SaaS应用进行整合。只有通过整合和共同发展,才能营造云中良好的SaaS生态系统。

5)开发和定制。这是服务整合的内在需要,虽然SaaS所提供的已经是完备的软件功能,但是为了便于与其他软件产品进行整合,SaaS应用需要具有一定的二次开发功能,如公开API和提供沙盒、脚本运行环境等。此外,为了应对来自上层不同应用的需求和来自下层不同运行环境的约束,SaaS应具有可定制的能力来适应这些因素。

以上5个要点是设计SaaS层时所必须实现的通用功能。这些功能可以由SaaS应用提供商自行实现,也可以由专业的SaaS平台商提供,使应用商可以专注于用户需求的实现。下面将对多租户支持、认证和安全、定价和计费、服务整合、开发和定制这五部分依次进行深入讨论。

（1）大规模多租户

云计算环境中，更多的软件以 SaaS 的方式发布出去，并且通常会提供给成千上万的企业用户共享使用来降低每个企业用户的成本，同时通过支持大量的企业租户来取得长尾效应。云计算要求硬件资源和软件资源能够更好地共享，具有良好的可伸缩性。任何一个企业用户都能够按照自己的需求对 SaaS 软件进行客户化配置而不影响其他用户的使用。多租户（Multi-Tenant）技术就是目前云计算环境中能够满足上述需求的关键技术。

多租户这个概念实际上已经由来已久。简单而言，多租户指的就是一个单独的软件实例可以为多个组织服务。一个支持多租户的软件需要在设计上能对它的数据和配置信息进行虚拟分区，从而使得每个使用这个软件的组织能使用到一个单独的虚拟实例，并且可以对这个虚拟实例进行定制化。

在多租户作为一项平台技术时，需要考虑提供一层抽象层，将原来需要在应用中考虑的多租户技术问题，抽象到平台级别来支持，需要考虑的方面包括安全隔离、可定制性、异构服务质量、可扩展性，以及编程透明性等。同时在支持各个方面时需要考虑到应用在各个层面（用户界面、业务逻辑、数据）可能涉及的各种资源。

多租户环境中的多个应用其实运行在同一个逻辑环境下，需要通过其他手段，比如应用或者服务本身的特殊设计，来保证多个用户之间的隔离。

目前普遍认为，采用多租户技术的 SaaS 应用需要具有两项基本特征：第一点是 SaaS 应用是基于 Web 的，能够服务于大量的租户并且可以非常容易地伸缩；第二点则在第一点的基础上要求 SaaS 平台提供附加的业务逻辑，使得租户能够对 SaaS 平台本身进行扩展，从而满足更特定的需求。多租户技术面临的技术难点包括数据隔离、客户化配置、架构扩展和性能定制。

（2）认证和安全

在传统应用中，应用服务器和数据库设备、网络都是部署在客户自己企业，系统维护也是由客户自己掌握，每个客户的数据自然是完全独立互不干扰的，这样客户会觉得很安全、很踏实。传统应用程序部署模式如图 4.7(a)所示。

而在 Saas 应用中，应用服务器、数据库设备不再由客户自己管理，而是部署在云端，系统维护也不再由客户负责。另外，SaaS 应用是完全基于互联网使用的，用户所有的交互和数据都需要通过互联网。Saas 软件服务提供方式如图 4.7(b)所示。在 SaaS 部署模式下，客户就会担心数据的安全和保密，各个用户之间的使用会不会冲突，数据传输是否安全，以及会不会受到黑客的攻击等。因此，Saas 层需要重视平台的安全问题，并采用可靠的安全技术和手段来保证数据的完整性和保密性。

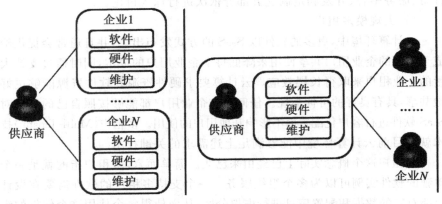

（a）传统应用程序部署模式　　　（b）SaaS软件服务提供方式

图 4.7　应用程序部署模式

　　图 4.8 展示了软件即服务层认证和安全模块的设计要点。首先,向SaaS 发起的应用请求可能来自于不同的实体,如用户使用的掌上便携设备、计算机或笔记本电脑,以及云中的其他应用的调用。针对这种差异化的请求,该模块需要具有前端响应来自不同实体的请求。所谓不同的方式,主要是指针对访问实体的属性采用不同的认证方式。

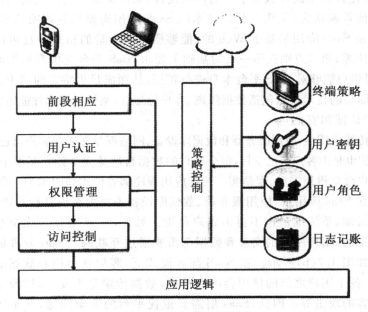

图 4.8　SaaS 层认证模块

值得注意的是,差异化的认证方式需要配合预定义的终端策略来完成。例如,对于来自便携手持设备的请求,将采用用户输入密码的方式进行认证;对于来具有生物信息识别能力的设备的请求,将采用用户扫描指纹等方式进行认证;对于来自云中其他应用的请求,通过核对用户令牌或通行证的方式进行认证。前端响应模块根据不同的认证方式,渲染登录界面,准备接收用户输入。

当用户输入登录信息后,认证和安全模块需要对用户的合法性进行确认,并且核对该用户的身份,赋予其合法的权限。这个过程需要用户认证和权限管理相互配合来完成。用户认证通过核对密钥来确认用户合法性,进而权限管理查阅用户角色目录来确定其所能访问的服务和数据。最后,当用户的身份和角色都已确定后,访问控制模块将用户请求路由至目标应用,并在该会话建立和销毁的整个过程中监控访问情况,隔离潜在的恶意行为。

用户认证就是实现对用户身份的识别和验证,这是保证整个系统应用安全的基础。通过严格的身份认证,防止非法用户使用系统,或伪装成其他用户来使用系统。目前比较常用的身份认证有集中认证、非集中认证、混合认证 3 种。集中认证就是由 SaaS 应用系统提供一个统一的用户认证中心。所有用户都到这个中心来管理和维护各用户的身份数据,SaaS 应用直接到统一的认证中心对用户身份进行校验。集中式认证在用户身份的安全性上更容易得到保障;同时大多数中小型用户没有自己专门的身份认证中心,所以对于大多数中小型 SaaS 应用采用集中认证是比较合适的。

用户的登录、访问和应用使用行为需要被记录下来,这就是日志记账模块的主要功能。如果用户在系统中做了一些错误的操作,导致用户的重要数据丢失或者出错了,用户可能会怀疑这些错误是由于 SaaS 系统的原因造成的,或者其他用户的操作造成的。日志就是要对用户在系统中的操作行为和操作的数据等进行记录,以便对应用在系统的操作进行查证,以保证用户行为是不可伪造的、不可销毁的、不可否认的。也就是说,用户在系统的行为是有据可查的,不能在系统中伪造自己的行为,或者伪造其他用户的行为,同时是不能销毁这些证据的,不能否认自己的行为。

(3)定价和计费

对于 SaaS 来讲,服务定价策略的设计是一项很重要的工作,因为价格的高低和计费是否符合用户的使用模式都会影响用户对服务的选择。因为 SaaS 层的功能比较多,可选性比较大,所以 Saas 层的计费对象是一项具体而细致的功能。制定 IaaS 层定价策略需要综合考虑以下两点因素:

1)Saas 应用的核心价值。一个 Saas 应用往往提供针对用户需求的主要功能,而为了将该功能有效地交付给用户,一般还需要一系列其他辅助功能的配合。通常,辅助功能并不是用户必须拥有的,或者用户也可以通过其他途径获得。所以,SaaS 的价格应该主要根据其为用户提供的价值,而不是提供的功能数量来进行衡量。

2)定价体系的清晰性和灵活性。SaaS 的定价体系必须清晰,使用户可以清楚地了解应用的核心功能和辅助功能的计费,避免造成用户的误解。同时,要为用户提供灵活的功能选择,功能的不同组合或使用情况需要如实反映在价格和费用里。

定价策略的制定直接关系着用户体验和满意程度,同时也影响着 SaaS 应用提供商的收益。一个好的定价策略能够促进应用提供商与消费者的有效沟通,帮助用户在互联网中快速寻找符合预期与预算的服务,帮助应用提供商提高用户忠诚度与黏性。

图 4.9 展示了一个 Saas 应用的定价与计费参考模型,帮助大家理解 SaaS 应用的定价方法,制定结合以上所述因素的定价策略。为了达到定价的灵活性,该模型设计了 3 个不同层次计费方式,由下向上分别是按功能、按计划(套餐)、按账户。按功能付费的计费对象是 SaaS 应用所提供的一项功能或一组功能的集合,其计费依据是对这些功能的使用情况。例如一个在线文档处理应用中的一款 PPT 模板就可以作为一个计费对象,而对其的使用次数可以作为计费依据。

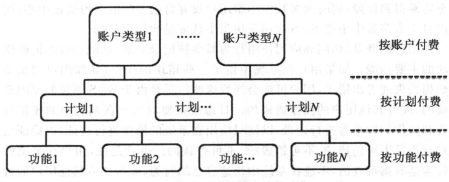

图 4.9 SaaS 应用的定价与计费

按功能计费虽然灵活性很高,但是计费方式分散零碎,难于管理,也不利于提高用户的黏性。按计划付费的方式相对要简单一些。一个计划一般包含一个或若干个功能,以及对该功能的使用情况。按计划收费引入了时间的概念,同时也可以通过差异化来细分市场,便于用户选择。例如在线文档处理应用可以提供两个计划,一个计划允许用户在一个月中无限次地使用基本 PPT 模板和特色模板;而另一个计划则仅允许用户无限次地使用基本模板,特色模板仍需按次付费。

最后一个方式就是按账户计费。这种方式的灵活性最小,但是能为用户提供最便捷的一揽子解决方案。一个账户往往是多个计划的使用者,根据账户的不同需求而进行多种计划的组合。例如在线文档处理应用不仅提供有关PPT模板的计划,还提供有关图标的计划,那么就可以设计两种账户类型。全能账户类型可以同时使用有关PPT模板和图标的计划,而普通账户则仅使用有关PPT模板的计划。

在这个定价参考模型中,层次越高,用户选择的灵活性越小,但其选择的便捷程度提高,对应用的使用黏性也会升高。SaaS应用提供商可以参考以上定价模型,选择合适的层次进行定价。另外,SaaS应用的定价也可以根据应用的成熟程度做相应的调节。比如,在应用上线的初期,为了提高知名度,提供商可以采用按功能付费的定价策略。随着应用的成熟和用户的增多,提供商可以逐渐提高定价策略的层次,并在更高的层次设置一定的价格折扣或功能增强,来吸引用户向高层次发展。这样SaaS应用才可以走上用户稳定、不断发展的良性道路。

(4)服务整合

从Saas的发展历程可以看出,SaaS的发展伴随着其整合能力的提高。早期的SaaS应用是独立而封闭的,而现在SaaS应用已经与企业现有数据和流程深度整合。一个典型的具有高度整合能力的SaaS的例子是Salesforce CRM。它可以帮助企业自动化从营销到签单的销售环节,并为现有客户提供服务。所以,这套系统需要能够获得企业财务系统中的销售数据,以及企业资源计划(ERP)系统中的订单数据。因此,一个SaaS应用需要与其他应用一同配合,才能够完成既定工作。在这里,整合的对象既有可能是企业现有IT系统中的应用,也有可能是企业订阅的其他SaaS应用。

如图4.10所示,SaaS服务整合自上而下针对3个层次。

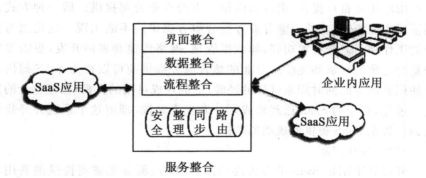

图4.10 SaaS服务整合层次

1)界面整合。作为应用的前端,界面整合就是将来自于不同应用的数据、信息组合在一起,以一种自然的方式展现在用户面前,不至于给用户带来割裂感和陌生感。

2)流程整合。作为应用的逻辑,流程整合不仅需要能够沟通各个业务环节,还应具有一定的灵活可变性,使流程能够根据实际情况进行动态调整。

3)数据整合。作为应用的基础,数据整合需要对已有的业务数据进行验证、整理和必要的转换,使它们能够在不同的应用间进行传递。

数据的传递是服务整合的关键,这个过程在逻辑上通常以管道的方式实现,如图 4.10 所示。数据在管道中流动,管道的不同部分对数据进行管理和加工。管道的长短和功能的组合由数据的特性来决定。不过以下 4 个部分往往是不可或缺的,它们是数据安全、数据整理、数据同步和数据路由。

数据安全模块负责对进入管道的数据进行来源认证,完整性检查,保证数据是可信而未被篡改的。该模块还可以对数据进行加密,并辅助进行访问控制和病毒防疫。

数据整理模块负责对数据的格式进行识别,剔除重复、过时或不符合要求的数据,或者将问题数据进行格式转化。该模块还可以组合多个不同来源的数据,以辅助业务逻辑的整合。

数据同步负责根据业务的规则和流程来控制数据的流动,确定数据的传递和更新次序,避免由于中间环节异常而造成的错误更新和不同步现象。

数据路由是管道的出口,它负责将每一份数据投递到目标应用。投递的规则可以来自数据外部,比如被识别的数据源;也可以来自数据内部,比如某一字段的具体数值。

服务整合往往是 SaaS 应用商所提供解决方案的一部分。整合的功能可以由应用商自行提供,也可以由第三方的专业公司提供。后一种方式正逐渐成为主流,成功的云整合业务整合服务提供商不断出现。这是因为整合的工作除了需要技术功底,如数据管理、网络传输和界面开发,更需要对被整合对象的理解和经验。专业的整合服务提供商可以在为 SaaS 提供者和使用者服务的同时积累这样的经验,形成现成可用的模板,加速整合的进度。可见,现今的 SaaS 已经形成了一套生态系统,理解这个系统并寻找自己的位置是 SaaS 提供商成功的基础。

(5)开发和定制

开发和定制是 SaaS 平台为终端用户、ISV、服务集成商提供的通用功能。开发和定制的核心技术要求是,SaaS 应用能够以一种标准的、简单的方式提供开放的接口,如果可能,还需要为用户、开发者、集成者提供一个易用、安全的测试环境。

开放接口技术伴随着互联网的发展已经被各种开发商所接受。最先是国际著名电子商务网站 Amazon、eBay 等提供了针对网站上商品信息查询的开放接口，目的是使用户通过更多途径访问网站，以及进行二次开发。随后 Yahoo!、Google 等搜索引擎也提供了开放的搜索和查询接口。几年前 Google Maps 开放接口的推出使得大量基于地理位置的第三方定制应用成为可能。现在，开放接口技术已经涉及应用业务流程的各方面，包括信息查询、状态更新、用户认证等。

目前主流的开放接口实现技术是 SOAP 和 REST。SOAP(Simple Object Access Protocol，简单对象访问协议)是交换数据的一种协议规范，是一种轻量的、简单的、基于 XML 的协议，它被设计成能在 Web 上交换结构化的和固化的信息。SOAP 可以与 HTTP、SMTP、RPC 等应用层传输协议搭配使用，完成协商、消息通信、数据传递的任务。目前主流的应用服务器，从企业级的 WebSphere Application Server，到开源的 Apache Tomcat 都对 SOAP 有良好的支持。一个典型的 SOAP 使用场景是，SaaS 平台在应用服务器上提供一个 SOAP 的服务，用户通过客户端使用 HTTP 发送一个 SOAP 消息包，也就是一个 HTTP POST 消息，在消息的主体部分就是 SOAP 消息。SaaS 平台收到 SOAP 请求时，解析消息包的内容，查询本地数据库或进行相应的操作，然后把查询结果或者操作结果封装在一个 HTTP RESPONSE 消息里，以 SOAP 消息包的格式返回给用户。SOAP 的优点是它可以与很多现有传输协议搭配工作，易于推广，但是由于它的设计动机是为了 Web 服务，而 Web 服务的需求使得 SOAP 需要做很多高级的扩展，导致 SOAP 的学习难度较高，操作也相对复杂，性能会受到影响。

REST(REpresentational State Transfer，表述性状态转移)是一种针对网络、分布式应用的软件架构理念和风格。具体来讲，REST 指的是一组架构约束条件和原则。满足这些约束条件和原则的应用程序或设计就是 RESTful。

Web 应用程序最重要的 REST 原则是，客户端和服务器之间的交互在请求之间是无状态的。从客户端到服务器的每个请求都必须包含理解请求所必需的信息。如果服务器在请求之间的任何时间点重启，客户端不会得到通知。此外，无状态请求可以由任何可用服务器回答，这十分适合云计算之类的环境。客户端还可以缓存数据以改进性能。

在服务器端，应用程序状态和功能可以分为各种资源。资源是一个概念实体，它向客户端公开。资源的例子有应用程序对象、数据库记录、算法等等。每个资源都使用 URI(Universal Resource Identifier)得到一个唯一的地址。所有资源都共享统一的界面，以便在客户端和服务器之间传输状态。使用的是标准的 HTTP 方法，比如 GET、PUT、POST 和 DELETE。

另一个重要的 REST 原则是分层系统，这表示组件无法了解它与之交互的中间层以外的组件。通过将系统知识限制在单个层，可以限制整个系统的复杂性，促进了底层的独立性。

当 REST 架构的约束条件作为一个整体应用时，将生成一个可以扩展到大量客户端的应用程序。它还降低了客户端和服务器之间的交互延迟。统一界面简化了整个系统架构，改进了子系统之间交互的可见性。REST 简化了客户端和服务器的实现。

从上面的描述可以看出，REST 的规范清晰，学习、使用起来也比较简单，开发者只需了解 HTTP、XML、JSON 等基础知识即可进行开发，并且由于 REST 实际上规范了资源的查询、修改、添加、删除操作的接口名称就是 HTTP 的 4 种操作，这样大大增加了开放接口的通用性，开发者不需再阅读大量由接口提供者撰写的不通用的接口文档。目前，提供 REST 风格的接口几乎已经成了所有服务提供者的共识，在工程上，服务器端只需要在应用服务器上增加 Restlet、Apache Wink 等扩展包就可以支持 REST。

与开放接口技术同等重要的定制与开发相关技术是测试环境，具体来说称为沙盒（Sandbox），沙盒是一个隔离的测试环境，它可以模拟生产环境、实际系统的状况。开发者可以在沙盒里测试代码，寻找代码的功能问题和性能问题，而不会影响到实际系统的功能和数据。沙盒可以有不同的模拟级别，例如它可以只模拟实际系统的最小功能集，也可以模拟出实际系统的软硬件环境，甚至提供与实际系统类似的数据集或者数据库。当然模拟的级别越高，实现成本也越大，在具体使用中，沙盒的模拟级别可以对应代码开发的阶段，在功能测试时使用最简环境。而在上线前的最终测试时使用模拟了数据库和软硬件环境的环境。此外，沙盒还需要能够从技术上支持测试代码向生产环境的迁移，例如需要内嵌对于代码版本控制（CVS、SVN 等）、开发测试文档、日志等的支持。

4.2.2.3　支撑平台的参考实现

综合上节所介绍的设计要点和关键技术，本节给出一个 SaaS 平台的参考实现架构，如图 4.11 所示。该参考架构的目标实现者是 SaaS 平台提供商。SaaS 平台的作用是为 SaaS 软件开发者（ISV）提供应用所需的通用功能部件。

在图 4.11 中我们可以看到应用安全、应用计费、应用整合、应用隔离等功能部件。它们对应了上节所介绍的关键技术部分，在此不再复述。此外，应用定制、应用隔离等功能部件是实现多租户的基石。值得注意的是,应用定制除了针对界面进行,还能够针对流程等方面进行更加深入的定制。同样,应用隔离除了数据隔离,位于其上的界面隔离和流程隔离以及位于其下的资源隔离,都是该部件所具有的能力。由此可见,该平台能够为应用开发者提供较强的功能性支持,使他们可以专注于业务的开发。

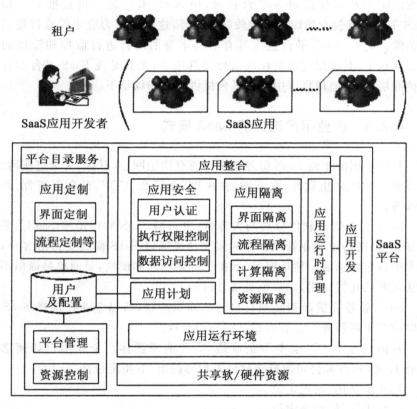

图 4.11　SaaS 平台的参考实现架构

除此之外,该平台还具有应用的运行环境,并且能够对其进行运行时管理。应用运行环境负责沟通底层的共享软件和硬件资源,使它们能够为应用所用;此外该部件还提供应用的上线、运行时管理、离线维护和下线等功能,并配合应用隔离部件和应用开发部件。应用运行环境能够实现对应用的能力管理,该服务使应用开发商能够根据对业务负载的考虑来选择对资源的消耗。这里的资源既包括共享的软、硬件资源,也包括对 SaaS 平台功能的使用。例如,应用运行环境具有数据缓存的能力,它在数据持久化层和业务逻辑层之间加入了缓存,通过提高数据的读写效率来提高应用的性能。

应用开发商可以根据其自身情况来决定是否需要该功能。能力管理服务将根据用户的选择来保证其对资源的合理使用,并通过应用计费部件向应用开发商综合收费。

除了以上 Saas 应用所必需的平台功能外,该参考实现架构中还提供了诸如平台目录服务等为应用开发商提供的增值服务。应用开发商可以把其开发的应用产品注册进入平台目录,由 SaaS 平台统一负责推广。如果 SaaS 平台具有较大的影响力和较好的声誉,这无疑将为应用的流行提供有利条件。此外,SaaS 平台也应具有对其本身的运行进行监控和管理的能力。在这里,对底层资源消耗的监控尤其重要,尤其是在 SaaS 平台本身不维护底层资源,而依靠云中其他平台提供服务的场景下。

4.2.3　企业用户选择的 SaaS 模式

目前中国的主流 SaaS 服务提供厂商有快记网、八百客、天天进账网、中企开源、CSIP、阿里软件、友商网、伟库网、金算盘、CDP、百会创造者、奥斯在线等。

SaaS 企业管理软件分成两大阵营:平台型 SaaS 和傻瓜型 SaaS。平台型 SaaS 是把传统企业管理软件的强大功能通过 SaaS 模式交付给客户,有强大的自定制功能。傻瓜型 SaaS 提供固定功能和模块,是简单易懂但不能灵活定制的在线应用,用户也是按月付费。

SaaS 服务提供商都必须有自己的知识产权,所以企业在选择 SaaS 产品时应当了解服务商是否有自己的知识产权。

我国约有 400 万家中小企业是 SaaS 消费群体。企业用户如何选择 SaaS 模式,八百客公司的资深软件工程师提出"五步定位法":

1)产品试用,宏观定位。

2)按需选择,综合定位。

3)数据保障,安全定位。

4)价格确认,预算定位。

5)合同确认,细节定位。

4.2.4　SaaS 技术要求

SaaS 软件应用服务经过多年的发展,已经开始从 SaaS 1.0 的阶段慢慢进化到 SaaS 2.0 的阶段。SaaS 1.0 更多地强调由服务提供商本身提供全部应用内容与功能,应用内容与功能的来源是单一的;而 SaaS 2.0 阶段,服务运营商在提供自身核心 SaaS 应用的同时,还向各类开发伙伴、行业合作伙伴开放一套具备强大定制能力的快速应用定制平台,能够利用平台迅速配置出特定领域、特定行业的 SaaS 应用,能够提供基于 Web 的应用定制、开发、部署工具,能够实现无编程的 SaaS 应用、稳定、部署实现能力,与服务运营商本身的 SaaS 应用无缝集成。

SaaS 2.0 模式通过浏览器就能利用平台的各种应用配置工具,结合自身特有的业务知识、行业知识、技术知识,迅速地配置出包括数据、界面、流程、逻辑、算法、查询、统计、报表等部分在内的功能强大的业务管理应用,并且能够确保应用迅速地稳定、部署,确保应用能够以较高水平的性能运行。

SaaS 技术要求有 SaaS 服务的新概念、向外部发布信息、从外部获取信息、沟通需求、管理需求、科学决策需求、个性化服务需求等。

4.2.4.1 SaaS 服务的新概念

随着技术发展和商业模式创新,SaaS 定义范围会更宽泛,SaaS 服务让客户更专注核心业务、随时随地灵活启用和暂停使用,选择更加自由的产品、更新速度加快、不仅仅包括在线企业管理软件如 CRM/ERP/SCM/人力资源等管理软件,而且还包括在线办公系统、在线营销系统、在线客服系统、在线调研系统、客户的办公、市场推广与市场营销、客户沟通等需求。

4.2.4.2 向外部发布信息

不同规模的企业想让别人在互联网知道它,首先需要建立网站,其次需要通过网络推广服务把网站的品牌做起来。

4.2.4.3 从外部获取信息

中小企业需要了解更多的行业政策信息、技术走势、产品价格、销售机会等。

4.2.4.4 沟通需求

不同规模的企业希望借助于电子邮箱、IM 和在线客服等产品进行内外部沟通,降低通信成本。

4.2.4.5 管理需求

不同规模的企业都需要通过各种在线信息系统提高管理水平、提升核心竞争力。

4.2.4.6　科学决策需求

企业不仅希望通过在线数据分析系统（OLAP）了解网站的用户来源及用户访问行为，而且也希望通过在线调研系统准确把握客户需求和精细化营销系统降低运营成本。

4.2.4.7　个性化服务需求

咨询人员针对企业处于不同发展阶段、规模差异、行业特点量身定做 SaaS 服务解决方案，帮助企业快速、健康、稳定地发展。

4.2.5　Salesforce 云计算案例

Salesforce 可提供随需应用的客户关系管理（On-demand CRM），允许客户与独立软件供应商定制并整合其产品，同时建立他们各自所需的应用软件。对于用户，可以避免购买硬件、开发软件等前期投资及复杂的后台管理问题。Salesforce 采用的云计算主要是软件即服务这种模式，即通过 Internet 提供软件应用的模式，服务提供商将应用软件统一部署在自己的服务器上，用户无须购买、构建和维护基础设施和应用程序软件，只需根据自己实际需求定购应用软件服务，按定购的服务多少和时间长短向服务商支付费用。服务提供商全权管理、维护软件，让用户随时随地都可以使用其定购的软件和服务。平台即服务是另一种 SaaS，这种形式的云计算把开发环境作为一种服务来提供。开发者可以使用中间商的软硬件设备开发自己的程序并通过因特网供用户使用。

4.2.5.1　Salesforce 云计算产品组成

Salesforce 经过十年多的发展，在云计算方面形成 4 大平台产品，包括 Sales Cloud（销售云，原有 CRM 产品的延伸）、Service Cloud（服务云）、Force. com（CRM 产品的附加应用开发平台）、Chatter Coliobcrofion Cloud（实时通信协作平台）。它们都具备独特的功能，各个产品之下的各个组件还可以无缝整合，实现"按需使用"，结构如图 4.12 所示。下面对每个产品的功能、特征进行简单介绍。

（1）Sales Cloud

Sales Cloud 以 Salesforce Automation 为基础，推出了 Sales Cloud 服务，该服务贯穿于企业销售活动的各个阶段。从前期的机会管理到后期的统计分析与市场预测，应用 Sales Cloud 服务能够起到销售过程加速和流水线化的作用。

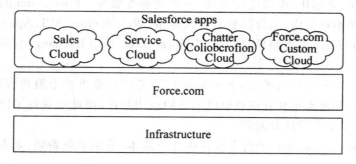

图 4.12 Salesforce 云计算产品结构

（2）Service Cloud

Service Cloud 主要通过各种信息渠道（从呼叫中心、客服门户到社交网站、即时通信）实现高效且响应快捷的客户服务，是一个现代化的客户服务平台，它融合众多通信技术支持各种服务，包括呼叫中心、客户门户、社交功能（快速与 Twitter、Facebook 等社交网站进行连接，参与对公司、产品及服务的讨论）、知识管理（知识积累、共享与管理）、电子邮件、即时聊天（即时与客户、合作伙伴进行交流）、搜索（借助 Google 等搜索站点共享知识和信息）、合作伙伴服务（与合作伙伴协作解决客户问题、共享知识）、客服分析（根据客户服务记录形成相关分析报表）等模块。通过这些服务手段，Service Cloud 能够为自己的用户提供可信的服务渠道，这就是"客户服务软件即服务"。它以 Web 方式订购和交付在线 CRM 软件，用户无须购买和维护 CRM 系统，大大缩短了 CRM 系统的上线时间。

（3）Force. com

Force. com 是 Salesforce CRM 核心产品的附加应用开发平台。Force. com 是一组集成的工具和应用程序，ISV（Independent Software Vendors，独立软件开发商）企业的 IT 部门可以使用它构建任何业务应用程序，并在提供 Salesforce CRM 应用程序的相同基础架构上运行该业务应用程序。Force. com 提供了一个应用开发模型和托管平台，借助这个开发模型，开发人员可以使用 Apex 开发语言访问 Salesforce. com 服务，并将应用自动托管到 Force. com 平台执行，因此 Force. com 属于 PaaS 应用。Apex 代码托管于 Salesforce 的 Force. com 云服务中，运行于 Force. com 平台环境中。在语法方面，Apex 与 Java 或 C 语言类似。

Force. com 平台自底向上共分为 3 层：云基础设施层负责平台的底层计算、数据库存储、事务处理、系统更新等能力的提供；平台层负责提供编程接 VI、业务逻辑实现、工作流验证、应用托管等功能；应用层实现应用程序的自动化、定制化,提供应用呈现、应用交易等服务。Force.com 的核心技术包括多租户架构、元数据驱动开发模型、Web Service API、Apex 编程语言、Visualforce 开发组件、Force Platform Sites、App Exchange 应用软件超市等。

利用 Force.com 平台,企业不会在 IT 系统日常维护上浪费资源,从而可以开始创建真正具有商业价值的新的应用程序,因此也获得了巨大的成功,并吸引了大量的开发者。

现在,Force.com 平台主要提供 3 个版本,分别是免费版、企业版和无限制版。

(4)Chatter 协作平台

伴随着近几年因特网社交网站和即时通信工具的普遍推广,人们可以非常方便地与亲友取得联系、进行沟通,国外的 Facebook、Twitter,国内的人人网、QQ 等正在不断地把社交信息、生活信息通过多种渠道推送给我们。而 Salesforce Chatter 开启了一个全新的企业实时协作平台,用户可以随时了解其他同事的工作进展、重要项目和交易的状态,能够在需要的时候更新联系人、工作组、文档和应用数据。同时,Chatter 基于 Force.com 构建,因此所有 Salesforce.com 的用户、合作伙伴和开发者都能基于 Chatter 的协作能力构建定制化应用。目前 Chatter 仅有一个版本,付费用户可以免费使用,单独购买每月 15 美元。

4.2.5.2　Salesforce 云计算特点

Salesforce 提供的"云服务"在不断发展中形成了一种良性循环,各个特点互相补充、相辅相成,为 Salesforce 的用户提供了多种便利。其云计算的特点主要包括以下几个方面。

(1)按需定制

以用户为中心,这是 Salesforce 云服务最为突出的一个优势,通过 Force.com 开发平台的运用,用户可以根据需要开发出适合自己的应用软件。这种方式不仅通过软件功能的独特性为用户提供更为专业和实用的服务,在降低成本方面也具有明显的优势。信息行业协会的一份研究报告的数据显示,按需部署比安装软件要快 $50\% \sim 90\%$,且成本只是安装软件的 $1/10 \sim 1/5$。同时 Force.com 平台可以根据企业变化不断调整以适应业务需求,使客户群始终使用最新的版本。

(2)全方位的整合

企业在运用 Salesforce 时经常会考虑该技术的运用是否能够与企业多年使用的其他系统很好地整合,以充分发挥各自的功能。令人欣慰的是

Salesforce 的用户不必担心这个问题,因为对用户来说,既可以使用 Force.com 平台提供的接口程序与企业现有的应用程序或系统整合,也可以使用 Salesforce 提供的开发工具进行自定义整合。这些整合的方式简单易行,且不会影响到原有各个系统的正常运行。

(3)共享应用程序的市场

Salesforce 公司为其使用者提供了一个 appexchange 目录,其中储存了上百个预先建立的、预先集成的应用程序,从经费管理到采购招聘一应俱全。用户可以根据自己的需要将这些程序直接安装到自己的 Salesforce 账户中,或者根据需要对这些应用程序进行修改以适应本公司特殊业务的需要,同时可以与其现有的自定义程序一起在 Force.com 平台运行。

Salesforce 公司的云服务可以说是非常全面的。用户通过 Force.com 平台不仅能够自主设计应用程序以满足特殊需要,还可以借鉴现有定制的应用程序通过修改达到自用的要求,同时完善的整合路径也不会影响到企业内部其他系统的正常运行,保证各个系统发挥各自的功能,相辅相成,共同为企业的生产运营服务。

4.3　PaaS 服务模式及其应用案例分析

平台即服务(Platform as a Service,PaaS)是指一个软件研发应用开发平台,该平台作为一种服务,必须能够支持行业、企业、业务模式的各种应用要求。它扩展了按需服务,并实现了客户可根据需要自定制应用程序,成为了改变应用程序开发的一个途径,以 SaaS 的模式提交给用户。因此,PaaS 也是 SaaS 模式的一种应用。但是,PaaS 的出现可以加快 SaaS 的发展,尤其是加快 SaaS 应用的开发速度。

PaaS 是云计算的主要形式之一,它提供一个完整的开发及运行平台,包括应用设计、应用开发、应用测试和应用托管,这些都作为一种服务提供给客户。因此,客户不需要购买硬件和软件,利用 PaaS 就能够创建、测试和部署一些非常有用的应用和服务。

4.3.1　传统 PaaS 构架和功能

传统的 PaaS 系统主要由管理、计算和服务 3 个部分组成。管理部分主要负责应用部署、运维监控、认证授权等。应用实际运行在计算节点上,计算节点提供应用所需的运行环境,包含语言环境和应用框架等,一般采用

Cgroup 和 Namespace 为应用提供资源隔离和限制,也有 PaaS 系统采用沙箱(Sandbox)机制来隔离应用。服务节点通过代理或接口为应用提供数据库、缓存和存储等服务。

图 4.13 描述了传统的 PaaS 架构,其具有如下的功能。

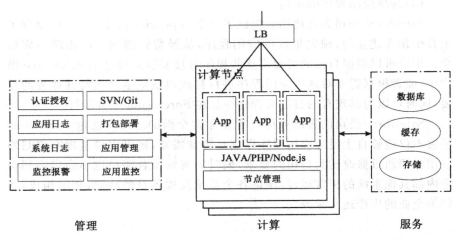

图 4.13 传统的 PaaS 架构

(1)应用部署

PaaS 中有代码仓库(SVN/Git)或者应用仓库,这些用来保存用户上传的代码或者编译后的应用,系统根据应用的开发语言,将其和所依赖的中间件和框架打包,按照用户设置的应用提供所需的 CPU、内存和磁盘资源,系统的调度模块根据调度算法选出合适的计算节点,该节点上的管理程序将应用下载到本地后启动。

(2)应用日志

应用日志用来查看用户的应用日志信息,方便测试和调试(Debug)。

(3)应用伸缩

用户可以手工增减应用的实例数量,以应对负载的变化。有的 PaaS 提供应用的自动伸缩功能,可以根据用户需要设置 CPU/内存的负载阈值或者根据应用访问量自动地增减应用实例数量。为了实现应用的自由伸缩,要求应用必须是无状态应用,Session 信息、数据库都要放在服务节点上的资源池中。

(4)负载均衡

系统设置有负载均衡(Router)模块,其上注册了所有的应用和位置,是应用的访问入口。

（5）资源管理

通常情况下,用户的数据和状态信息都不保存在计算节点上,而是存放在服务节点上的数据库和缓存集群中,用户可以设置所需资源的额度和配置信息。应用通过接口或者代理来访问这些资源。

（6）应用商店

PaaS 公有云提供商大都会设置应用商店,提供各种第三方应用,用户只需一键就可以将应用部署在系统中。

（7）认证授权

系统中所有的访问都会通过授权认证模块的验证,保证系统的安全。

（8）系统运维

用来监控系统中的各个模块的状态和信息;PaaS 实时地监控系统中所有应用的状态和 CPU、内存信息,发现应用意外停止时,系统会将其再次启动。用户可以手动启动、停止和升级应用。

4.3.2　传统 PaaS 的局限

PaaS 平台只能提供有限的开发语言、框架和中间件支持,例如只支持 JAVA、PHP、Node.js 和 Ruby 等,用户开发应用时所能选择的技术比较受限。

传统 PaaS 一般只支持 Web＋中间件＋Database 的单体（Monolithic）应用,因为缺少服务治理功能,无法支持复杂的分布式应用,对其他非 Web 类应用的支持也有限。

用户的应用与 Paas 平台耦合强,PaaS 平台为了管理或者安全的考虑,都会提供各种专属的 SDK,用户的应用必须依赖这些 SDK,并且要使用 PaaS 平台定制的框架和中间件来重新开发自己的应用。

由于其对开发者不够友好,开发者丧失了对环境和底层的控制力,且存在较多限制,使得开发效率不高。

PaaS 标准不统一,使得跨不同供应商 PaaS 移植非常困难,直接导致了供应商锁定。

不能很好地保护现有 IT 系统上的投资,现有 IT 系统很难甚至是无法迁移到 PaaS 平台中,除非对应用进行大量重写。

4.3.3　基于 Docker 的新型 PaaS

4.3.3.1　新型 PaaS 的架构

新 PaaS 以 Docker 容器为基础,面向未来云化、微服务场景,对接大数据、ML/DL 等多种计算服务，集成开发测试部署流水线，成为一个一站式的应用开发运行平台。新 PaaS 平台架构如图 4.14 所示。

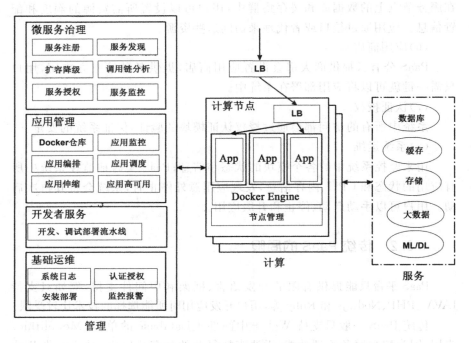

图 4.14 新 PaaS 平台架构

新 PaaS 平台在构架上与传统的 PaaS 变化比较大，在每个计算节点上通常会部署负载均衡模块，为多实例应用或者微服务提供访问服务，实现了服务治理中的负载均衡功能。

管理节点上会安装 etcd/zookeeper/consul，用于服务注册和服务发现，同时也是整个系统的配置中心。其还会部署 DNS 模块（如 Skydns），为系统中的应用提供名字解析服务。

在计算节点上，容器网络一般采用 Bridge 模式，采用 Flannel、weaver 或 Calico 实现跨节点的容器间互联互通。图 4.15 所示是 Flannel 方案的网络示意图。

容器的监控可以采用 Cadvisor。Cadvisor 部署在计算节点上，用于采集节点和之上的所有容器的运行信息，包括 CPU/内存/磁盘 I/O 等。Cadvisor 采集的信息可以保存到 InfluxDB 中，由 Grafana 来展示，也可以通过 Heapster 收集汇总后由 Kafka 转发至其他系统。

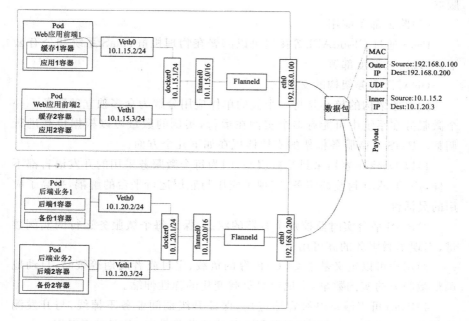

图4.15　Flannel方案的网络示意图

4.3.3.2　新型PaaS的功能

新PaaS平台需要至少提供如下的功能。

（1）应用编排

应用编排帮助用户构建和管理分布式应用，一般采用ymal或者ison格式的模板文件定义应用各个模块，比如依赖的Docker镜像、环境变量、运行端口、健康检查机制与其他模块关系等，编排引擎调用容器调度模块在PaaS上构建出整个应用。

（2）容器调度

根据调度算法，在系统中创建应用编排模板中定义的容器应用。

（3）应用模块（容器）自动伸缩

为了高可用性，分布式应用的每个模块会在系统中部署多份容器，用户可以手工修改容器的数量，也可以定义多种策略，如CPU/内存阈值、定期、周期以及访问量让系统自动增减容器数量。

（4）应用滚动升级

应用升级时，系统会用新版本的镜像创建容器，逐步增加数量，同步减少旧版本容器数量，实现对外服务不中断，如果应用升级失败，会回滚到旧版本。

（5）跨云部署应用

PaaS通过CloudAPI等接口可以部署在物理机群、IaaS系统和公有云上，实现跨云调度部署。

（6）对微服务架构的支持

微服务架构的核心是将一个大的单体应用分解为众多独立的服务。一个微服务在系统中可能有多个实例在运行，实例的数量可以根据负载进行调整。PaaS对微服务框架的支持体现在如下几个方面：

1）以Docker容器来封装微服务，因为每个微服务采用的开发语言都不一样，用Docker封装微服务，实现了应用与底层运行平台的解耦，提高了应用的灵活性。

2）PasS平台实时监控每个容器的状态，保证每个微服务运行的实例数量，实现了微服务的高可用性。

3）用户可以定义基于CPU/内存的负载、定时或者周期等策略，自动地调整微服务的实例数量，实现应对负载变化的弹性伸缩。

4）PaaS可以滚动升级容器应用，保证升级期间业务不掉线，与开发测试部署流水线集成，可以实现微服务的快速迭代升级，必要时可以回滚。

5）PaaS的应用编排和调度功能使部署大规模的微服务成为可能。

6）PaaS内部的负载均衡/代理模块用来将同一个微服务的多个实例集合起来对外提供服务。

7）服务治理模块提供了服务注册、发现和监控以及调用链分析等功能，能够快速将各个微服务集成在一起，对外提供高可靠、按需取用的云服务。

（7）服务治理

在分布式应用特别是微服务架构中服务众多，之间的调用关系又比较复杂，就需要一个统一的框架来管理这些服务，PaaS中的服务治理模块包含如下的部分：

1）服务注册。服务提供方将服务注册在中央的注册系统中。

2）服务发现。管理和更新服务的状态和信息。

3）调用链分析。记录每个服务调用日志信息，包含服务ID、调用方、参数、响应时间等，用于做debug分析。

4）服务降级或自动扩容。负载上升时可以增加服务的实例数量，过高时启动服务降级保护机制。

5）服务授权。根据认证授权模块，验证每次调用的权限信息。

6）服务监控。监控服务的状态。

(8)集成持续集成/持续部署系统(CI/CD)系统

图 4.16 所示是 CI/CD 与 PaaS 集成后,一次应用从源码提交到线上部署的自动化流程。

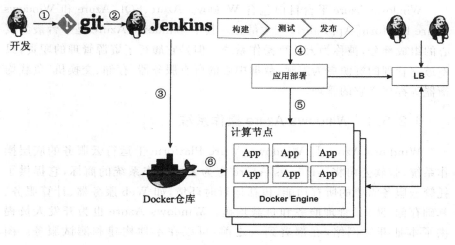

图 4.16 PaaS 开发自动化流程

开发人员提交代码后,代码仓库(git)里的钩子(hook)触发 CI 系统的应用构建测试和发布流程,将通过测试的应用打包成 Docker 镜像上传到 Docker 镜像仓库中,调用管理节点上的应用部署接口,发起部署,整个过程无须人工干预,自动完成创建、打包和部署到计算节点上。

4.3.4 PaaS 提供的服务

PaaS 提供基于硬件基础设施(即 IaaS)上的软件、中间件和应用开发工具。不同的 PaaS 提供不同的组合服务,提供源代码和版本控制等应用软件开发的过程管理。

用户借助 PaaS 平台所提供的应用程序 SDK(Software Development Kit)工具或 API 在其上构建、调试和运行应用程序,不再需要购买和管理运行应用所需的软件和中间件平台。

通过 PaaS 模式,用户可以在一个包括中间件运行 Runtime、SDK、文档和测试环境等在内的开发平台上非常方便地编写应用,而且不论是在部署或在运行的时候,用户都无须为服务器、操作系统、网络和存储等资源的管理操心,这些烦琐的工作都由 PaaS 供应商负责处理。PaaS 模式提高了开发效率,充分体现了互联网低成本、高效率、规模化应用的特性。PaaS 主要的用户是软件开发、部署和系统管理人员。

4.3.5 Windows Azure 平台

Windows Azure 平台目前包含 Windows Azure、SQL Azure 和 Windows Azure Platform AppFabric 三大部分。其中 Windows Azure 是平台最为核心的组成部分,被称为云计算操作系统。但是它履行了资源管理的职责,只不过它管理的资源更为宏观,数据中心的所有服务器、存储、交换机、负载均衡器等都接受它的管理。

4.3.5.1 Windows Azure 操作系统

Windows Azure 是 Windows Azure Platform 上运行云服务的底层操作系统,微软公司将 windows Azure 定为云中操作系统的商标,它提供了托管云服务需要的所有功能,包括运行时环境,如 Web 服务器、计算服务、基础存储、队列、管理服务和负载均衡。Windows Azure 也为开发人员提供了本地开发网络,在部署到云之前,可以在本地构建和测试服务。图 4.17 显示了 Windows Azure 的 3 个核心服务。

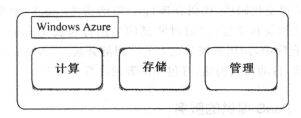

图 4.17　Windows Azure 的核心服务

Windows Azure 的 3 个核心服务分别是计算(Compute)、存储(Storage)和管理(Management)。

(1)计算

计算服务在 64 位 Windows Server 2008 平台上由 Hyper-V 支持提供可扩展的托管服务。这个平台是虚拟化的,可根据需要动态调整。

(2)存储

Windows Azure 支持 3 种类型的存储,分别是 Table、Blob 和 Queue。它们支持通过 REST API 直接访问。Table 通常用来存储 TB 级高可用数据,如电子商务网站的用户配置数据;Blob 通常用来存储大型二进制数据,如视频、图片和音乐,每个 Blob 最大支持存储 50GB 数据;Queue 是连接服务和应用程序的异步通信信道,可以在一个 Windows Azure 实例内使用,也可以跨多个 Windows Azure 实例使用,Queue 基础设施支持无限数量的消息,但每条消息的大小不能超过 8KB。任何有权访问云存储的账户都可以访问 Table、Blob 和 Queue。

（3）管理

管理包括虚拟机授权、在虚拟机上部署服务、配置虚拟交换机和路由器、负载均衡等。

4.3.5.2　SQL Azure

SQL Azure 是 Windows Azure Platform 中的关系数据库,它以服务的形式提供核心关系数据库功能。SQL Azure 构建在核心 SQL Server 产品代码基础上,开发人员可以使用 TDS(Tabular Data Stream)访问 SQL Azure。图 4.18 显示了 SQL Azure 的核心组件。

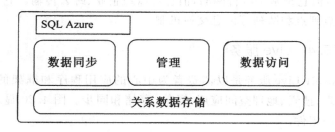

图 4.18　SQL Azure 的核心组件

SQL Azure 的核心组件包括关系数据存储(Relational Data Storage)、数据同步(Data Sync)、管理(Management)和数据访问(Data Access)。

1)关系数据存储。它是 SQL Azure 的支柱,提供传统 SQL Server 的功能,如表、视图、函数、存储过程、触发器等。

2)数据同步。提供数据同步和聚合功能。

3)管理。为 SQL Azure 提供自动配置、计量、计费、负载均衡、容错和安全功能。

4)数据访问。定义访问 SQL Azure 的不同编程方法,目前 SQL Azure 支持 TDS,包括 ADO. NET、实体框架、ADO. NET Data Service、ODBC、JDBC 和 LINQ 客户端。

4.3.5.3　.NET 服务

.NET 服务是 Windows Azure Platform 的中间件引擎,提供访问控制服务和服务总线。图 4.19 显示了 .NET 服务的两个核心服务。

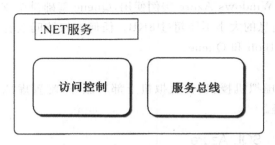

图 4.19 .NET 服务的核心服务

1)访问控制(Access Control)。访问控制组件为分布式应用程序提供规则驱动,基于声明的访问控制。

2)服务总线(Service Bus)。与企业服务总线(Enterprise Service Bus,ESB)类似,但它是基于因特网的,消息可以跨企业、跨云传输。它也提供发布/订阅、点到点和队列等消息交换机制。

4.3.5.4 Live 服务

Microsoft Live 服务是以消费者为中心的应用程序和框架的集合,包括身份管理、搜索、地理空间应用、通信、存储和同步。图 4.20 显示了 Live 服务的核心组件。

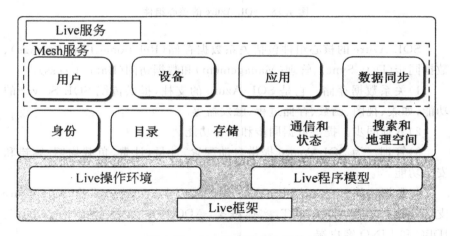

图 4.20 Live 服务的核心组件

1)Mesh 服务(Mesh Service)。向用户、设备、应用程序和数据同步提供编程访问。

2)身份服务(Identity Service)。提供身份管理和授权认证。

3）目录服务（Directory Service）。管理用户、标识、设备、应用程序和它们连接的网络的关系，如 Live Mesh 中用户和设备之间的关系。

4）存储（Storage）。管理 Mesh 中用户、设备和应用程序的数据临时性存储及持久化存储，如 Windows Live Skydrive。

5）通信和状态（Communications&Presence）。提供设备和应用程序之间的通信基础设施，管理它们之间的连接和显示状态信息，如 Windows Live Messenger 和 Notifications API。

6）搜索（Search）。为用户、网站和应用程序提供搜索功能，如 Bing。

7）地理空间（Geospatial）。提供丰富的地图、定位、路线、搜索、地理编码和反向地理编码服务，如 Bing 地图。

8）Live 框架（Live Framework）。Live 框架是跨平台、跨语言、跨设备 Live 服务编程统一模型。

4.3.5.5　Windows Azure Platform 的用途

根据微软公司公司官方的说法，Windows Azure Platform 的主要用途如下：

1）给现有打包应用程序增加 web 服务功能。

2）用最少的资源构建、修改和分发应用程序到 Web 上。

3）执行服务，如大容量存储、批处理操作、高强度计算等。

4）快速创建、测试、调试和分发 Web 服务。

5）降低构建和扩展资源的成本和风险。

6）减少 IT 管理工作和成本。

微软公司设计 Azure Platform 时充分考虑了现有的成熟技术和技术人员的知识，.NET 开发人员可以继续使用 Visual Studio 2008 创建运行于 Azure 的 ASP.NET Web 应用程序和 WCF（Windows Communication Framework）服务，Web 应用程序运行在一个 IIS（Internet Information Services）7 沙盒版本中，以文件系统为基础的网站项目不受支持，后来微软公司推出了"持久化 Drive"存储，Web 应用程序和基于 Web 的服务以部分信任代码访问安全（Code Access Security）模式运行，基本符合 ASP.NET 的中等信任和对某些操作系统资源的有限访问。

Windows Azure SDK 为调用非 .NET 代码启用了非强制的完全信任代码访问安全，使用要求完全信任的 .NET 库，使用命名管道处理内部通信。微软公司承诺在云平台中支持 Ruby、PHP 和 Python 代码，最初的开发平台仅限于支持 Visual Studio 2008 及更高版本，未来有计划支持 Eclipse。

Azure Platform 支持的 Web 标准和协议包括 SOAP、HTTP、XML、Atom 和 AtomPub。

4.3.6 Google 云计算平台

Google 的云计算技术实际上是针对 Google 特定的网络应用程序而定制的。针对内部网络数据规模超大的特点，Google 提出了一整套基于分布式并行集群方式的基础架构，利用软件的能力来处理集群中经常发生的节点失效问题。

Google 在强大的基础设施之上构筑了 Google App Engine 这项 PaaS 服务，成为功能最全面的 PaaS 平台。Google App Engine 提供一整套开发组件来让用户轻松地在本地构建和调试网络应用，之后能让用户在 Google 强大的基础设施上部署和运行网络应用程序，并自动根据应用所承受的负载对应用进行扩展，并免去用户对应用和服务器等的维护工作，同时提供大量的免费额度和灵活的资费标准。在开发语言方面，现支持 Java 和 Python 两种语言，并为这两种语言提供基本相同的功能和 API。

4.3.6.1 设计理念

App Engine 在设计理念方面主要可以总结为下面 5 条。

(1)重用现有的 Google 技术

重用是软件工程的核心理念之一，通过重用不仅能降低开发成本，而且能简化架构。在 App Engine 开发的过程中，重用的思想体现为 Datastore 是基于 Google 的 BigTable 技术、Images 服务是基于 Picasa 的、用户认证服务是利用 Google Account 的、E-mail 服务是基于 Gmail 的等。

(2)无状态

为了更好地支持扩展，Google 没有在应用服务器层存储任何重要的状态，而主要在 DataStore 层对数据进行持久化，这样，当应用流量突然爆发时，可以通过应用添加新的服务器来实现扩展。

(3)硬限制

App Engine 对运行在其上的应用代码设置了很多硬性限制，比如无法创建 Socket 和 Thread 等有限的系统资源，这样能保证不让一些恶性的应用影响到与其临近应用的正常运行，同时也能保证在应用之间能做到一定的隔离。

(4)利用 Protocol Buffers 技术解决服务方面的异构性

应用服务器和很多服务相连，有可能会出现异构性的问题，比如应用服务器是用 Java 写的，而部分服务是用 C++写的等。Google 在这方面的解决方法是基于语言中立、平台中立和可扩展的 Protocol Buffer，并且在 App Engine 平台上所有 API 的调用都需要在进行远程方面调用（Remote Procedure Call，RPC）之前被编译成 Protocol Buffer 的二进制格式。

（5）分布式数据库

因为 App Engine 将支撑海量的网络应用，所以独立数据库的设计肯定是不可取的，而且很有可能将面对起伏不定的流量，所以需要一个分布式的数据库来支撑海量的数据和海量的查询。

4.3.6.2　构成部分

GAE 的架构如下。

（1）前端

前端共包括 4 个模块：

1）Front End。既可以认为是 Load Balancer，也可以认为是 Proxy，主要负责负载均衡和将请求转发给 App Server（应用服务器）或者 Static Files 等工作。

2）Static Files。在概念上比较类似于内容分发网络（Content Delivery Network，CDN），用于存储和传送那些应用附带的静态文件，比如图片、CSS 和 JS 脚本等。

3）App Server。用于处理用户发来的请求，并根据请求的内容调用后面的 Datastore 和服务群。

4）App Master。在应用服务器间调度应用，并将调度之后的情况通知 Front End。

（2）Datastore

基于 BigTable 技术的分布式数据库，虽然也可以被理解成一个服务，但由于其是整个 App Engine 唯一存储持久化数据的地方，因此是 App Engine 中一个非常核心的模块。

（3）服务群

整个服务群包括很多服务供 App Server 调用，比如 Memcache、图形、用户、URL 抓取和任务队列等。

4.3.6.3　App Engine 服务

App Engine 提供了多种服务，从而使用户可以在管理应用程序的同时执行常规操作。它提供了以下 API 访问这些服务：

1）网址获取。应用程序可以使用 App Engine 的网址获取服务访问因特网上的资源，如网络服务或其他数据。

2）邮件。应用程序可以使用 App Engine 的邮件服务发送电子邮件。邮件服务使用 Google 基础架构发送电子邮件。

3）Memcache。Memcache 服务为用户的应用程序提供了高性能的内存键值缓存，可通过应用程序的多个实例访问该缓存。Memcache 对于那些不需要数据库的永久性功能和事务功能的数据很有用，例如临时数据或从数据库复制到缓存以进行高速访问的数据。

4）图片操作。图片服务使用户的应用程序可以对图片进行操作。使用 API 可以对 JPEG 和 PNG 格式的图片进行大小调整、剪切、旋转和翻转。

4.4　IaaS 服务模式及其应用案例分析

4.4.1　IaaS 服务的基本功能

IaaS 层的主要功能是使经过虚拟化后的计算资源、存储资源和网络资源能够以基础设施即服务的方式通过网络被用户使用和管理。虽然不同云服务提供商的基础设施层在其提供的服务上有所差异，使用的技术也不尽相同，但是 IaaS 层一般都具有以下基本功能：用户管理、任务管理、资源管理和安全管理。

资源管理是 IaaS 管理的核心。资源管理是按照一定的调度策略采用合适的调度算法，使所有服务器工作在最佳状态，同时需要监控资源的运行状态，检测资源的软硬件故障，将故障信息写入日志或数据库，并在故障时自动采用应对措施进行故障修复。总的来讲，资源管理主要包括：资源抽象、资源监控、资源部署、资源分发、资源调度等。

4.4.1.1　用户管理

用户管理主要是管理用户账号、用户的环境配置、用户的使用计费等。用户账号管理包括对用户身份及其访问权限进行有效的管理，还包括对用户组的管理。配置管理主要是对用户相关的配置信息进行记录、管理和跟踪。配置信息包括虚拟机的部署、配置和应用的设置信息等。计算资源以服务的方式提供给用户，云服务提供商会按用户使用的资源种类、使用时间等收费。通过监控上层的使用情况，可以计算出在某个时间段内应用所消耗的存储、网络、内存等资源,并根据这些计算结果向用户收费。在用户管理中管理用户账号和用户使用计费最为重要。

4.4.1.2 资源抽象

为了能够实现高层次的资源管理逻辑,必须对资源进行抽象,也就是对硬件资源进行虚拟化。虚拟化的过程不仅需要屏蔽掉硬件产品上的差异,也需要对每一种硬件资源提供统一的管理逻辑和接口。根据基础设施层实现的逻辑不同,同一类型资源的不同虚拟化方法可能存在着较大的差异。

4.4.1.3 资源监控

资源监控是保证基础设施层高效率工作的关键任务。资源监控是负载管理的前提,如果不能有效地对资源进行监控,也就无法根据负载进行资源调度。基础设施层对不同类型资源的监控方法是不同的。对于CPU,通常监控的是CPU的使用率;对于内存和存储,除了监控使用率,还会根据需要监控读写操作;对于网络,则需要对网络实时的输入、输出及路由状态进行监控。

4.4.1.4 资源调度

根据负载实现资源动态调度,不仅能使部署在基础设施上的应用能更好地应对突发情况,而且还能更好地利用系统资源。

资源调度重要的是定时对资源分配进行优化和重新分配资源,使整个系统资源处于快速可获得状态。资源调度主要采用负载均衡策略使整个系统资源得到充分均衡的利用,整体上提高了资源利用率,解除单个服务器或网络等的瓶颈问题。

4.4.1.5 资源部署

资源部署指的是通过自动化部署流程将资源交付给上层应用的过程,即使基础设施服务变得可用的过程。在应用程序环境构建初期,当所有虚拟化的硬件资源环境都已经准备就绪时,就需要进行初始化过程的资源部署。另外,在应用运行过程中,往往会进行二次甚至多次资源部署,从而满足上层服务对基础设施层中资源的需求,也就是运行过程中的动态部署。

资源部署的方法会随构建基础设施层所采用技术的不同而有着巨大的差异。使用服务器虚拟化技术构建的基础设施层和未使用这些技术的传统物理环境有很大的差别,前者的资源部署更多是虚拟机的部署和配置过程;而后者的资源部署则涉及了从操作系统到上层应用整个软件堆栈的自动化部署和配置。相比之下,采用虚拟化技术的基础设施层资源部署更容易实现。

4.4.1.6 数据管理

在云计算环境中,数据的完整性、可靠性和可管理性是对基础设施层数据管理的基本要求。现实中软件系统经常处理的数据分为很多不同的种类,如半结构化的 XML 数据、非结构化的二进制数据及关系型的数据库数据等。不同的基础设施层所提供的功能不同,会使得数据管理的实现有着非常大的差异。由于基础设施层由数据中心中大规模的服务器集群所组成,甚至由若干不同数据中心的服务器集群所组成,因此数据的完整性、可靠性和可管理性都是极富有挑战的。

4.4.1.7 安全管理

安全管理是对资源、应用和账号等 IT 资源采取全面保护,使其免受犯罪分子和恶意程序的侵害,并保证云基础设施及其提供的资源能被合法地访问和使用。安全管理是云资源管理的重点,资源的安全性对于云计算开放的环境特别重要。安全管理主要通过对资源访问用户进行身份认证,访问授权保障资源只能被合法用户获取,利用数据加密保障数据的私密性,采用综合防护和安全审计等措施保障整个资源管理系统的安全性。

4.4.1.8 任务管理

任务管理主要管理用户请求资源的任务,包括任务的调度、任务的执行、任务的生命周期管理等。任务管理的目的是保证所有的任务都能快速高效地完成。

4.4.2 IaaS 提供的公有云和私有云服务

公有云是由服务供应商提供,可为客户提供部署和应用服务的能力。在这一类别中,Azure 是一种具有高度扩展性的服务平台,可提供"随需随付"的灵活性。

私有云部署在用户的数据中心中,针对性能和成本进行过优化的、以服务为导向的环境。私有云的实现采用了一系列服务器产品(包括 Windows Server 和 System Center 系列产品),可与现有的应用程序兼容。

4.4.2.1　认证和授权

公有云和私有云服务需要认证和授权。用户名和口令并非业界认可的最安全的认证机制。企业应当考虑对需要限制的所有信息实施双因素或多因素认证。

4.4.2.2　日志和报告

无论是在私有云中还是在公有云中，都要求部署端到端的日志和报告。由于虚拟机自动转换并且在服务器之间动态地进行迁移，用户绝对无法知道在任何时点上自己的信息在哪里？为了跟踪信息在哪里、谁访问信息、哪些机器正在处理信息、哪些存储阵列为信息负责等，用户需要日志和报告。

日志和报告对于服务的管理和优化非常重要，在遭受安全损害时，其重要性更为明显。日志对于事件的响应和取证至关重要，而事件发生后的报告和结果将依赖于日志的基础架构。务必确保记录所有的计算、网络、内存和外存活动，并确保所有的日志都被存储在多个安全位置，且极端严格地限制访问。用户还应确保使用最少特权原则来推动日志的创建和管理活动。

4.4.2.3　端到端的加密

IaaS 作为一项服务，需要充分利用端点到端点之间的加密。确保磁盘上所有数据的安全，防止离线攻击。除了整盘加密，还要确保 IaaS 基础架构中与主机操作系统（在物理计算机，即宿主机上运行的操作系统，在它之上运行虚拟机软件）和虚拟机的所有通信都要加密。这可以通过 SSL/TLS 或 IPsec 实现。这不仅包括与管理工作站之间的通信，还包括虚拟机之间的通信（假设用户允许虚拟机之间的通信）。此外，如果可能，尽可能部署同态加密等机制，以保持终端用户通信的安全。

4.4.3　IaaS 服务模式的虚拟化

虚拟化是一种将底层物理设备与上层系统虚拟化的技术。在虚拟化技术出现之前，计算机上的程序和软件都是运行在真实的计算环境中，独享所有的计算资源。虚拟化技术通过在硬件和操作系统之间增加了一个去耦合的中间层次——虚拟机管理器（Virtual Machine Monitor，VMM），使得程序和软件可以运行在一个虚拟出来的计算环境中，它们共享计算机上的所有资源，这样大大提高了资源的利用率。虚拟化的目标是实现 IT 资源利用效率和灵活性的最大化。虚拟机的多个系统（虚拟机，Virtual Machine，

VM)融合在一台物理机上，使得资源利用率提高；同时，应用系统也不再依赖特定的硬件，使得系统维护灵活。

虚拟化目前还包括网络虚拟化(VPN)和存储虚拟化(SAN/NAS)等技术，与服务器虚拟化一起，构建为一个完整的计算资源虚拟化环境，在虚拟化管理系统的控制下，实现动态的可配置的智能系统。关键技术有服务器虚拟化、网络虚拟化。

4.4.3.1　IaaS 的服务器虚拟化

服务器虚拟化技术是指能够在一台物理服务器上运行多台虚拟服务器的技术，并且上述虚拟服务器在用户、应用软件甚至操作系统看来，几乎与物理服务器没有区别，用户可以在虚拟服务器上灵活地安装任何软件。除此以外，服务器虚拟化技术还应该确保上述多个虚拟服务器之间的数据是隔离的，虚拟服务器对资源的占用是可控的。

4.4.3.2　IaaS 的网络虚拟化

在面向公众服务的 IaaS 中，网络虚拟化是必不可少的部分。IaaS 网络虚拟化技术分为两类：一类是以 VPN、VLAN 等为代表的传统网络虚拟化技术，主要侧重于网络侧的虚拟化，例如将多个网络虚拟成一个大的网络(如 VPN)，或者将一个大的网络虚拟成多个小的网络(如 VLAN)；另一类则是以虚拟网卡和虚拟网桥为代表的、随着云计算的兴起而发展的网络虚拟化技术，主要侧重于主机内部的网络虚拟化。

在云计算环境下，网络虚拟化技术需要解决如下问题：

1)如何实现物理机内部的虚拟网络？

2)外部网络如何动态调整以适应虚拟机对网络不断变化的要求？

3)如何确保虚拟网络环境的安全性？如何对物理机内、外部的虚拟网络进行统一管理？

4.4.4　Amazon 云计算案例

Amazon 公司构建了一个云计算平台，并以 Web 服务的方式将云计算产品提供给用户，Amazon Web Services(AWS)是这些 Web 服务的总称。通过 AWS 的 IT 基础设施层服务和丰富的平台层服务。

4.4.4.1　概述

Amazon 公司的云计算平台提供 IaaS 服务，可以满足各种企业级应用和个人应用。用户获得可靠的、可伸缩的、低成本的信息服务的同时,也可以从复杂的数据中心管理和维护中解脱出来。Amazon 公司的云计算真正实现了按使用付费的收费模式,AWS 用户只需为自己实际所使用的资源付费,从而降低了运营成本。AWS 目前提供的产品见表 4.1。

表 4.1　Amazon AWS 产品分类

产品分类	产品名称
计算	Amazon Elastic Compute Cloud(E2)
	Amazon Elastic MapReduce
	Auto Scaling
内容交付	Amazon CloudFront
数据库	Amazon SimpleDB
	Amazon Relational Database Service(RDS)
电子商务	Amazon Fullfillment Web Service(FWS)
消息通信	Amazon Simple Queue Service(SQS)
	Amazon Simple Notification Service(SNS)
监控	Amazon CloudWatch
网络通信	Amazon Virtual Private(VPC)
	Elastic Load Balancing
支付	Amazon Flexible Payment Service(FPS)
	Amazon DevPay
存储	Amazon Simple Storage Service(S3)
	Amazon Elastic Block Storage(EBS)
	Amazon Import/Export
支持	AWS Premium Support
Web 流量	Alexa Web Information Service
	Alexa Top Sites
人力服务	Amazon Mechanical Turk

　　AWS 基础设施层服务包括计算服务、消息通信服务、网络通信服务和存储服务,以 IaaS 服务为主。图 4.21 显示了在一个应用中经常使用的各个 AWS 服务之间的配合关系。

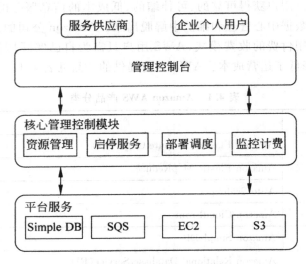

图 4.21　AWS 结构图

用户可以将应用部署在 EC2 上，通过控制器启动、停止和监控应用。计费服务负责对应用的计费。应用的数据存储在 Simple DB 或 S3。应用系统之间借助 SQS 在不同的控制器之间进行异步可靠的消息通信，从而减少各个控制器之间的依赖，使系统更为稳定，任何一个控制器的失效或者阻塞都不会影响其他模块的运行。

AWS 的 IaaS 服务平台不仅能够满足很多方面的 IT 资源需求，还提供了很多上层业务服务，包括电子商务、支付和物流等。下面介绍 S3、Simple DB、RDS、SQS 和 EC2 等几个底层关键产品。

4.4.4.2　Amazon S3

Amazon Simple Storage Service(S3)是云计算平台提供的可靠的网络存储服务，通过 S3，个人用户可以将自己的数据放到存储云上，通过因特网访问和管理。同时，Amazon 公司的其他服务也可以直接访问 S3。S3 由对象和存储桶(Bucket)两部分组成。对象是最基本的存储实体，包括对象数据本身、键值、描述对象的元数据及访问控制策略等信息。存储桶则是存放对象的容器，每个桶中可以存储无限数量的对象。目前存储桶不支持嵌套。

安全性和可靠性是云计算数据存储普遍关心的两个问题。S3 采用账户认证访问控制列表及查询字符串认证 3 种机制来保障数据的安全性。当用户创建 AWS 账户的时候，系统自动分配一对存取键 ID 和存取密钥，利用存取密钥对请求签名，然后在服务器端进行验证，从而完成认证。访问控制策略是 S3 采用的另外一种安全机制,用户利用访问控制列表设定数据(对象和存储桶)的访问权限,比如数据是公开的还是私有的等。即使在同一公司内部,相同的数据对不同的角色也有不同的视图,S3 支持利用访问规则来约束数据的访问权限。通过对公司员工的角色进行权限划分,能够方便地设置数据的访问权限。如系统管理员能够看到整个公司的数据信息,部门经理能看到与部门相关的数据,普通员工只能看到自己的信息。查询字符串认证方式广泛适用于以 HTTP 请求或者浏览器的方式对数据进行访问。为了保证数据服务的可靠性,S3 采用了冗余备份的存储机制,存放在 S3 中的所有数据都会在其他位置备份,保证部分数据失效不会导致应用失效。在后台,S3 保证不同备份之间的一致性,将更新的数据同步到该数据的所有备份上。

4.4.4.3　Amazon Simple DB

Amazon Simple DB 是一种高可用的、可伸缩的非关系型数据存储服务。与传统的关系数据库不同,Simple DB 不需要预先设计和定义任何数据库 Schema,只需定义属性和项,即可用简单的服务接口对数据进行创建、查询、更新或删除操作。

Simple DB 的存储模型分为 3 层:域(Domain)、项(Item)和属性(Attribute)。域是数据的容器,每个域可以包含多个项。在 Simple DB 中,用户的数据是按照域进行逻辑划分的,所以数据查询操作只能在同一个域内进行,不支持跨域的查询操作。项是由若干属性组成的数据集合,它的名字在域中是全局唯一的。项与关系数据库中表的一行类似,用户可以对项进行创建、查询、修改和删除操作。但又与表的一行有所差异,项中的数据不受固定 Schema 的约束,项中的属性可以包含多个值。属性是由一个或者多个文本值所组成的数据集合,在项内具有唯一的标识。在 Simple DB 中,属性与关系数据库中的列类似,不同的是每个属性可以同时拥有多个字符串数值,而关系数据库的列不能拥有多个值。

Simple DB 是一种简单易用的、可靠的结构化数据管理服务,它能满足应用不断增长的需求,用户不需要购买、管理和维护自己的存储系统,是一种经济有效的数据库服务。Simple DB 提供两种服务访问方式:REST 接口和 SOAP 接口。这两种方式都支持通过 HTTP 协议发出的 POST 或者 GET 请求访问 Simple DB 中的数据。Simple DB 使用简单,例如数据索引是由系统自动创建并维护的,不需要程序员定义。然而,Simple DB 毕竟是一种轻量级的数据库,与技术成熟、功能强大的关系数据库相比有些不足。比如,由于数据操作是经过因特网进行的,不可避免地有较大延迟,因而

Simple DB 不能保证所有的更新都按照用户提交的顺序执行,只能保证每个更新最终成功,因此应用通过 Simple DB 获得的数据有可能不是最新的。此外,Simple DB 的存储模型是以域、项、属性为层次的树状存储结构,与关系数据库的表的二维平面结构不同,因此在一些情况下并不能将关系数据库中的应用迁移到 Simple DB 上来。

4.4.4.4　Amazon RDS

尽管 Simple DB 提供了一种简单、高效的数据存储服务,但是当前很多已有的应用多数还是采用关系型数据库进行数据存储,这就增加了将这些应用系统迁移到 Amazon AWS 平台的成本和技术风险。因此,Amazon 又推出了(Relational Database Service,RDS)来满足用户对关系型数据库服务的需求。

RDS 弥补了 Amazon 在关系型数据库服务领域的一个空白。然而,这并不意味着 RDS 出现之前用户就没有办法在 Amazon EC2 上使用关系型数据库,也并不意味着 RDS 出现之后就能满足所有应用对关系型数据库的需求。

首先,在 RDS 出现之前,用户可以选择将数据库产品打包在 AMI 镜像中并部署在 EC2 上运行,然后在应用中直接对数据库进行访问。

另外,根据最近 5 年 Gartner 的数据统计,IBM、Oracle 和 Microsoft 的数据库产品几乎占了市场占有率的 80% 以上,而 RDS 目前只能提供对 MySQL 的完整支持。因此,如果 RDS 要获得巨大成功,未来的版本必须考虑为更多的客户提供对主流数据库产品的完整支持,比如 Oracle、DB2。

4.4.4.5　Amazon SQS

Amazon SQS(Simple Queue Service)是一种用于分布式应用的组件之间数据传递的消息队列服务,这些组件可能分布在不同的计算机上,甚至是不同的网络中。利用 SQS 能够将分布式应用的各个组件以松耦合的方式结合起来,从而创建可靠的大规模的分布式系统。松耦合的组件之间相对独立性强,系统中任何一个组件的失效都不会影响整个系统的运行。

消息和队列是 SQS 实现的核心。消息是可以存储到 SQS 队列中的文本数据,可以由应用通过 SQS 的公共访问接口执行添加、读取、删除操作。队列是消息的容器,提供了消息传递及访问控制的配置选项。SQS 是一种支持并发访问的消息队列服务,它支持多个组件并发的操作队列,如向同一个队列发送或者读取消息。消息一旦被某个组件处理,则该消息将被锁定,并且被隐藏,其他组件不能访问和操作此消息,此时队列中的其他消息仍然可以被各个组件访问。

SQS 采用分布式构架实现,每一条消息都可能保存在不同的机器中,甚至保存在不同的数据中心里。这种分布式存储策略保证了系统的可靠性,同时也体现出其与中央管理队列的差异,这些差异需要分布式系统设计者和 sQs 使用者充分理解。首先,SQS 并不严格保证消息的顺序,先送入队列的消息也可能晚些时候才会可见;其次,分布式队列中有些已经被处理的消息在一定时间内还存在于其他队列中,因此同一个消息可能会被处理多次;再次,获取消息时不能确保得到所有的消息,可能只得到部分服务器中队列里的消息;最后,消息的传递可能有延迟,不能期望发出的消息马上被其他组件看到。

图 4.22 为一条消息的生命周期管理示例。首先,由组件 1 创建一条新的消息 A,通过 HTTP 协议调用 SQS 服务将消息 A 存储到消息队列中。接着,组件 2 准备处理消息,它从队列中读取消息 A,并将其锁定。在组件 2 处理的过程中,消息 A 仍然存在于消息队列中,只是对其他组件不可见。最后,当组件 2 成功处理完消息 A 后,SQS 将消息 A 从队列中删除,避免这个消息被其他组件重复处理。但是,如果组件 2 在处理过程中失效,导致处理超时,SQS 会把消息 A 的状态重新设为可见,从而可以被其他组件继续处理。

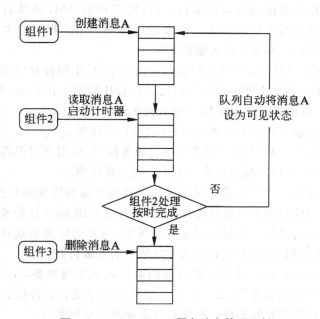

图 4.22 Amazon SQS 服务消息管理示例

4.4.4.6　Amazon EC2

Amazon EC2(Elastic Compute Cloud)是一种云基础设施服务。该服务基于服务器虚拟化技术,致力于为用户提供大规模的、可靠的、可伸缩的计算运行环境。通过 EC2 所提供的服务,用户不仅可以非常方便地申请所需要的计算资源,而且可以灵活地定制所拥有的资源,如用户拥有虚拟机的所有权限,可以根据需要定制操作系统,安装所需的软件。

EC2 一个诱人的特点就是用户可以根据业务的需求灵活地申请或者终止资源使用,且只需为实际使用到的资源数量付费。EC2 由 AMI(Amazon Machine Image)、EC2 虚拟机实例和 AMI 运行环境组成。AMI 是一个用户可定制的虚拟机镜像,是包含了用户的所有软件和配置的虚拟环境,是 EC2 部署的基本单位。多个 AMI 可以组合形成一个解决方案,例如 Web 服务器、应用服务器和数据服务器可联合形成一个三层架构的 Web 应用。AMI 被部署到 EC2 的运行环境后就产生一个 EC2 虚拟机实例,由同一个 AMI 创建的所有实例都拥有相同的配置。需要注意的是,EC2 虚拟机实例内部并不保存系统的状态信息,存储在实例中的信息随着它的终止而丢失。用户需要借助于 Amazon 的其他服务持久化用户数据,如前面提到的 Simple DB 或者 S3。AMI 的运行环境是一个大规模的虚拟机运行环境,拥有庞大规模的物理机资源池和虚拟机运行平台,所有利用 AMI 镜像启动的 EC2 虚拟机实例都运行在该环境中。EC2 运行环境为用户提供基本的访问控制服务、存储服务、网络及防火墙服务等。

通常 EC2 的用户需要首先将自己的操作系统、中间件及应用程序打包在 AMI 虚拟机镜像文件中,然后将自己的 AMI 镜像上传到 S3 服务上,最后通过 EC2 的服务接口启动 EC2 虚拟机实例。

与传统的服务运行平台相比,EC2 具有以下优势:

1)可伸缩性。利用 EC2 提供的网络服务接口,应用可以根据需求动态调整计算资源,支持同时启动多达上千个虚拟机实例。

2)节省成本。用户不需要预先为应用峰值所需的资源进行投资,也不需要雇用专门的技术人员进行管理和维护,可以利用 EC2 轻松地构建任意规模的应用运行环境。在服务的运行过程中,用户可以灵活地开启、停止、增加、减少虚拟机实例,并且只需为实际使用的资源付费。

3)使用灵活。用户可以根据自己的需要灵活定制服务,Amazon 公司提供了多种不同的服务器配置,以及丰富的操作系统和软件组合给用户选择。用户可以利用这些组件轻松地搭建企业级的应用平台。

4)安全可靠。EC2 构建在 Amazon 公司的全球基础设施之上,EC2 的运行实例可以分布到全球不同的数据中心,单个节点失效或者局部区域的网络故障不会影响业务的运行。

5)容错。Amazon 公司通过提供可靠的 EBS(Elastic Block Store)服务,在不同区域持久地存储和备份 EC2 实例,在出现故障时可以快速地恢复到之前正确的状态,对应用和数据的安全提供了有效的保障。

4.5　SaaS、PaaS 和 IaaS 之间的关系

IaaS 为用户提供虚拟计算机、存储、防火墙、网络、操作系统和配置服务等网络基础架构部件,用户可根据实际需求扩展或收缩相应数量的软硬件资源,主要面向企业用户。

PaaS 是一套平台工具,用户可以使用平台提供的数据库、开发工具和操作系统等开发环境进行开发、测试和部署软件,主要面向应用程序研发人员,有利于实现快速开发和部署。

SaaS 通过互联网,为用户提供各种应用程序,直接面向最终用户。服务提供商负责对应用程序进行安装、管理和运营,用户无需考虑底层的基础架构及开发部署等问题,可直接通过网络访问所需的应用服务。SaaS 服务可基于 PaaS 平台提供,也可直接基于 IaaS 提供。易观分析认为,IaaS 是云计算服务的底层基础架构,为 PaaS 和 SaaS 服务提供硬件和平台服务,PaaS 是基于 SaaS 应用而提供的一个软件开发环境,可以为开发者提供数据处理、编程模型及数据库管理等服务。SaaS 是基于互联网的快速发展而产生的面向最终用户的产品服务模式,通过 SaaS 模式,用户可直接享受Web 端的各类产品应用及服务,与传统软件服务模式相比,SaaS 模式具备成本低、迭代快、种类丰富等特征。

SaaS、PaaS 和 IaaS 三者之间没有必然的联系,只是 3 种不同的服务模式,都是基于互联网,按需按时付费,就像水、电、煤气一样。从用户体验角度而言,它们之间的关系是独立的,因为它们面对的是不同的用户。从实际的商业模式角度而言,PaaS 的发展确实促进了 SaaS 的发展,因为提供了开发平台后,SaaS 的开发难度降低了。从技术角度而言,三者并不是简单的继承关系,因为 SaaS 可以基于 PaaS 或者直接部署于 IaaS 之上,其次 PaaS可以构建于 IaaS 之上,也可以直接构建在物理资源之上。SaaS、PaaS 和IaaS 之间关系如图 4.23 所示。

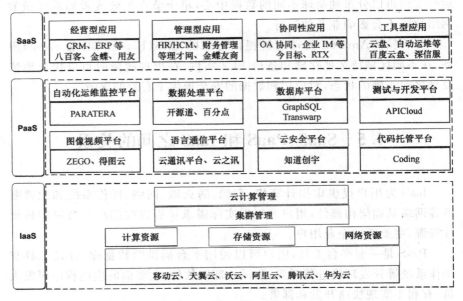

图 4.23　SaaS、PaaS 和 IaaS 之间关系

第5章 虚拟化技术及应用

5.1 虚拟化技术概论

5.1.1 虚拟化技术的概念

"虚拟化"是一个广泛而变化的概念,因此想要给出一个清晰而准确的"虚拟化"定义并不是一件容易的事情。"虚拟化"有很多定义,下面给出了一些定义。

"虚拟化是以某种用户和应用程序都可以很容易从中获益的方式来表示计算机资源的过程,而不是根据这些资源的实现、地理位置或物理包装的专有方式来表示它们。换句话说,它为数据、计算能力、存储资源以及其他资源提供了一个逻辑视图,而不是物理视图。"——Jonathan Eunice, Iliuminata Inc。

"虚拟化是表示计算机资源的逻辑组(或子集)的过程,这样就可以用从原始配置中获益的方式访问它们。这种资源的新虚拟视图并不受实现、地理位置或底层资源的物理配置的限制。"——Wikipedia

"虚拟化:对一组类似资源提供一个通用的抽象接口集,从而隐藏属性和操作之间的差异,并允许通过一种通用的方式来查看并维护资源。"——Open G,id Services A chitecture Glossary of Terms。

IBM 对虚拟化的定义:虚拟化是资源的逻辑表示,它不受物理限制的约束。

在这个定义中,资源涵盖的范围很广。资源可以是各种硬件资源,如CPU、内存、存储、网络;也可以是各种软件环境,如操作系统、文件系统、应用程序等。

虚拟化的主要目标是对包括基础设施、系统和软件等 IT 资源的表示、访问和管理进行简化,并为这些资源提供标准的接口来接受输入和提供输出。虚拟化的使用者可以是最终用户、应用程序或者服务。通过标准接口,虚拟化可以在 IT 基础设施发生变化时将对使用者的影响降到最低。最终用户可以重用原有的接口,因为他们与虚拟资源进行交互的方式并没有发生变化,即使底层资源的实现方式已经发生了改变,他们也不会受到影响。

虚拟化技术降低了资源使用者具体实现之间的耦合程度,让使用者不再依赖于资源的某种特定实现。利用这种松耦合关系,系统管理员在对 IT 资源进行维护与升级时,可以降低对使用者的影响。

5.1.2 虚拟化技术的发展

虚拟化在计算机领域的发展至今已有 50 多年了,在这期间产生了很多种虚拟化形式,如网络虚拟化、微处理器虚拟化、桌面虚拟化等。这些虚拟化技术的产生和成熟离不开计算机技术的发展。虚拟化从概念上来说就是将在实际环境运行的程序、组件,放在虚拟的环境中来运行,从而达到以小的成本来实现与真实环境相同或类似功能的目的。

早期的计算机大多用于科学计算,计算机不仅价格昂贵,而且硬件资源的利用率低,用户的体验效果也差强人意,从而有了分时系统的提出。为了满足分时系统的需求,克里斯托·弗(Christopher Strachey)提出了虚拟化的概念。在 1959 年召开的国际信息处理大会上,其发表了一篇名为《大型高速计算机中的时间共享》(*Time Sharing in Large Fast Computers*)的学术报告,在这篇文章中他提出了虚拟化的基本概念。

在随后的 10 年中,由于当时工业、科技条件的限制,计算机的硬件资源是相当昂贵的。IBM 在 1956 年推出的首部磁盘储存器,总容量仅 5MB,但是平均每 MB 需花费 1 万美元。这远远超出了普通大众的承受范围,严重阻碍了人们对计算机的购买力。为了使昂贵的硬件资源得到充分利用,来提高自己的销售额,IBM 最早发明了一种操作系统虚拟机技术,能够让用户在一台主机上运行多个操作系统,IBM 7044 计算机就是典型的代表。随后虚拟化技术一直只在大型机上应用,而在 PC、服务器的 x86 平台上仍然进展缓慢。

随着科技水平的提高,计算机硬件资源的价格逐渐降低,从 20 世纪 90 年代末开始,x86 计算机由于其成本低廉渐渐代替大型机,为了抢占市场的份额,VMware 就在考虑如何节省客户的开支,来提高自己产品的竞争力。这时,就有了虚拟化技术的再次发展。以 VMware 为代表的虚拟化软件厂商率先实施了以虚拟机监视器为中心的软件解决方案,为虚拟化技术在 x86 计算机环境的发展开辟了道路。

最近的十几年间,诸多厂商(如微软、Intel 公司、AMD 公司等)都开

始进行虚拟化技术的研究。为了与 VMware 展开直接竞争,微软开发了
Hyper-V 技术。微软凭借其强大的技术支持,成为小企业市场 VMware 的
主要竞争对手。同时,虚拟化技术的飞速发展也引起了芯片厂商的重视,
Intel 公司和 AMD 公司在 2006 年以后都逐步在其 x86 处理器中增加了硬
件虚拟化功能。

　　2008 年以后,云计算技术的发展推动了虚拟化技术成为研究热点。由
于虚拟化技术能够屏蔽底层的硬件环境,充分利用计算机的软硬件资源,是
云计算技术的重要目标之一,虚拟化技术成为切分型云计算技术的核心技
术。虚拟化对云计算技术的发展产生重大意义的是基于 x86 架构的服务器
虚拟化技术。

5.2　虚拟化技术的分类

　　虚拟化技术从计算体系结构的层次上可分为指令集架构级虚拟化、硬
件抽象层虚拟化、操作系统层虚拟化、编程语言层上的虚拟化和库函数层的
虚拟化,其比较见表 5.1。

表 5.1　5 种虚拟化技术的比较

种类			典型系层
指令集架构级虚拟化	指令集	指令集架构级	Bochs、VLIW
硬件抽象层虚拟化	计算机的各种硬件	应用层	VMWare、Virtual PC、Xen、KVM
操作系统层虚拟化	操作系统	本地操作系统内核	Vimlal Server、Zone、Virtuozzo
编程语言层上的虚拟化	应用层的部分功能	应用层	jvM、CLR
库函数层的虚拟化	应用级库函数的接口	应用层	Wine

5.2.1　指令集架构级虚拟化

　　指令集架构级虚拟化是通过纯软件方法,模拟出与实际运行的应用程
序(或操作系统)所不同的指令集去执行,采用这种方法构造的虚拟机一般

称为模拟器(Emulator)。模拟器是将虚拟平台上的指令翻译成本地指令集,然后在实际的硬件上执行。当前比较典型的模拟器系统有 Bochs、VLIW 等。

5.2.2 硬件抽象层虚拟化

硬件抽象层虚拟化是指将虚拟资源映射到物理资源,并在虚拟机的运算中使用实实在在的硬件。即使用软件来虚拟一台标准计算机的硬件配置,如 CPU、内存、硬盘、声卡、显卡、光驱等,成为一台虚拟的裸机。这样做的目的是为客户机操作系统呈现和物理硬件相同或类似的物理抽象层。客户机绝大多数指令在宿主机上直接运行,从而提高了执行效率。但是,给虚拟机分配硬件资源的同时虚拟软件本身也要占用实际硬件资源,对性能损耗较大。虽然如此,硬件抽象层虚拟化的优点仍不可忽视。硬件抽象层的虚拟机具有以下优点:

1)高度的隔离性。

2)可以支持与宿主机不同的操作系统及应用程序。

3)易于维护及风险低。

比较有名的硬件抽象层虚拟化解决方案有 VMWare、Virtual PC、Xen、KVM 等。以 Xen 为例,Xen 是剑桥大学开发的一个基于 x86 的开源虚拟机监视器,可以在一台物理机上执行多台虚拟机。它特别适用于服务器整合,具有性能高、占用资源少、节约成本等优点。

5.2.3 操作系统层虚拟化

操作系统层虚拟化是指通过划分一个宿主操作系统的特定部分,产生一个个隔离的操作执行环境。操作系统层的虚拟化是操作系统内核直接提供的虚拟化,虚拟出的操作系统之间共享底层宿主操作系统内核和底层的硬件资源。操作系统虚拟化的关键点在于将操作系统与上层应用隔离开,将对操作系统资源的访问进行虚拟化,使得上层应用觉得自己独占操作系统。操作系统虚拟化的好处是实现了虚拟操作系统与物理操作系统的隔离,并且有效避免物理操作系统的重复安装。比较有名的操作系统虚拟化解决方案有 Virtual Server、Zone、Virtuozzo 及虚拟专用服务器(Virtual Private Server,VPS)。VPS 是利用虚拟服务器软件在一台物理机上创建多个相互隔离的小服务器。这些小服务器本身就有自己的操作系统,其运行和管理与独立主机完全相同。其可以保证用户独享资源,且可以节约成本。

5.2.4　编程语言层上的虚拟化

计算机若不安装操作系统和其他软件的话,就是一台裸机。操作系统和其他软件相对于裸机而言都是应用程序。编程语言层上的虚拟机是在应用层上创建的,并支持一种新定义的指令集。这一类虚拟机运行的是针对虚拟体系结构的进程级作业,通常这种虚拟机是作为一个进程在物理计算机系统中运行的,使用户感觉不到应用程序是在虚拟机上运行的。这种层次上的虚拟机主要有 JVM(Java Virtual Machine)和 CLR(Common Language Runtime)。以 JVM 为例,JVM 是通过在物理计算机上仿真模拟计算机的各种功能来实现的,是虚拟出来的计算机。JVM 使Java 程序只需生成在 Java 虚拟机上运行的目标代码(字节码),就可以在多种平台上进行无缝迁移。

5.2.5　库函数层的虚拟化

在操作系统中,应用程序的编写会使用由应用级的库函数提供的一组API 函数。这些函数隐藏了一些操作系统的相关底层细节,降低了程序员的编程难度。库函数层的虚拟化就是对操作系统中的应用级库函数的接口进行虚拟化,创造出了不同的虚拟化环境。使得应用程序不需要修改,就可以在不同的操作系统中迁移。当然不同的操作系统库函数的接口不一样。如属于这类虚拟化的 Wine,是利用 API 转换技术做出 Linux 与 Windows相对应的函数来调用 DLL,从而能在 Linux 系统中运行 Windows 程序。

5.3　应用虚拟化

5.3.1　应用场景

应用虚拟化的特性是应用与用户的操作系统解耦,将应用集中管理,用户按需运行应用。这和 VDI 相似,可以从以下几个方面给用户带来好处。

(1)降低运维成本

应用集中托管在服务器上维护或运行,解决了应用和用户操作系统版本兼容问题,以及应用本身的更新升级问题。这极大地降低了 IT 运维成本。

（2）降低应用 license 费用

采用应用虚拟化方案管理的应用,不需要在每一个用户操作系统上安装应用,而是集中托管在应用服务器上,用户按需运行应用。这就可以不以应用的安装数量购买 license,而是以应用的最大并发运行数量来购买应用 license,可以极大地降低 license 费用。

（3）提高安全性

采用应用虚拟化,将应用数据集中托管和保存在数据中心,终端用户所能接触到的仅是应用的界面,无法接触到应用数据。这在企业应用场景下可以极大地保护 IT 资源,在核心涉密场景下,应用虚拟化是一个非常好的解决方案。

事实上,应用虚拟化往往和桌面虚拟化同时使用,通过桌面虚拟化技术发布的虚拟桌面上的应用,很多场景下这些应用并不是真正安装在虚拟桌面里的,而是通过应用虚拟化技术发布到虚拟桌面上的应用。这可以降低应用的 license 成本,以及更为便捷地对应用进行管理。

5.3.2 实现原理

应用虚拟化实现的是应用和用户操作系统的解耦。有两个方案可以实现此目标。

（1）应用窗口拉远方案

在介绍 VDI 方案时,我们了解到 VDI 就是将桌面拉远。如果更进一步地将桌面上运行的单个应用窗口拉远,那么就是一种很好的应用虚拟化实现方案。原理如图 5.1 所示。

（2）应用通过沙箱技术流化到客户端运行方案

前一种通过应用窗口拉远的方案实现应用虚拟化,应用运行在服务端,通过网络将应用界面传输到客户端。这种实现方案的弊端是必须依赖网络,如果中间断开网络则用户无法使用应用。一种替代的方案是将应用与其本身的运行环境打包,按需流化到用户终端上运行。简单理解就是将应用做成无须安装的绿色软件,随意在用户终端上运行,而不用考虑用户操作系统的版本问题,以实现应用与用户操作系统解耦。

5.3.3 关键技术

根据应用虚拟化技术实现原理,对应于应用窗口拉远方案,这一种方案最核心的关键技术在于传输协议。

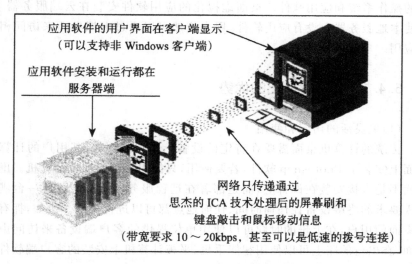

应用软件的用户界面在客户端显示
（可以支持非 Windows 客户端）

应用软件安装和运行都在
服务器端

网络只传递通过
思杰的 ICA 技术处理后的屏幕刷和
键盘敲击和鼠标移动信息
（带宽要求 10～20kbps，甚至可以是低速的拨号连接）

图 5.1　应用虚拟化技术实现原理

对于应用流化方案，此方案的难点在于如何将应用绿色化，以及应用的版本管理、应用的 license 管理等。应用和其运行环境打包后，在应用运行过程中也不是一下子将这个应用包完全下载到本地，而是按需下载。microsoft App-V Sequence 是这一方案的典型代表，App-V Sequence 会将打包后的应用分割成一小块一小块，应用在终端运行时，首先下载必须要运行的代码，对于可选的代码，在需要执行时再按需下载，从而减少网络的传输量，更重要的是加快了应用的启动速度。

在该层次的产品，除了提供基于桌面拉远的功能外，还针对应用的管理和发布提供了多种手段，更加降低了虚拟桌面的管理复杂度和成本，提升了管理效率。该层次产品以 Citrix 为代表，XenDesktop 提供了传统的桌面虚拟化功能，XenApp 提供了应用虚拟化功能，两者结合提供的功能最为完备。

5.4　桌面虚拟化

桌面虚拟化依赖于服务器虚拟化，直观上来说就是将计算机的桌面进行虚拟化，是将计算机的桌面与其使用的终端设备相分离。桌面虚拟化为用户提供部署在云端的远程计算机桌面环境，用户可以使用不同的终端设备，通过网络来访问该桌面环境，即在虚拟桌面环境服务器上运行用户所需要的操作系统和应用软件。桌面虚拟化的应用软件安装在云端服务器上，即使本地服务器上没有应用软件，用户依然可以通过虚拟桌面来访问相关的应用。

5.4.1 桌面虚拟化的优势

（1）更灵活的访问和使用

传统的计算机桌面需要在特定的设备上使用。例如，某用户的计算机桌面上安装了 Photoshop 软件，若要使用，只能用自己的那台计算机。虚拟桌面不是直接安装在设备上，而是部署在远程服务器上的。任何一台满足接入要求的终端设备在任何时间、任何地点都可以进行访问。例如，拥有虚拟桌面的用户，在上班的时候可以使用单位提供的客户端设备来访问虚拟桌面，在出行的路上可以使用智能手机、平板计算机上安装的客户端软件来访问虚拟桌面，更加方便、快捷。

（2）更低的用户终端配置

虚拟桌面部署在远程服务器上，所有的计算都在远程服务器上进行，而终端设备主要是用来显示远程桌面内容。终端设备没有必要拥有与远程服务器相似的配置，所以配置要求更低，维护相对而言也更加容易。

（3）更便于集中管控终端桌面

虚拟桌面并不是没有自己的个人桌面，其完全可以与本地的个人桌面同时存在，两者可以互不干扰。使用虚拟桌面，运营商将所有的桌面管理放在后端的数据中心中，数据中心可以对桌面镜像和相关的应用进行管理、维护。而终端用户不用知道具体的管理和维护，就可以使用经过维护后的桌面。

（4）更高的数据安全性

用户在虚拟桌面上所做的应用是在后台的数据中心中执行的，所产生的数据也存储在数据中心，并没有存储在用户的终端设备上。从而，用户终端设备的损坏对数据没有影响。此外，由于传统的物理桌面会接入内部网，一旦一个终端感染病毒，就可能殃及整个内部网络。而虚拟桌面的镜像文件受到感染，受影响的只是虚拟机，能很快地得到清除和恢复。

（5）更低的成本

虚拟桌面简化了用户终端，用户可以选择配置相对较低的终端设备，从而节省购买成本。同时，传统的计算机每台都要有一个桌面环境，而且这些计算机分布在世界各地，管理起来比较困难，管理成本也比较高。而虚拟桌面及其相关应用的管理和维护都是在远程服务器端运行的，成千上万的用户可以使用同一个虚拟桌面，从而降低了管理和维护的成本。

5.4.2　虚拟桌面的架构及模式

虚拟桌面的一个架构如图 5.2 所示。

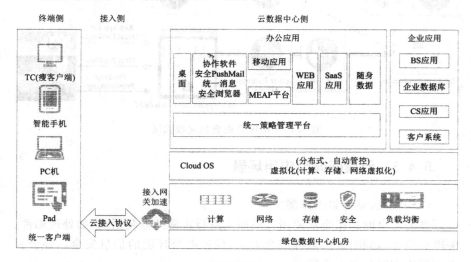

图 5.2　虚拟桌面的一个架构

图 5.3 所示是 VMware 公司的一个桌面虚拟化模式。

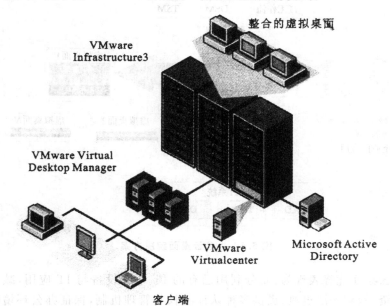

图 5.3　VMware 桌面虚拟化模式

图 5.4 所示是 Citrix 的一个桌面虚拟化模式图。

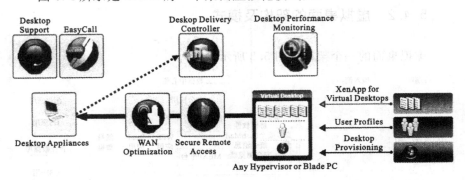

图 5.4　Citrix 桌面虚拟化模式图

5.4.3　云桌面典型应用场景

（1）办公云桌面解决方案

办公云桌面是指企业使用云桌面来进行正常的办公活动（如处理邮件、编辑文档等），同时提供多种安全方案，保证办公环境的信息安全。办公云桌面解决方案如图 5.5 所示。

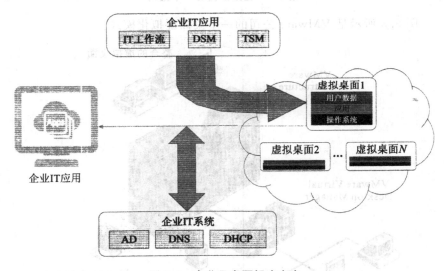

图 5.5　办公云桌面解决方案

云桌面优势表现为：充分利用已有的 IT 系统设备与 IT 应用，减少重复投资，做到平滑过渡；提供多种认证鉴权与管理机制，保证办公环境的信息安全。

（2）绿色座席解决方案

多数企业用户部署的呼叫中心越来越多地由 TDM 方式的语音解决方案演进到采用 IP 语音解决方案。绿色座席解决方案如图 5.6 所示。

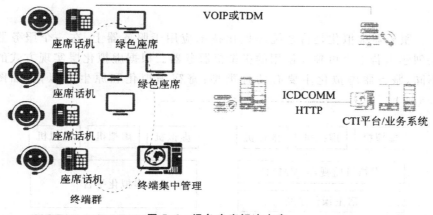

图 5.6 绿色座席解决方案

5.4.4 网管维护解决方案

网管维护解决方案如图 5.7 所示。云桌面网管维护解决方案针对网络管理的特点定制了多种接入终端的接入程序，方便随时随地地接入进行网络状态分析与网络故障定位，对于重大问题，充分发挥企业网管专家的经验优势。云桌面网管维护解决方案集成多种网管适配解决方案，无须对既有网管系统进行改造，即可实现统一管理。

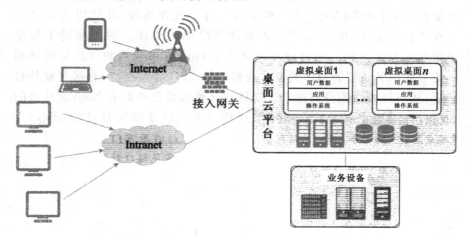

图 5.7 网管维护解决方案

5.5 服务器虚拟化

　　服务器虚拟化是将系统虚拟化技术应用于服务器上，在一个服务器上创建出若干个可独立使用的虚拟机服务器。根据虚拟化层实现方式的不同，服务器虚拟化主要有两种类型：寄宿虚拟化和原生虚拟化，如图5.8所示。

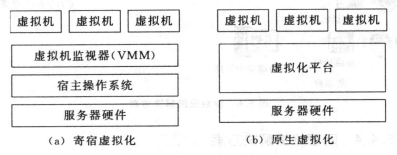

图 5.8　服务器虚拟化的实现方式

　　服务器虚拟化必备的是对3种硬件资源的虚拟化：CPU、内存、设备和I/O。此外，为了实现更好的动态资源整合，当前的服务器虚拟化大多支持虚拟机的实时迁移。

　　图5.9给出了半虚拟化与全虚拟化的区别。半虚拟化也可以称为准虚拟化，这种虚拟化技术主要是改变客户操作系统，让它以为自己运行在虚拟环境下，能够与虚拟机管理程序协同工作。图中描述了与全虚拟化产品的区别。通过已经被修改了 Guest OS 代码的方法使得虚拟机管理程序无须重新编译或者捕获相应的 CPU 特权指令，直接与硬件打交道，从而使得性能得到提升。常见的这种虚拟化产品有 Xen（亚马逊的云平台的虚拟化产品就是采用了这种技术），以及微软自己的 Hyper-V产品。

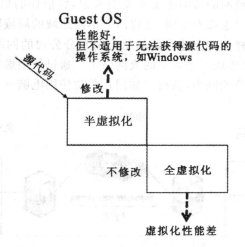

图 5.9　半虚拟化与全虚拟化的区别

5.6　网络虚拟化

　　试想一下两个场景：当你下班回家，想要连接回单位的办公系统继续工作；分别在不同城市的分公司想要使用部署在总公司的财务系统。在这两种情况下，他们的数据通信都要经过不安全的外部网络。要进行安全的网络传输，就要使用网络虚拟化技术了。

　　网络虚拟化包括 VPN 和 VLAN 两种典型的传统网络虚拟化技术，对于改善网络性能、提高网络安全性和灵活性起到良好效果。

　　虚拟专用网（Virtual Private Network，VPN）通常是指在公共网络中，利用隧道技术所建立的临时而安全的网络。VPN 建立在物理连接基础之上，使用互联网、帧中继或 ATM 等公用网络设施，不需要租用专线，是一种逻辑的连接。图 5.10 是企业虚拟专用网的示意图。

　　虚拟局域网（Virtual Local Area Network，VLAN）是一种将局域网设备从逻辑上划分成一个个网段，从而实现虚拟工作组的数据交换技术。VLAN 的特点是，同一个 VLAN 内的各个工作站可以在不同物理 LAN 网段。有助于控制流量，减少设备投资，简化网络管理，提高网络的安全性。通常我们认为局域网是相对安全的网络，例如我们会认为公司内部的网络是安全的。但是，为了更安全，我们希望可以将公司的局域网络再细分，如财务部、销售部等部门都各自组成一个局域网，这时就可以使用虚拟局域网了。划分虚拟局域网的目的是出于安全考虑，将信任的机器和不信任的机器区分开来。通过虚拟专用网，能将两个不同地域的局域网络连接起来，就像一个局域网一样。如上述场景的总公司与分公司的网络，通过使用虚拟专用网技术，就能连成一个安全的大网络了。通过使用虚拟专用网，将家里的电脑连接到单位的网络，就可以如同在单位使用电脑一样了。

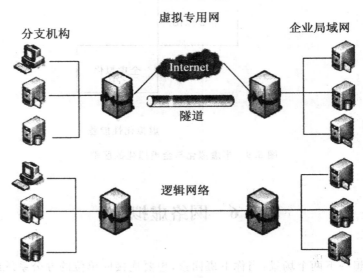

图 5.10　企业虚拟专用网

5.7　存储虚拟化

存储网络工业协会（Storage Networking Industry Association，SNIA）对存储虚拟化是这样定义的：通过将一个或多个目标（Target）服务或功能与其他附加的功能集成，统一提供有用的全面功能服务。当前存储虚拟化是建立在共享存储模型基础之上，其主要包括 3 个部分，分别是用户应用、存储域和相关的服务子系统。其中，存储域是核心，在上层主机的用户应用与部署在底层的存储资源之间建立了普遍的联系，其中包含多个层次；服务子系统是存储域的辅助子系统，包含一系列与存储相关的功能，如管理、安全、备份、可用性维护及容量规划等。

对于存储虚拟化而言，可以按实现不同层次划分：基于设备的存储虚拟化、基于网络的存储虚拟化、基于主机的存储虚拟化，如图 5.11 所示。从实现的方式划分，存储虚拟化可以分为带内虚拟化和带外虚拟化，如图 5.12 所示。

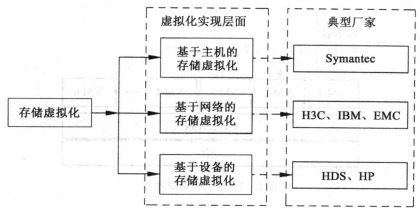

图 5.11　按不同层次划分虚拟化

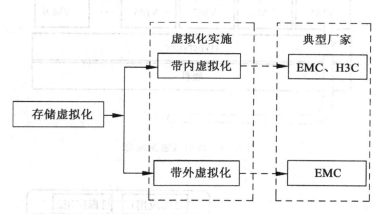

图 5.12　按实现的方式划分虚拟化

5.8　虚拟化安全措施

5.8.1　虚拟化安全攻击

常见的虚拟化攻击手段有虚拟机窃取和篡改、虚拟机跳跃(图 5.13)、虚拟机逃逸(图 5.14)、VMBR 攻击(图 5.15)、拒绝服务攻击(图 5.16)。对虚拟化攻击的手段有一定的了解,才能更好地探索相应的防御技术,这对提高虚拟化系统的安全性是至关重要的。

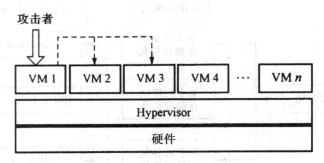

图 5.13　虚拟机跳跃攻击

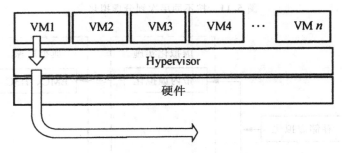

图 5.14　虚拟机逃逸攻击

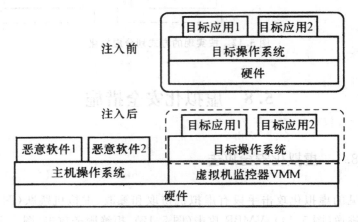

图 5.15　基于虚拟机的 VMBK 攻击

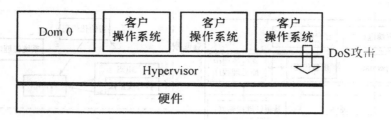

图 5.16　拒绝服务攻击

5.8.2　虚拟化安全机制

5.8.2.1　宿主机安全机制

通过宿主机对虚拟机进行攻击可谓是得天独厚，一旦入侵者能够访问物理宿主机，他们就能够对虚拟机展开各种形式的攻击，具体如图 5.17 所示。

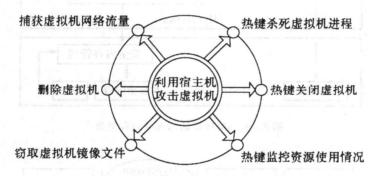

图 5.17　利用宿主机攻击虚拟机

5.8.2.2　Hypervisor 安全机制

HyperSentry 架构如图 5.18 所示。提高 Hypervisor 防御能力可以从以下 4 方面入手：①防火墙保护 Hypervisor 安全；②合理地分配主机资源；③扩大 Hypervisor 安全到远程控制台；④通过限制特权减少 Hypervisor 的安全缺陷。

5.8.2.3　虚拟机隔离机制

(1)虚拟机安全隔离模型

1)硬件协助的安全内存管理(SMM)(图 5.19)。

2)硬件协助的安全 I/O 管理(SIOM)(图 5.20)。

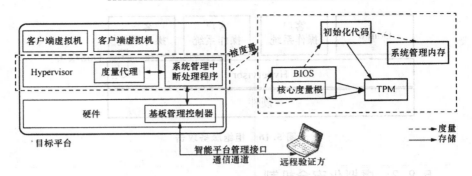

图 5.18 HyperSentry 架构

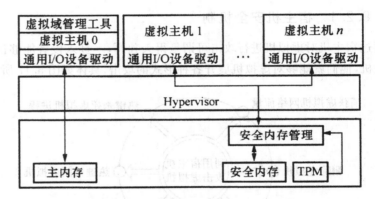

图 5.19 SMM 辅助的 Xen 内存管理

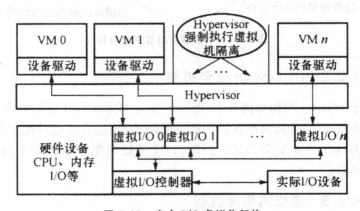

图 5.20 安全 I/O 虚拟化架构

(2)虚拟机访问控制模型

sHype 的系统强制访问控制架构如图 5.21 所示。

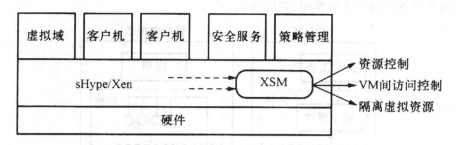

图 5.21　sHype 的系统强制访问控制架构

基于 sHype 提出了一种分布式强制访问控制系统,称作 Shamon。它基于 Xen 实现了一个原型系统,系统结构如图 5.22 所示,能解决大规模分布式环境下的虚拟机隔离安全问题。

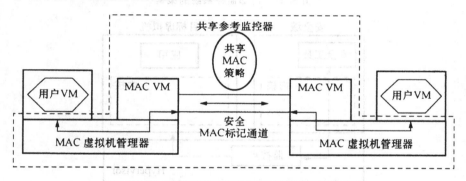

图 5.22　Shamon 原型系统结构图

5.8.2.4　虚拟机安全监控机制

在云计算环境中,部署有效的监控机制对虚拟机进行实时监控是十分必要的。通过部署有效的监控机制,可以对虚拟机系统的运行状态进行实时观察,及时发现不安全因素,保证虚拟机系统的安全运行。

(1)虚拟机安全监控分类

虚拟机安全监控可分为内部监控(图 5.23)与外部监控(图 5.24)两种。

(2)虚拟机安全防护与检测

1)纵向流量的安全防护与检测。纵向流量的防护与检测模型如图 5.25 所示。纵向流量的防护方式与传统数据中心流量的安全防护相比没有本质区别,对纵向流量的防护可以直接借鉴传统的防护方法,将具备内置阻断安全攻击能力的防火墙和入侵检测系统通过旁挂在汇聚层或者是串接在核心层和汇聚层之间的部署方式对其进行安全部署,来对虚拟化环境下的纵向流量进行检测,如图 5.26 所示。

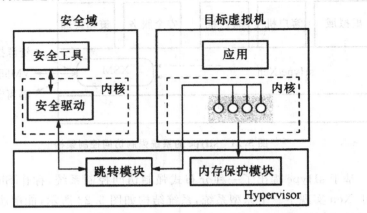

图 5.23　内部监控系统的架构

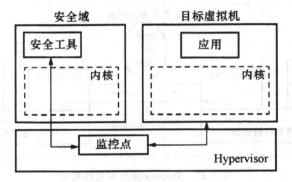

图 5.24　外部监控系统的架构

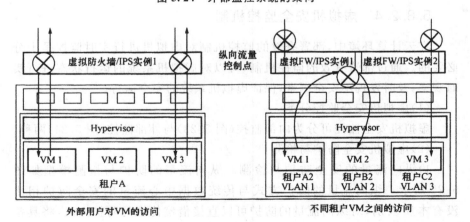

图 5.25　纵向流量的安全防护与检测模型

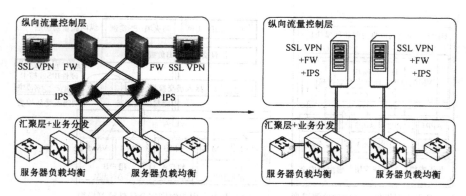

图 5.26　纵向流量控制层的安全设备部署方式(盒式或插卡组合)

2)横向流量的安全防护与检测。虚拟机之间的横向流量安全是在虚拟化环境下产生的新问题。在虚拟化环境下,同一服务器的不同虚拟机之间的流量直接在服务器内部实现交换,使外层网络安全管理员无法通过传统的防护与检测技术手段对虚拟机之间的横向流量进行监控。图 5.27 展示了在虚拟化环境下重点关注的横向流量的安全防护与检测模型。

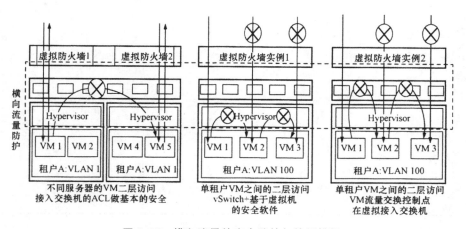

图 5.27　横向流量的安全防护与检测模型

要做到深层次的安全检测,目前主要有两种技术方式,一是基于虚拟机的安全软件检测模型技术,另外一种就是利用边缘虚拟桥(Edge Virtual Bridging,EVB)技术实现流量重定向的安全检测模型,如图 5.28 所示。

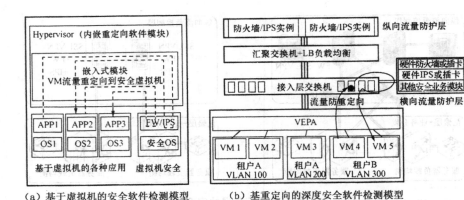

（a）基于虚拟机的安全软件检测模型　　　（b）基重定向的深度安全软件检测模型

图 5.28　横向流量深度安全的两种防护方式

第 6 章　云桌面技术及应用

6.1　云桌面技术的发展历史及其与传统 PC 的对比

6.1.1　云桌面技术的发展历史

VDI(Virtual Desktop Infrastructure)是基于桌面集中的方式来给网络用户提供桌面环境,这些用户使用设备上的远程显示协议(如 ICA、RDP 等)安全地访问他们的桌面。这些桌面资源被集中起来,允许用户在不同的地点访问,而不受影响。例如,在办公室打开一个 Word 应用,如果有事情临时出去了,在外地用平板电脑连接上虚拟桌面,则可以看到这个 Word 应用程序依然在桌面上,和离开办公室时的状态一致。这样可以使得系统管理员更好地控制和管理个人桌面,提高安全性。

虚拟桌面技术的发展与整个计算机产业的进步息息相关。集中化架构的想法早在大型机和终端客户机的年代就已经有了。在 20 世纪 80 年代前计算机出现的早期阶段,因为庞大的机器规格和高昂的制造代价,当时计算机的访问通常都是采用集中式处理方式,用户通过主机/哑终端模式使用计算资源。这种访问方式与虚拟桌面采用的远程访问模式很相似。但是,当时的计算机操作都是通过命令行实现用户与计算机的交互,还没有出现桌面的概念,网络技术也远未成熟,不能支持用户的方便接入。

在 20 世纪 70 年代末期至 20 世纪 90 年代,随着人们对计算机操作体验要求的提升,基于图形用户界面(GUI)的计算机桌面技术开始出现和兴起,施乐、苹果、Microsoft 等先后推出了具有 GUI 桌面的操作系统。同时,计算机开始向大众普及,虽然仍旧有很多场合需要用户远程共享服务器从而催生了早期的虚拟桌面技术,但是个人计算机的广泛应用使得人们逐渐放弃了此前对集中计算资源的远程访问模式,而逐渐转变为使用本地微型计算机。

进入 21 世纪后,在个人计算机的日益推广和广泛应用中存在的诸多问题开始显现，特别是系统运维复杂度的剧增，更使人们把目光重新聚焦于集中部署的计算资源交付方式上，这一需求与云计算的理念不谋而合，虚拟桌面技术也进入了新的黄金发展期。

从虚拟桌面技术的发展来看，其与传统计算机使用方式的重要区别之一是将远程服务器提供的桌面内容显示到用户的本地终端上，而这种远程显示能力最早可追溯到 20 世纪 80 年代推出的 UNIX X Window 系统提供的远程显示功能。X Window 是网络透明的窗口显示系统，由相关的计算机软件和网络协议组成，能够用于位图显示，为联网的计算机提供基本的图形用户接口。X Window 采用 C/S 服务模式：X Server 运行在拥有图像显示能力的计算机上，负责和各种各样的客户端程序通信；而 X Client 则负责对相应应用的 X11 请求进行解释，然后将其传送至 X Server 进行屏幕显示。换个角度说，X Server 相当于用户和 X Client 应用之间的传声筒，它从 X Client 处接收图像窗口的输出请求并将其显示给用户，同时接收用户输入（鼠标、键盘），然后将它们传送给 X Client 应用。X Window 的技术架构如图 6.1 所示。

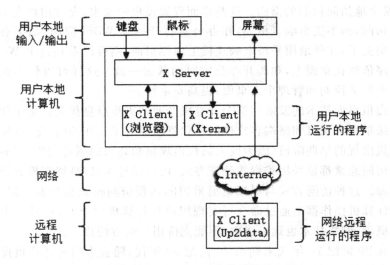

图 6.1　X Window 的技术架构

X Window 中的"客户端"和"服务器"等术语的定义是从程序的角度出发，而不是从用户的角度出发：本地的 X Server 运行在本地计算机上提供显示服务，所以它扮演了服务器；而 X Client 则运行在各种各样的远程计算机上，使用了 X Server 提供的显示服务，所以它是客户端。无论怎样，X Window 率先实现了应用执行和界面显示的分隔，使得应用能够跨网部署,从而支持应用的远程显示,成为后来计算机桌面远程交付技术的鼻祖。

X Window System 的出现给当时很多操作系统开发者以启迪。在 20 世纪 80 年代中期,Microsoft 和 IBM 开始着手开发 OS/2 操作系统。IBM OS/2 团队负责人 Ed Iacobucci 提出希望采用类 UNIX 架构,以使 OS/2 能够成为一个真正的支持多用户的内核,并将窗口图像显示系统进行扩展,使显示功能能够像 X11 一样运行在独立于应用的显示系统中,但是 IBM 和 Microsoft 对此并不感兴趣。于是,Ed Iacobucci 于 1989 年创建了 Citrus Systems,也就是现在在应用虚拟化、桌面虚拟化、服务器虚拟化和云计算领域拥有盛名的 Citrix Systems(思杰)。

Citrix 创建初期产品并不成功,公司甚至两次面临倒闭的危险。直到 1993 年,Citrix 从 Novell 收购了一款基于 DOS 操作系统和必要的内存管理技术设计的远程访问应用的产品。通过对该产品的改进,Citrix 推出了名为"WinView"的产品,不但将 OS/2 改造为支持多用户的操作系统,同时还包含了一份 Windows 3.1 的副本,它与 Novell Netware 产品合作,能够在一个系统上支持多个用户同时运行 DOS 和 Windows 应用,实现了对操作系统的多会话支持。更重要的是,WinView 还提供对用户通过网络共享远程系统的支持,使更多的用户能够访问集中部署的计算机系统,在当时计算机尚不普及而且价格高昂的情况下具有很好的经济效益:WinView 获得了极大的成功。1994 年,Citrix 在 WinView 中增加了对 TCP/IP 协议栈的支持,使得 Citrix 后续的产品均能够支持浏览器应用。这一举措帮助 Citrix 迎头赶上 20 世纪 90 年代兴起的互联网浪潮,也为其后续技术和产品的发展占据了先机。

虽然 WinView 具有很好的应用效果,但是由于 OS/2 本身的发展受限,进而阻碍了 Citrix 产品的进步。此时,随着 Windows 操作系统日益改善的图形界面体验,Microsoft 在 IT 行业异军突起,特别是 Windows 95/98 等产品的发布进一步确立了 Microsoft 在操作系统领域的霸主地位。于是,在 WinView 之后,Citrix 开始与 Microsoft 合作,并于 1995 年推出了 WinFrame。通过对 Windows NT 3.51 进行改造,Citrix 在 WinFrame 里实现了 MultiWin 引擎,使得多个用户能够在同一台 WinFrame 服务器上登录并执行应用。MultiWin 在后来许可给 Microsoft 使用,并成为 Microsoft 产品提供的终端服务(Terminal Services,TS)的基础。WinFrame 的一个核心技术就是并用于向客户端传输 WinFrame 服务器的桌面内容的 ICA(Independent Computing Architecture)协议。此后,ICA 作为 Citrix 远程桌面交付产品的核心技术不断成熟和完善,现已更名为 HDX。ICA 的设计理念与 X Window

System 有很多相近的地方,例如,它使得服务器能够对客户端输入进行响应和反馈,还提供了大量方法用于从服务器向客户端传送图像数据及其他媒体数据。在实现中,ICA 协议除了支持 Windows 平台外,还支持一系列 UNIX 服务器平台。相应地,Microsoft 在 1997 年开始研发 RDP(Remote Desktop Protocol)协议,用于在提供终端服务的服务器和客户端之间交换数据。RDP 协议还被应用于 Microsoft 的 NetMeeting 产品中,而其研发也是与 Citrix 合作进行的。

Citrix 和 Microsoft 的合作主要体现在 Citrix 为 Microsoft 操作系统扩展了多用户支持能力。Microsoft 从 Window NT 4.0 开始独立开展的各个服务器版操作系统的研发,其核心均在于对多用户访问的支持,即同一套操作系统桌面可以被虚拟,供多个用户使用,实现虚拟桌面的功能。Citrix 在 Microsoft Windows 产品基础上进行扩展而推出的名为"Meta Frame/Presentation Server/XenApp"的产品则侧重于多用户远程访问同一个应用,即同一个应用被虚拟,供多个用户使用,实现应用虚拟化的功能。

服务器虚拟化技术的日渐成熟催生了新型的虚拟桌面模式,即在集中部署的服务器上部署多台虚拟机,通过每台虚拟机为用户提供远程的桌面访问服务。该类解决方案被称为 VDI 技术,是在 2006 年 4 月由 VMware 牵头组织的 VDI 联盟提出的。VDI 解决方案同样解决了传统个人计算机使用中的问题,发挥了虚拟桌面的优势,同时为虚拟化厂商进入虚拟桌面领域提供了机遇,使得桌面交付协议与服务器虚拟化技术的结合成为虚拟桌面产业的新的发展潮流。

与此同时,Citrix 和 Microsoft 也开始了对 VDI 解决方案的研发。Citrix 于 2007 年高价收购了 XenSource,对开源的 Xen 虚拟化技术进行商业化开发,并很快形成了自己的服务器虚拟化平台 XenDesktop。Microsoft 则在 Windows 2008 中提供了 Hyper-V 虚拟化技术作为提供 VDI 虚拟桌面的底层平台。除了研发和完善服务器虚拟化技术,Citrix 和 Microsoft 也对其使用的虚拟桌面传输协议进行了全面的改进,以满足当前用户对虚拟桌面体验要求的提升,而不仅仅是关注应用程序的操作交互。Citrix 推出了 HDX 系列技术,大幅度改进了各种应用场景的用户体验;MicroSoft 则提出了 RemoteFX 技术对此前的 RDP 协议进行增强。目前,Citrix 的 XenDesktop 虚拟桌面产品、Microsoft 整合在 Windows 2008 R2 中发布的 RDS 虚拟桌面产品已经在业界多有应用。同时,Citrix 虚拟桌面产品对于下层支撑的服务器虚拟化技术并无强依赖关系,其部署更具灵活性。

面对虚拟桌面市场的广阔前景,VMware 也发力介入,于 2007 年发布了业界第一款基于 VDI 技术的虚拟桌面产品——VDM 1.0(Virtual Desktop

Manager 1.0),进而在 2008 年 1 月发布 VDM 2.0,并在同年 12 月发布了第三个正式版本,同时将产品名称改为 View。作为服务器虚拟化领域的领军者,VMware 优秀的虚拟化架构使其在虚拟桌面基础设施部署方面具有更高的集成度,同时在虚拟化管理方面独具优势,但其虚拟桌面的传输协议的性能和用户体验远落后于 ICA/HDX 或 RDP。研发方面,花费了很多精力用于选择合适的桌面传输协议。直到 2008 年,VMware 开始和 Teradici 合作开发软件实现的 PCoIP(PC over IP)协议,在现有的标准 IP 网络之上通过桌面内容压缩的方式为用户提供远程计算机桌面。该技术作为主打协议在 2009 年发布的 VMware View 4.0 虚拟桌面产品中被应用。

类似厂商还有 Red Hat。它于 2008 年 9 月收购了 Qumranet 及其拥有的 SPICE 桌面传输协议,进而开始研发以 KVM 技术为基础的服务器虚拟化平台上的虚拟桌面产品,并在 2010 年作为其企业级虚拟化解决方案的重要组成部分对外推出。值得注意的是,Red Hat 于 2009 年 12 月将 SPICE 协议开源,利用开源社区的力量改进和完善 SPICE 协议,同时也为广大开发者涉足虚拟桌面领域提供了便利。

从发展历史可以看出,真正的桌面虚拟化技术,是在服务器虚拟化技术成熟之后才出现的。第一代桌面虚拟化技术真正意义上将远程桌面的远程访问能力与虚拟操作系统结合起来,使得桌面虚拟化的企业应用成为了可能。

首先,服务器虚拟化技术的成熟,以及服务器计算能力的增强,使得服务器可以提供多个桌面操作系统的计算能力。以当前 4 核双 CPU 的处理器 16GB 内存服务器为例,如果用户的 Windows XP 系统分配 256MB 内存,在平均水平下,一台服务器可以支撑 50～60 个桌面运行,则可以看到,如果将桌面集中使用虚拟桌面提供,那么 50～60 个桌面的采购成本将高于服务器的成本,而管理成本、安全因素还未被计算在内,所以服务器虚拟化技术的出现,使得企业大规模应用桌面虚拟化技术成为可能。

第一代技术实现了远程操作和虚拟技术的结合,降低的成本使得虚拟桌面技术的普及成为可能,但是影响普及的并不仅仅是采购成本,管理成本和效率在这个过程中也是非常重要的一环。桌面虚拟化将用户操作环境与系统实际运行环境拆分,不必同时在一个位置,这样既满足了用户的灵活使用,同时也帮助 IT 部门实现了集中控制,从而解决了这一问题。但是如果只是将 1000 个员工的 PC 变成 1000 个虚拟机,那么 IT 管理员还需要对每一个虚拟机进行管理,管理压力可能并没有实际降低。

为了提高管理性,第二代桌面虚拟化技术进一步将桌面系统的运行环境与安装环境拆分、应用与桌面拆分、应用与配置文件拆分,从而大大降低了管理复杂度与成本，提高了管理效率。

例如，一个企业有 200 个用户，如果不进行拆分，那么 IT 管理员需要管理 200 个镜像（包含其中安装的应用与配置文件）。而如果进行操作系统安装与应用还有配置文件的拆分，假设有 20 个应用，则使用应用虚拟化技术，不用在桌面安装应用，动态地将应用组装到桌面上，则管理员只需要管理 20 个应用；而配置文件也可以使用 Windows 内置的功能，和文件数据都保存在文件服务器上，这些信息不需要管理员管理，管理员只需要管理一台文件服务器就行；而应用和配置文件的拆分，使得 200 个人用的操作系统都是没有差别的 Windows XP 则管理员只需要管理一个镜像，而用这个镜像生成 200 个运行的虚拟操作系统。总的来讲，IT 管理员只需要管理 20 个应用、1 台文件服务器和 1 个镜像，管理复杂性大大下降。

这种拆分也大大降低了对存储的需求量（少了 199 个 Window XP 系统的存储），降低了采购和维护成本。更重要的是，从管理效率上，管理员只需要对一个镜像或者一个应用进行打补丁，或者升级，所有的用户都会获得最新更新后的结果，从而提高了系统的安全性和稳定性，工作量也大大下降。

目前 Citrix、VMware 和 Microsoft 的虚拟桌面均达到第二代的水平，而一些利用开源软件开发的云桌面产品还属于第一代水平。

6.1.2 云桌面与传统 PC 的对比

云桌面和传统 PC 在硬件、网络、可管理性、安全性等方面的比较见表 6.1。

表 6.1 云桌面与传统 PC 的对比

序号	项目	云桌面	传统 PC
1	硬件要求	客户端要求很低，仅需要简单终端设备、显示设备和输入输出设备；服务器端需要较高配置	终端对于硬件要求较高，需要强大的处理器、内存及硬盘支持；服务器端根据实际业务需要弹性变化
2	网络要求	单个虚拟桌面的网络带宽需求低；但如果没有网络，独立用户终端将无法使用	对于网络带宽属于非稳定性需求，当进行数据交换时带宽要求较高；在没有网络的情况下，可独立使用

续表

序号	项目	云桌面	传统 PC
3	可管理性	可管理性强。终端用户对应用程序的使用可通过权限管理;后台集中式管理,客户端设备趋于零管理;远程集中系统升级与维护,只需要安装升级虚拟机与桌面系统模板,瘦客户机自动更新桌面	用户自由度比较大。使用者的管理主要是通过行政手段进行;客户端设备管理工作量大;客户端配置不统一,无统一管理平台,不利于统一管理;系统安装与升级不方便
4	安全性	本地不存储数据,不进行数据处理,数据不在网络中流动,没有被截获的危险,且传输的屏幕信息经过高位加密;由于没有内部软驱、光驱等,防止了病毒从内部对系统的侵害;采用专用的安全协议,实现设备与操作人员身份双认证	数据在网络中流动,被截获的可能性大;本机面临计算机病毒、各类威胁和破坏,病毒传入容易,对病毒的监测不易;没有统一的日志和行为记录,不利于安全审计;操作系统和通信协议漏洞多,认证系统不完善
5	升级压力	终端设备没有性能不足的压力,升级要求小,整个网络只有服务器需要升级,生命周期为 5 年左右,升级压力小	由于机器硬件性能不足而引起硬件升级或淘汰,生命周期为 3 年左右,设备升级压力大,对于网络带宽也有升级要求
6	维护成本	没有易损部件,硬件故障的可能性极低;远程技术支持或者更换新的瘦客户机设备;通过策略部署,出现问题实时响应	维护、维修费用高;安装系统与软件修复及硬件更换周期长;自主维护或外包服务响应均需较长时间
7	节能减排	云终端电量消耗很小,环境污染减少	独立 PC 电量消耗很大,集中开启还需要空调制冷

6.2　云桌面的基本架构

　　云桌面系统不是简单的一个产品,而是一种基础设施,其组成架构较为复杂,也会根据具体应用场景的差异以及云桌面提供商的不同有不同的形式。通常云桌面系统可以分为终端设备层、网络接入层、云桌面控制层、虚拟化平台层、硬件资源层和应用层 6 个部分,云桌面系统基本架构示意图如图 6.2 所示。

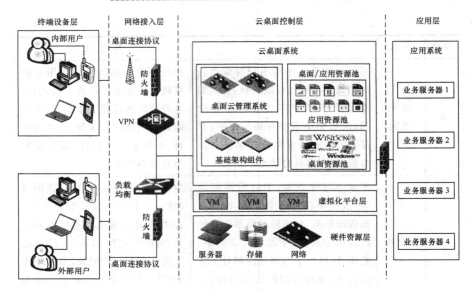

图 6.2　云桌面系统基本架构示意图

6.2.1　终端设备层

　　虚拟桌面终端的主要功能是进行桌面交付协议的解析,主要分为瘦终端和软终端两大类。瘦终端主要是指根据实际需求定制的硬件终端及相关外设,一般来说具备体积小、功耗低等特点,多采用嵌入式操作系统,可以提供比普通 PC 更加安全可靠的使用环境,以及更低的功耗,更高的安全性。软终端则指以客户端软件或者浏览器插件的形式存在的应用软件,可以安装和部署在用户侧的 PC、智能手机、平板电脑等硬件设备上。

　　通过特定的云桌面系统客户端程序,PC 用户同样可以连接到云桌面系统并使用其中的虚拟桌面。凭借云桌面系统中虚拟桌面系统的虚拟硬件的可配置性,用户可以借助远程的虚拟桌面系统完成不适合在自己的物理计算机上完成的工作。

6.2.2　网络接入层

　　网络接入层将远程桌面输出到显示器,以及将键盘、鼠标以及语音等输入传递到虚拟桌面。云桌面提供了各种接入方式供用户连接。云桌面用户可以通过有线、无线、VPN 网络接入,这些网络既可以是局域网,也可以是广域网,连接的时候即可以使用普通的连接方式,也可以使用安全连接方式。

虚拟桌面交付协议主要负责传输用户侧和虚拟桌面的交互信息,包括虚拟桌面视图、用户输入、虚拟桌面控制信令等。虚拟桌面交付协议的功能和性能是影响用户体验的关键,它需要支持用户在不同的网络环境(比如局域网、广域网、4G 网等)下对虚拟桌面的访问,针对不同的网络情况进行传输优化。

6.2.3　云桌面控制层

云桌面控制层负责整个云桌面系统的调度。用户通过与控制器交互进行身份认证,最终获得授权使用的桌面。虚拟桌面提供统一的 Web 登录界面服务以及与后方基础架构的通信能力,其自身也提供高可用性和负载均衡的能力。

云桌面控制层以企业作为独立的管理单元,为企业管理员提供桌面管理的能力。管理单元则由云桌面的系统级管理员统一管理。在每个管理单元中企业管理员可以对企业中的终端用户使用的虚拟桌面进行方便的管理,可以对虚拟桌面的操作系统类型、内存大小、处理器数量、网卡数量和硬盘容量进行设置,并且在用户的虚拟桌面出现问题时能够快速地进行问题定位和修复。

网络安全要求是对云桌面系统应用中与网络相关的安全功能的要求,包括传输加密、访问控制、安全连接等。系统安全要求是对云桌面系统软件、物理服务器、数据保护、日志审计、防病毒等方面的要求。

6.2.4　虚拟化平台层

虚拟化平台是云计算平台的核心,也是虚拟桌面的核心,承担着虚拟桌面的"主机"功能。对于云计算平台上的服务器,通常都是将相同或者相似类型的服务器组合在一起作为资源分配的母体,即所谓的服务器资源池。在服务器资源池上,通过安装虚拟化软件,让计算资源能以一种虚拟服务器的方式被不同的应用使用。

虚拟化平台可以实现动态的硬件资源分配和回收。虚拟化平台采用 HA 技术可以为虚拟桌面提供无缝的后台迁移功能,以提高云桌面系统的可靠性。采用 HA 技术后,如果虚拟桌面所在的服务器出现故障,虚拟化平台会快速地在其他服务器上重新启动虚拟桌面。

6.2.5　硬件资源层

硬件资源层由多台服务器、存储和网络设备组成。为了保证云桌面系统正常工作,硬件基础设施组件应该同时满足 3 个要求:高性能、大规模、低开销。

服务器技术是云桌面系统中最为成熟的技术之一,因为中央处理器和内存原件的更新换代速度很快。这些资源使得服务器成为云桌面系统的核心硬件部件,对于云桌面部署来说,合理规划服务器的规模尤其重要。服务器技术已经相当成熟,随着时间的推移,单台服务器上将可承载更多的云桌面会话。

在云桌面平台中,存储系统的性能和可靠性也是基本考虑要素。同时,在云桌面平台中,存储子系统需要具有高度的虚拟化、自动化和自我修复的能力。存储子系统的虚拟化兼容不同厂家的存储系统产品,从而实现高度扩展性,能在跨厂家环境下提供高性能的存储服务,并能跨厂家存储完成如快照、远程容灾复制等重要功能。自动化和自我修复能力使得存储维护管理水平达到云计算运维的高度,存储系统可以根据自身状态进行自动化的资源调节或数据重分布,实现性能最大化以及数据的最高级保护,保证了云服务的高性能和高可靠性。

6.2.6　应用层

应用层主要用于向虚拟桌面部署和发布各类用户所需的软件应用,从而节约系统资源,提高应用灵活性。应用流技术是虚拟桌面应用层的一个重要方面,它使得传统个人计算机应用不经修改就可以直接用于虚拟桌面场景中,消除了应用软件对底层操作系统的依赖。利用应用流技术,软件不再需要在虚拟桌面上安装,同时其升级管理可以集中进行,实现了动态的应用交付。

6.3　虚拟桌面架构技术

虚拟桌面基础架构(VDI)是在数据中心通过虚拟化技术为用户准备好安装 Windows 或其他操作系统和应用程序的虚拟机。用户从客户端设备使用桌面显示协议与远程虚拟机进行连接,每个用户独享一个远程虚机。所有桌面应用和运算均发生在服务器上,远程终端通过网络将鼠标、键盘信号传输给服务器,而服务器则通过网络将输出的信息传到终端的输出设备(通常只是输出屏幕信息),用户感受、图形显示效率以及终端外设兼容性成为瓶颈。

6.3.1　VDI 的基本架构

　　基于 VDI 架构的虚拟桌面解决方案的原理就是在服务器侧为每个用户准备专用的虚拟机并在其中部署用户所需的操作系统和各种应用,然后通过桌面显示协议将完整的虚拟机桌面交付给远程用户使用。因此,VDI 架构的基础是服务器虚拟化。VDI 的基本架构可以用图 6.3 来描绘。

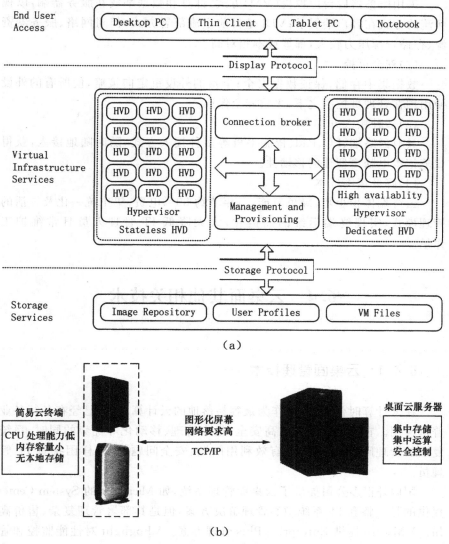

图 6.3　VDI 基本架构

6.3.2 VDI 的主要特点

VDI 旨在为智能分布式计算带来出色的响应能力和定制化的用户体验,并通过基于服务器的模式提供管理和安全优势,它能够为整个桌面映像提供集中化的管理,VDI 的主要特点如下:

(1)集中管理、集中运算

采用服务器后台虚拟机(VM)方式,计算和数据都放在服务器端,以视频流的方式在客户端展示;VDI 是目前主流部署方式,但对网络、服务器资源、存储资源压力较大,部署成本相对高。

(2)安全可控

数据集中存储,保证数据安全;丰富的外设重定向策略,使所有的外设使用均在管理员控制之下,多重安全保证。

(3)多种接入方式

具有云终端、PC、Pad、智能手机等多种接入方式,随时随地接入,获得比笔记本电脑更便捷的移动性。

(4)降低运维成本

云终端体积小巧,绿色节能,每年节约 80％电费;集中统一化及灵活的管理模式,实现终端运维的简捷化,大大降低 IT 管理人员日常维护工作量。

6.4 云桌面其他相关技术

6.4.1 云桌面管理技术

在云计算时代,云桌面作为最容易落地的云计算方案,已经在各行各业普遍应用。在云桌面表现出高安全、集中管理、移动化等优势的同时,系统复杂的管理问题、资源难以有效利用问题、安全问题等,同样困扰着 IT 管理员。

国内外很多公司提供了云桌面管理系统,如 Microsoft 的 System Center 提供的是一整套 IT 系统中心管理解决方案,但是其部署管理复杂、售价高昂。VMware 提供 Enterprise Plus 管理方案。VFoglight 对性能监控和管理复杂的 VMware ESX 和 Hyper-V 环境的能力提供了解决方案。华为

TSM 被融合到其云桌面整体解决方案当中。升腾云桌面管理系统 CVMS 通过一个管理界面实现云桌面全系统（包括服务器、存储、网络设备、云桌面平台、虚拟桌面、虚拟应用）的统一监控和管理。

6.4.2　云桌面监控技术

6.4.2.1　简化运维管理

对虚拟化后台、虚拟桌面、网络和数据库等虚拟化平台各个组件的状态进行监控，同时收集这些组件的日志告警信息等；提供虚拟化环境下基于主机、存储、网络设备的物理拓扑结构；对虚拟化环境中所涉及的设备和各个系统（虚拟化主机、交换机、数据库服务器、AD、终端）之间的关联关系进行收集和分析；系统运行情况展示，通过对系统的运行状态、性能进行收集并根据这些状态建立健康模块，直观反馈出当前系统的监控情况，并指导管理员如何解决。

用户的各个系统间的关系复杂，对问题的定位和分析需要进行大数据的挖掘和分析；如何自动化地分析系统间的关联关系等问题难以解决。

6.4.2.2　提高资源利用率

对虚拟化主机、存储、用户虚机的使用情况进行监控，并进行数据的分析统计，对资源分配过剩的虚机进行资源回收，对资源分配不足的虚机进行资源的增加，提升整体环境的资源利用率和用户体验。对虚拟化环境总体的容量进行预测，根据当前用户的使用情况，评估该系统还能承担多少新用户。根据虚拟化环境的历史使用情况，评估现有容量在未来的某段时间内是否会出现资源不足。

在进行容量规划时，需要对大数据进行挖掘和分析；资源分析挖掘时能够保证这些统计正确反映当前系统的问题等问题难以解决。

6.4.2.3　对虚拟桌面的用户行为进行审计

云桌面安全审计难：虚拟桌面登录行为缺乏管控，很难审计非法登录行为；虚拟桌面操作行为缺乏管控，很难审计非法操作行为。操作人员对关键设备（服务器、涉密机器）进行操作时，对这些操作进行屏幕录像的记录；在记录屏幕图像时，将屏幕的元素信息也同时记录；审计人员在服务器上，通过查看审计记录来进行审计。

筛查不必要的审计记录，对无效的数据进行剔除，节约存储空间；对审计图片进行高压缩率压缩,提高存储效率;对于屏幕的图片信息,做到可搜索、打标签;解决审计人员面对一堆图像数据无法快速有效地定位等问题难以解决。

6.4.3 虚拟操作系统架构(VOI)

虚拟操作系统架构(VOI),也称为物理 PC 虚拟化或虚拟终端管理。VOI 充分利用用户本地客户端(利用 PC 或高端云终端),桌面操作系统和应用软件集中部署在云端,启动时云端以数据流的方式将操作系统和应用软件按需传送到客户端,并在客户端执行运算。VOI 中计算发生在本地,桌面管理服务器仅作管理使用。桌面需要的应用收集到服务器来集中管理,在客户端需要时将系统环境调用到本地供其使用,充分利用客户端自身硬件的性能优势实现本地化运算,用户感受、图形显示效率以及外设兼容性均与本地 PC 一致,且对服务器要求极低。VOI 典型架构示意图如图 6.4 所示。

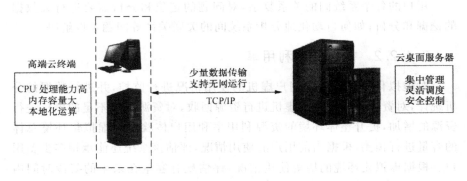

图 6.4 VOI 典型架构示意图

相对 VDI 的全部集中来说,VOI 是合理的集中。VDI 的处理能力与数据存储均在云端,而 VOI 的处理能力在客户端,存储可以在云端,也可以在客户端。VOI 的主要特点如下。

(1)集中管理、本地运算

完全利用本地计算机的性能,保障了终端系统及应用的运行速度;能够良好地运行 Auto CAD、3ds Max 等大型图形设计软件和 1080p 高清影像等,对视频会议支持良好,全面兼容各种业务应用;提升用户使用业务的连续性,实现终端离线应用,即使断网终端也可继续使用,不会出现黑屏;单用户镜像异构桌面交付,可在单一用户镜像中支持多种桌面环境,为用户随需提供桌面环境。

（2）灵活管理，安全保障

安装简易、维护方便、应用灵活，可以在线更新或添加新的应用，客户机无须关机，业务保持连续；系统可实现终端系统的重启恢复，从根本上保障终端系统及应用的安全；丰富的终端安全管理功能，如应用程序控制、外设控制、资产管理、屏幕截图、上网行为记录等，保护终端安全；良好的信息安全管理，系统可实现终端数据的集中、统一存储，也可实现分散的本地存储；可利用系统的"磁盘加密"等功能防止终端数据外泄，保障终端数据安全。

（3）降低运维成本

集中统一化及灵活的管理模式，实现终端运维的简捷化，大大降低 IT 管理人员日常维护工作量；软件授权费用降低，不需要额外购买 Microsoft 操作系统 VDA License，同时还可通过购买并发型软件网络版 License 减少版权费用；无须用户改变使用习惯，也无需对用户进行相关培训。

VDI 与 VOI 在终端桌面交付、硬件等方面的对比情况见表 6.2。

表 6.2　VDI 与 VOI 对比

序号	项目	VDI	VOI
1	终端桌面交付	分配虚拟机作为远程桌面	分配虚拟系统镜像
2	硬件差异	无视	驱动分享、PNP 等技术
3	远程部署及使用	原生支持（速度慢）	盘网双待、全盘缓存
4	窄带环境下使用	原生支持	离线部署、全盘缓存
5	离线使用	不支持	盘网双待、全盘缓存
6	终端图形图像处理	不理想	完美支持
7	移动设备支持	支持	不支持
8	使用终端本地资源	不支持	完美支持
9	同时利用服务器资源及本地资源	不支持	不支持

VOI 充分利用终端本地的计算能力，桌面操作系统和应用软件集中部署在云端，启动时云端以数据流的方式将操作系统和应用软件按需传送到客户端，并在客户端执行运算。VOI 可获得和本地 PC 相同的使用效果，也改变了 PC 无序管理的状态，具有和 VDI 相同的管理能力和安全性。VOI 支持各种计算机外设以适应复杂的应用环境及未来的应用扩展，同时，对网

络和服务器的依赖性大大降低，即使网络中断或服务器宕机，终端也可继续使用，数据可实现云端集中存储，也可终端本地加密存储，且终端应用数据不会因网络或服务端故障而丢失。VDI 的大量使用给用户带来了便利性与安全性，VOI 补足了高性能应用及网络状况不佳时的应用需求，并实现对原有 PC 的统一管理，所以最理想的方案是 VDI＋VOI 融合，将两种主流桌面虚拟化技术结合，实现资源合理的集中，图 6.5 为中兴通讯的 VDI＋VOI 融合解决方案示意图。高性能桌面等场景使用 VOI；占用网络带宽小、接入方式多样、接入终端配置低、硬件产品年代久、用户需要快速接入桌面等场景使用 VDI。

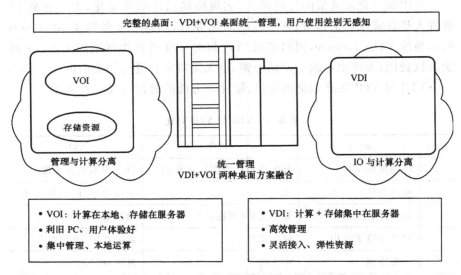

图 6.5　中兴通讯 VDI＋VOI 融合解决方案示意图

在中兴通讯 VDI＋VOI 融合解决方案中，提供了全面的桌面安全和管理。VDI＋VOI 两种桌面方案融合后，可以让同一用户在 VOI 的场景下，体验 PC 的高速计算能力、逼真的显示效果，又可用 VDI 在移动终端体验到高可管可控、资源弹性伸缩及移动办公的灵活性；两种场景都可以访问到同一个数据磁盘，实现数据共享。

在融合解决方案中，云桌面实现统一管理，同一个管理 Portal 可以管理虚拟化软件、云桌面、桌面用户、桌面池、VDI 桌面、VOI 桌面等；节约管理模块的硬件及软件费用；减少维护复杂度，提升维护效率。同时，也可利用 PC 进行统一管理，设定统一安全策略，改变原有 PC 分散使用、无序管理状态。通过实现数据盘与系统盘分离，数据安全可管可控：用户数据存放在服务器端,可对其进行统一管理和控制,杜绝非法下载拷贝,保证了用户数据的安全性。融合解决方案中提供安全访问,可以通过多种身份认证方式进行认证,如 USB Key、动态密码等。

总体来说,在 VDI＋VOI 融合解决方案中,VOI 补充了 VDI 所缺失的高计算能力、3D 设计场景,VDI 补充了 VOI 移动办公、弹性计算、高集中管控的场景,融合解决方案使得用户可以在任意终端、任意地点、任意时间接入使用云桌面,满足各行业用户移动办公需求。

6.4.4 基于服务器计算(SBC)

基于 SBC(Server-Based Computing)的虚拟桌面解决方案原理是将应用软件统一安装在远程服务器上,用户通过和服务器建立的会话对服务器桌面及相关应用进行访问和操作,而不同用户之间的会话是彼此隔离的。这类解决方案是在操作系统事件(例如键盘敲击、鼠标点击、视频显示更新等)层和应用软件层之间插入虚拟化层,从而削弱两个层次之间的紧耦合关系,使得应用的运行不再局限于本地操作系统事件的驱使。其实,这种方式在早先的服务器版 Windows 中已有支持,但是在之前的应用中,用户环境被固定在特定服务器上,导致服务器不能够根据负载情况调整资源配给。另外,之前的应用场景主要是会话型业务,具有局限性,例如不支持双向语音、对视频传输支持较差等,而且服务器和用户端之间的通信具有不安全性。因此,新型的基于 SBC 的虚拟桌面解决方案主要是在服务器版 Windows 提供的终端服务能力的基础上对虚拟桌面的功能、性能、用户体验等方面进行改进。

基于 VDI 和基于 SBC 的虚拟桌面解决方案的比较见表 6.3。

表 6.3 基于 VDI 和基于 SBC 的虚拟桌面解决方案的比较

序号	项目		VDI		SBC
1	服务器能力要求	高	需要支持服务器虚拟化软件的运行	低	可以以传统方式安装和部署应用软件,无须额外支持
2	用户支持扩展性	低	与服务器能够同时承载的虚拟机个数相关	高	与服务器能够同时支持的应用软件执行实例个数相关

序号	项目	VDI		SBC	
3	方案实施复杂度	高	需要在部署和管理服务器虚拟化软件的前提下提供服务	低	只需要以传统方式安装和部署应用软件即可提供服务
4	桌面交付兼容性	高	支持 Windows 和 Linux 桌面及相关应用	低	只支持 Windows 应用
5	桌面安全隔离性	高	依赖于虚拟机之间的安全隔离性	低	依赖于 Windows 操作系统进程之间的安全隔离性
6	桌面性能隔离性	高	依赖于虚拟机之间的性能隔离性	低	依赖于 Windows 操作系统进程之间的性能隔离性

采用基于 VDI 的解决方案,用户能够获得一个完整的桌面操作系统环境,与传统的本地计算机的使用体验十分接近。在这类解决方案中,用户虚拟桌面能够实现性能和安全的隔离,并拥有服务器虚拟化技术带来的其他优势,服务质量可以得到保障,但是这类解决方案需要在服务器侧部署服务器虚拟化及其管理软件,对计算和存储资源要求较高,成本较高,因此,基于 VDI 的虚拟桌面比较适用于对桌面功能需求完善的用户。

采用基于 SBC 的解决方案,应用软件可以像传统方式一样安装和部署到服务器上,然后同时提供给多个用户使用,具有较低的资源需求,但是在性能隔离和安全隔离方面只能够依赖于底层的 Windows 操作系统。另外,因为这类解决方案在服务器上安装的是服务器版 Windows,其界面与用户惯用的桌面版操作系统有所差异,所以为了减少用户在使用时的困扰,当前的解决方案往往只为用户提供应用软件的操作界面而并非完整的操作系统桌面。因此,基于 SBC 的虚拟桌面更适合对软件需求单一的内部用户使用。

6.5 云桌面应用

6.5.1 云桌面应用场景

任何行业都可以通过搭建云桌面平台来体验全新的办公模式,既可告别 PC 采购的高成本、能耗的居高不下,又可享受与 PC 同样流畅的体验。

只要能看到办公计算机的地方,PC 主机统统可以用精致小巧、功能强大的云桌面终端来替换。云桌面的应用场景如下:

(1)用于日常办公,成本更低、运维更少

1)云桌面在办公室、噪声小、能耗低、故障少,多终端随时随地开展移动办公。

2)云桌面在会议室或者培训室,提供管理简便、绿色环保的工作环境。

3)云桌面在工厂车间,IT 故障出现实时解决,打造高标准的数字化车间。

(2)搭建教学云平台,统一管理教学桌面、快速切换课程内容

1)云桌面在多媒体教室,桌面移动化,备课、教学随时随地。

2)云桌面在学生机房、电子阅览室,管理员运维工作更少、桌面环境切换更快。

(3)用于办事服务大厅或营业厅,提升工作效率和服务质量

云桌面在柜台业务单一化的办事服务大厅或营业厅,让工作人员共享同一套桌面或应用,满足快速办公需求。

(4)实现多网隔离,轻松实现内网办公、互联网安全访问

云桌面还能实现多网的物理隔离或者逻辑隔离,对于桌面安全性要求极高的组织单位绝对适合。

6.5.2　教育行业应用场景

教育行业云桌面为师生提供端到端一站式云桌面交付架构,它以云终端、云桌面软件、服务器为主体,构建新型的教育教学模式。云桌面架构将校园办公/教学桌面集中部署在云端(服务器),以虚拟图像的方式向前端设备(瘦客户机、PC、智能终端等)交付学生上课桌面和教师办公桌面,这种"云端集中化"的方式具备桌面资源按需分配、统一管理、安全可控、节约总拥有成本等多种特性,非常适合在各类教育场景广泛部署,可以解决教学环境部署/切换慢、终端 PC 维护量大、资源浪费、运行成本高等问题。

下面以深信服的"校园云桌面应用场景建设方案"为例详细介绍云桌面在教育领域(高校)中的应用场景及简单解决方案。

6.5.2.1　计算机实训室/培训室云桌面方案

(1)需求分析

1)教学环境部署和切换麻烦。学校为了资源充分利用,机房环境一般都会要求同时满足普通教学、考试、课外培训及实验课程等不同场景的使

用。由于传统模式通常需要到现场对 PC 进行单独维护,环境部署工作量很大,尤其是每逢等级考试、教学场景切换等时期,往往需要提前一周停课,维护人员对所有 PC 设备逐个进行环境变更,然后在考试或教学任务结束后,又要逐个进行环境复原,因此造成了设备利用率低、维护成本高、容易出现差错。

2)机房 PC 维护工作量大。每间计算机教室平均有 50 多台 PC,为了满足不同班级/学科/年级的教学需求,每台 PC 都安装了多种课程软件和应用程序,大量软件安装容易导致系统臃肿、运行慢。另外,由于学生操作自由度大,PC 在运行一段时间后,经常会出现变慢、不稳定、文件损坏、蓝屏、宕机、中毒等各种系统问题,管理维护比较困难。

3)总拥有成本高。PC 性能强大,但实际上平均利用率低于 20%,不仅导致资源浪费,而且造成长期运行成本居高不下,而这些成本包括初始采购成本、技术支持成本、运行维护成本、硬件升级成本、电力成本等。

(2)建设方案

本方案可搭建一套云终端+云桌面平台,使用云终端(aDesk)替换计算机教室的 PC,不仅可以拥有与 PC 一样的操作体验,而且可以解决目前学生机所面临的问题,为学校构建一个经济、适用、易管理、绿色的计算机教室。方案示意图如图 6.6 所示。

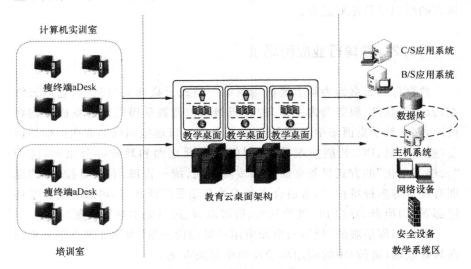

图 6.6　高校计算机实训室/培训室云桌面方案

深信服云桌面 aDesk 方案实现教师计算机、学生端教学环境的集中管控。桌面模板化技术可以让老师灵活定制不同的教学环境,满足各方面的教学需求;教学、阅卷、实验、考试等不同环境可以通过云桌面控制台快速建制及复原,不用事先做大量准备工作;系统安装、补丁升级、软件分发、环境设置、故障恢复等工作可以一键下发,非常轻松。另外,aDesk 可以为学生上机桌面设置还原模式,系统重启后自动恢复为原始状态,防止人为或病毒的破坏,大大降低老师的维护工作量。

最后,云终端 aDesk 体积小、功耗低、零配置、易维护,部署于计算机实训室/培训室,不仅寿命长(5～8 年)、稳定性好,而且由于它的节能、无噪声,可为师生营造安静舒适的教学环境。

6.5.2.2　电子阅览室/公共查询机云桌面方案

(1)需求分析

学校图书馆阅览 PC 属于公用性设备,在推广中主要问题如下:

1)病毒危害。电子阅览室主要供学生上网和查阅资料之用,U 盘和网络都容易传播病毒、木马和流氓软件,目前的保护技术难以有效解决问题,导致 PC 不稳定或运行慢,这是图书馆 IT 人员面临最严峻的问题。

2)使用成本高。传统 PC 寿命一般只有 3～5 年,使用过程中,硬盘、主板、内存、电源、风扇等配件容易出现机械故障,因此每年固定资产折旧成本和配套的管理维护成本巨大。

(2)建设方案

针对上述问题,建议采用云终端 aDesk 替换传统 PC,建设虚拟桌面电子阅览室,以资源集中化来提升桌面的可管理性,实现可靠、稳定、安全、绿色的终端应用环境。方案中可为桌面设置还原模式,实现桌面重启后100%恢复正常,不再担心病毒、木马、流氓软件等带来的不稳定问题,即使是学生故意破坏也不会受到任何影响。云桌面的应用可以减少电子阅览室终端的 99%故障率,几乎不需要独立的桌面维护,在远程即可控制桌面恢复系统。同时,因为云终端硬件集成化(寿命 5～8 年),后端也仅需部署少数服务器,相对于 PC 的硬件零散化,每年可以节省至少 50%的硬件资产折旧成本。

6.5.2.3　教室/教师办公云桌面方案

(1)需求分析

为了方便教师进行教学,学校在教学楼中每一间多媒体教室均部署了教学 PC,教师可以通过 U 盘、移动硬盘方式拷贝课件进行教学。可一旦 U 盘、移动硬盘感染病毒,会迅速感染到每间教室的桌面机,又或者由于老师的使用习惯不同,往往会导致教室 PC 的桌面环境混乱,这些都会严重影响正常教学。同时,如果出现 U 盘损坏、文档版本不兼容等问题,教师也只能通过黑板等传统方式进行教学,影响教学效果。

另外,学校还需要为老师配备一台办公PC,所有的教学资料都存放在本地计算机硬盘(信息孤点),不利于随时备课、教案交流、素材管理、经验分享等。同时,PC使用过程中也逐渐暴露出不少问题,比如管理难、使用成本高、娱乐性较强等。

(2)建设方案

为了提升教师办公效率,本方案通过云桌面技术为每位老师量身定制专属的虚拟办公环境,在教室、办公楼分别部署云终端 aDesk,这样老师不论身处何地都可以随时登录云桌面进行办公或上课。在工作和学习之外的场合,老师使用 PC、笔记本电脑、云终端、Pad 等设备也可以打开自己的"工作桌面"办公。方案示意图如图 6.7 所示。

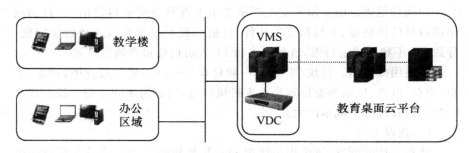

图 6.7　高校教室/教师办公云桌面方案

由于桌面和资料访问的统一化,不仅可以集中化管理,还可以实现移动教学、移动备课,老师也不再需要担忧课件获取/拷贝麻烦、文档不兼容等问题。

6.5.2.4　行政/科研办公云桌面方案

(1)需求分析

行政与科研办公人员的 PC 分散化部署,他们的数据需要保证安全及隐私,因为这些数据的丢失或泄露,总是会给学校带来一些负面影响。

目前,学校办公 PC 基本都部署了各类杀毒和安全软件,但是各种不规范的上网行为、U 盘设备的混乱使用,导致大量 PC 桌面处于各种风险之下。此外,绝大多数 PC 桌面并没有任何本地的数据备份机制,一旦遇到硬盘介质的物理损坏,数据将丢失。

(2)建设方案

通过搭建云桌面平台,让办公相关操作都在受控、统一安全规范的云桌面下进行,可以禁止数据交互,也可以限制桌面上网,这样就可以有效保证数据的安全与可靠。同时,云桌面化之后,可根据办公人员的岗位数据的重要程度,设计数据的备份计划与备份频率,保证用户数据的安全。

6.6 云桌面实现案例分析

6.6.1 华为云桌面

华为技术有限公司是一家生产销售通信设备的民营通信科技公司,总部位于广东省深圳市龙岗区坂田华为基地。华为的产品主要涉及通信网络中的交换网络、传输网络、无线及有线固定接入网络、数据通信网络以及无线终端产品,为世界各地通信运营商及专业网络拥有者提供硬件设备、软件、服务和解决方案。目前,华为的产品和解决方案已经应用于全球 170 多个国家,服务全球运营商 50 强中的 45 家及全球 1/3 的人口。

华为 FusionCloud 云桌面解决方案是基于华为云平台的一种虚拟桌面应用,通过在云平台上部署华为云桌面软件,使终端用户通过瘦客户端或者其他设备来访问跨平台的整个用户桌面。华为 FusionCloud 云桌面解决方案如图 6.8 所示。

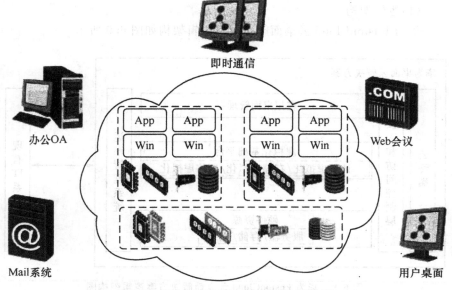

图 6.8 华为 FusionCloud 云桌面解决方案

华为 FusionCloud 云桌面解决方案重点解决传统 PC 办公模式给用户带来的如安全、投资、办公效率等方面的诸多挑战,适合金融、大中型企事业单位、政府、营业厅、医疗机构、军队或其他分散型办公单位。

6.6.1.1 华为云桌面的特点

华为云桌面特点如下:

1)端到端高安全性。华为桌面接入协议高安全性设计,支持多种虚拟桌面安全认证方式,支持与主流安全行业数字证书认证系统对接,管理系统三员分立,分权分域管理。

2)完善的可靠性设计。支持桌面管理软件 HA(High Availability System),支持虚拟桌面管理系统状态监控,虚拟桌面连接高可靠性设计,支持数据存储多重备份。

3)优异的用户体验。文字图像无损压缩,虚拟桌面高清显示;音频场景智能识别,语音高音质体验;虚拟桌面视频帧率自适应调整,视频流畅播放。

4)高效的管理维护。支持 Web 模式远程维护管理,支持虚拟桌面定时批量维护,支持软硬件统一管理,统一告警,支持完善的系列化系统规划与维护工具。

6.6.1.2 华为 FusionCloud 云桌面体系架构

(1)逻辑架构

华为 FusionCloud 云桌面解决方案逻辑架构如图 6.9 所示。

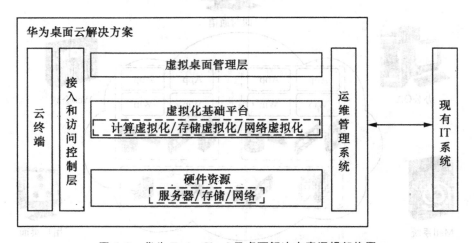

图 6.9 华为 FusionCloud 云桌面解决方案逻辑架构图

华为 FusionCloud 云桌面解决方案逻辑组成及功能介绍见表 6.4。

表 6.4　华为 FusionCloud 云桌面解决方案逻辑组成及功能

序号	逻辑组成	功能
1	硬件资源	提供部署云桌面系统相关的硬件基础设施,包括服务器、存储设备、交换设备、机柜、安全设备、配电设备等
2	虚拟化基础平台	根据虚拟桌面对资源的需求,把云桌面中各种物理资源虚拟化成多种虚拟资源,包括计算虚拟化、存储虚拟化和网络虚拟化。虚拟化基础平台包含资源管理和资源调度两部分:云资源管理指云桌面系统对用户虚拟桌面资源的管理,可管理的资源包括计算、存储和网络资源等;云资源调度指云桌面系统根据运行情况,将虚拟桌面从一个物理资源迁移到另一个物理资源的过程
3	虚拟桌面管理层	负责对虚拟桌面使用者的权限进行认证,保证虚拟桌面的使用安全,并对系统中所有虚拟桌面的会话进行管理
4	接入和访问控制层	用于对终端的接入访问进行有效控制,包括接入网关、防火墙、负载均衡器等设备
5	运维管理系统	运维管理系统包含业务运营管理和 OM 管理两部分:业务运营管理完成云桌面的开户、销户等业务办理过程;OM 管理完成对云桌面系统各种资源的操作维护功能
6	云终端	用于访问虚拟桌面的特定的终端设备,包括瘦客户端、软终端、移动终端等

现有 IT 系统指已部署在现有网络中且与云桌面有集成需求的企业 IT 系统,包括 AD(Active Directory)、DHCP(Dynamic Host Configuration Protocol)、DNS(Domain Name Server)等。

(2)物理拓扑

华为云桌面解决方案采用 IDCU 机柜放置各物理组件,包括服务器、存储系统和各种网络设备,其物理拓扑如图 6.10 所示。

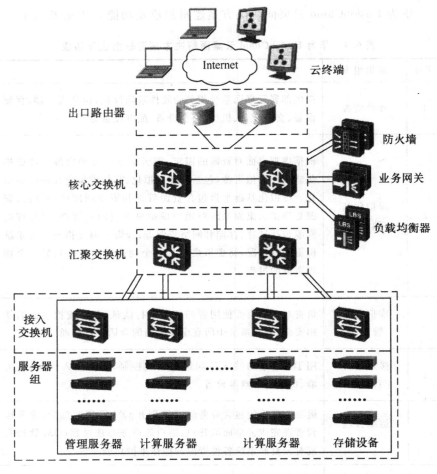

图 6.10 华为 Fusion Cloud 云桌面解决方案物理拓扑

华为 Fusion Cloud 云桌面解决方案物理拓扑中各物理组件类型和功能见表 6.5。

表 6.5 华为 Fusion Cloud 云桌面解决方案物理拓扑中各物理件类型和功能

序号	硬件类型	子类	可选型号	功能
1	服务器	计算服务器	E9000 E6000 V2 RH2288H V2	用于提供虚拟机计算资源
		管理服务器		用于负责整个数据中心的资源管理和调度

序号	硬件类型	子类	可选型号	功能
2	存储设备	SAN	SAN 存储。主推：华为 Oceanstor 5300 V3/5500 V3 存储	为虚拟机提供存储资源
3	LAN 交换机	接入层交换机	电信运营商用户：S3328TP-EI、S5352C-EI、S5328C-EI 企业用户：S372 8TP-EI、S5752C-EI S5728C-EI	负责本机柜内部的服务器接入
		汇聚层交换机	电信运营商用户：S6300 企业用户：S6700	完成本数据中心内各接入层交换机的流量汇聚，与核心层交换机通过三层互通，对接入层交换机提供二层接入功能
4	负载均衡	—	SVN 5880-C	可选部件，为用户提供接入负载均衡、安全网关接入功能 支持部署软件实现的负载均衡 vLB 桌面用户小规模场景下支持部署软件实现的安全网关 vAG
5	终端	TC	CT3100、CT5100、CT6100、朝歌 S-Box8V40	瘦客户端，用于登录虚拟桌面
		移动客户端	iOS 和 Android 客户端	用于移动智能终端登录虚拟桌面
		SC	—	软终端，用于登录虚拟桌面

(3)软件架构

华为云桌面解决方案软件架构如图 6.11 所示。

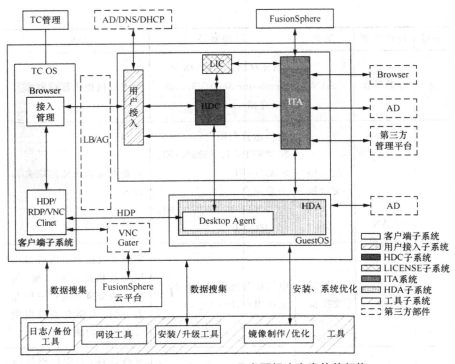

图 6.11　华为 Fusion Cloud 云桌面解决方案软件架构

华为云 Fusion Cloud 桌面解决方案软件架构涉及的内部子系统各组件见表 6.6。

表 6.6　华为 Fusion Cloud 云桌面解决方案软件架构涉及的内部子系统各组件

序号	子系统名称	功能
1	客户端子系统	运行于瘦终端操作系统或 Windows 操作系统软件部件，完成如下功能： • 获取用户所需的虚拟机列表以及桌面协议客户端模块。 • 远程连接 HDP Server，和 HDP Server 配合提供用户桌面的显示输出、键盘鼠标输入、双向音视频功能。 • 通过接入网关代理访问对应的桌面/应用，与桌面接入网关之间采用 SSL 加密进行信息传递。 • 可以通过策略开放或者禁止 TC/SC USB、打印机、摄像头外设至虚拟机的重新定向。 • HDP Client 内嵌了 VNC 协议客户端，可以通过 VNC 协议实现虚拟机控制台的"带外"接入。 • 接入控制：运行于浏览器终端页面以及插件

续表

序号	子系统名称	功能
2	接入子系统	提供用户登录云桌面系统的入口,提供如下功能: • 用户访问云桌面系统的统一入口,提供用户登录系统的界面,并配合完成用户登录的 SSO 功能。 • 提供给用户自助虚拟机电源管理功能。 • 提供个性化 Portal 界面选择。 • 支持多种鉴权方式:用户名密码、智能卡、指纹、动态口令。 • 支持多套连接代理,实现系统的横向扩展。 • 未来可扩展支持桌面应用的发布
3	HDC 子系统	维护虚拟机与用户之间的绑定关系,供用户登录认证、桌面分配,同时接收 VM 的注册、状态上报、心跳等请求,并提供用户登录相关信息的统计与维护等功能
4	LIC	提供软件 License 控制功能
5	ITA	对外提供云桌面系统的管理界面,并提供虚拟机生命周期管理、电源管理、桌面组管理、用户桌面分配管理、协议策略管理以及系统的操作维护功能,包括配置、监控、统计、告警、管理员用户账号管理等
6	HDA 子系统	运行于桌面操作系统内的协议代理,包括 DesktopAgent 模块:向管理系统注册、报告状态,获取运行所需的策略,完成远程桌面代理连接功能
7	工具子系统	解决方案配套的工具软件,包括日志、备份数据搜集工具、虚拟机模板制作工具、安装/升级工具、网络设计工具等

华为 Fusion Cloud 云桌面解决方案软件架构涉及的系统外部件见表 6.7。

表 6.7 华为 Fusion Cloud 云桌面解决方案软件架构涉及的系统外部件

序号	系统外部件	功能
1	Fusion Sphere	云操作系统,采取各种节能策略进行高性能的虚拟资源调度以及用户 OS 的调度,包括 FusionCompute 组件(统一虚拟化平台,提供对硬件资源的虚拟化能力)。 云管理子系统,实现全系统硬件和软件资源的操作维护管理、用户业务的自动化运维,包括 FusionManager 组件

序号	系统外部件	功能
2	TC 管理	TC 管理组件,提供 TC 的配置、监控、升级等功能
3	LB/AG	对 WI 节点提供负载均衡(SVN/vLB); 对桌面、应用提供 SSL 加密功能(SVN/vAG)
4	AD/DNS/DHCP	AD 域控用于用户登录鉴权,为可选部件。5.1 版本支持无 AD 域桌面系统; DNS 用于 IP 地址与域名的解析; DHCP 用于为虚拟桌面分配 IP 地址

6.6.1.3 华为云桌面技术规格

(1)系统容量指标

FusionAccess 管理容量指标见表 6.8。

表 6.8 FusionAccess 管理容量指标

1	单套 FusionAccess 支持最大用户数	20 000	5000
2	单套 FusionAccess 支持最大 HDC(桌面控制器)数量	16	16
3	单个 HDC 支持最大用户数	5000	5000
4	单个 HDC 支持最大并发登录用户数	10 用户/s	10 用户/s
5	单套 FusionAccess 支持桌面组个数	600	600
6	单个桌面组支持 VM 的个数	600	600
7	单链接克隆母卷支持最大克隆卷数量	128	128
8	单 GPU 硬件虚拟化的虚拟机数量(Nvidia Grid K1)	4 个 pGPU/32 个 vGPU	4 个 pGPU/32 个 vGPU
9	单 GPU 硬件虚拟化的虚拟机数量(Nvidia Grid K2)	2 个 pGPU/16 个 vGPU	2 个 pGPU/16 个 vGPU
10	单服务器 50 个全内存 VM 并发启动时间	<5min	<5min

（2）虚拟桌面规格指标

虚拟桌面关键指标见表 6.9。

表 6.9　虚拟桌面关键指标

序号	参数	具体数据
1	支持操作系统类型	Windows XP 32bit Windows 7 32bit/64bit Windows 8.1 32bit/64bit Windows Server 2008 R2 标准版、企业版、数据中心版
2	单个虚拟机支持的 vCPU 数量	1～64 个
3	单个虚拟机支持的内存容量	1～4GB(32bit) 1～512GB(64bit)
4	单个虚拟机支持的虚拟网卡数量	1～12 个
5	单个虚拟机支持的挂载卷数量	1～11 个(至少一个系统卷)
6	系统盘容量	5GB～2TB
7	用户盘容量	1GB～2TB
8	桌面颜色深度	24 位/32 位
9	最大分辨率	2560 X 1600

6.6.2　升腾云桌面

升腾资讯有限公司为上市企业星网锐捷通讯股份有限公司控股的核心子公司,亚太领先的云终端、瘦客户机、支付 POS 及"云桌面"整体解决方案供应商,云桌面及端末信息化时代的重要领导者。

升腾资讯多年来基于用户需求持续创新,现已拥有包括云终端、瘦客户机、支付 POS、智能机具产品、桌面管理软件、行业 Pad 在内的多条产品线,其产品与解决方案被广泛应用于全球 40 多个国家的金融、保险、通信、政府、教育、企业等信息化建设领域,受到行业用户的广泛认可。未来,升腾还将继续专注于云桌面和云支付两大嵌入式领域,致力于提供全面适用的整体化解决方案,为用户提供便利。

6.6.2.1 升腾 VOI 桌面简介

(1)升腾 VOI 桌面介绍

升腾 VOI 桌面是基于 VOI 虚拟操作系统架构的桌面方案产品。VOI 桌面虚拟化将分散的终端软资源(含操作系统、用户应用策略、应用软件、用户数据)集中地在服务器管理,进行有效的组织、安全的存储、弹性的分配,并充分利用本地终端硬件资源。同时通过虚拟操作系统上的管控程序还可以进行终端行为管理,从而实现终端客户机全面防护和统一管理。

升腾 VOI 桌面方案既具有 VDI 桌面虚拟化的管理统一性,又具有传统 PC 无盘模式的高性能和高兼容性。

(2)方案原则

为保证方案能够最终达到学校桌面业务安全可用可靠的相关要求,在设计方案时遵循如下的设计原则:

1)方案先进原则。学校信息化办公环境的终端桌面管理系统要求功能完善、技术先进、安全可靠、服务领先。

2)系统安全原则。终端桌面管理系统自身安全包括物理安全、系统安全、数据安全和运行安全等。

3)可扩展原则。统一规划,兼顾长远,既要满足现有的需求,又要兼顾系统的可扩展性,保证分步实施的延续性。系统在结构、规模、应用能力等各个方面都必须具备很强的扩展能力。按照《计算机信息系统安全保护等级划分准则》(GB17859—1999)的要求建设。

4)可靠性原则。执行 ISO9002 质量认证体系要求,确保安全保密设备的高可靠性和稳定性。

5)经济性原则。设备系统管理系统的建设、运行维护以及将来的扩展建设,必须符合经济性原则。

6)易操作原则。终端桌面管理系统的使用、维护、管理、发行等方面要易操作。

7)高效原则。终端桌面管理系统的处理能力要求能满足现阶段的实际需求,保证系统的高效运行,并能根据系统的发展进行不断提升。

8)功能完整原则。终端桌面管理系统的功能完整,应用安全扩展系统功能完整。

9)灵活性原则。终端桌面管理的系统扩展、应用安全建设方面都必须满足灵活性要求。

（3）方案目标

学校对教师 OA 办公桌面、信息化教室、计算机机房实现统一、集中的管理，并最大可能地保护其办公网络和系统资源与数据可以得到充分的信任，获得良好的管理。同时，要保持终端用户原有的使用习惯，保证良好的用户体验。

本项目的总体目标是在不影响学校信息化办公、教学、网络正常工作的前提下，从虚拟安全、桌面管理等多个角度构建一套完整的应急终端系统管理体系，实现对学校终端桌面业务的全面和有效管理，最终达到学校终端桌面管理的相关要求。主要达到以下目标：

1）提供充分满足教师 OA 办公、信息化教室、计算机机房的多任务桌面环境。

2）实现网络及系统的简便、有效管理。

3）实现对桌面操作系统补丁与病毒库的快速升级。

4）保护桌面系统的可用性。

5）防范入侵者的恶意攻击与破坏。

6）防范病毒的侵害。

7）保持良好的用户体验。

8）兼容所有外设和校园网的业务系统。

6.6.2.2　升腾 VOI 桌面解决方案

（1）升腾 VOI 桌面方案组件介绍

升腾 VOI 桌面方案采用软件和硬件集成化设计，由升腾瘦客户机、VOI 服务器、升腾 VOI 虚拟终端管理系统以及 Microsoft 文件服务角色组件组成。

1）瘦客户机。升腾 VOI 解决方案采用集中管理、分布式计算构建新型的中小企业云计算应用模式，充分利用瘦客户机本地运算能力，带来更强的性能、兼容性和稳定性。

同时瘦客户机在操作上与 PC 操作方式完全一致，不给使用者带来任何使用上的差异，让使用者从 PC 到瘦客户机的使用习惯过渡更平滑。

2）VOI 服务器。VOI 服务器提供了升腾 VOI 虚拟终端管理系统运行的基础硬件平台，升腾服务器基于 Intel 第四代 Xeon 核心 CPU 的平台设计，采用了工业级的设计等级，保证了服务器性能的可靠与稳定。

3）升腾 VOI 虚拟终端管理系统。升腾 VOI 虚拟终端管理系统采用先进的虚拟终端系统管理技术，将操作系统、应用、存储虚拟化，统一管理瘦客户机系统镜像，并按需分发给各个瘦客户机。

4)Microsoft 文件服务角色组件。Microsoft 文件服务是基于 Windows Server. 操作系统的组件角色,在各行业应用广泛。Microsoft 文件服务支持用户桌面密码登录后自动连接,支持内网服务器的数据互备,支持备份分支地区服务器数据,支持用户访问权限划分,支持用户空间配额管理,支持用户存储文件的格式过滤,支持服务端存储文件集中杀毒等功能。

(2)升腾 VOI 桌面架构设计

1)环境拓扑。升腾 VOI 桌面解决方案的拓扑结构如图 6.12 所示。

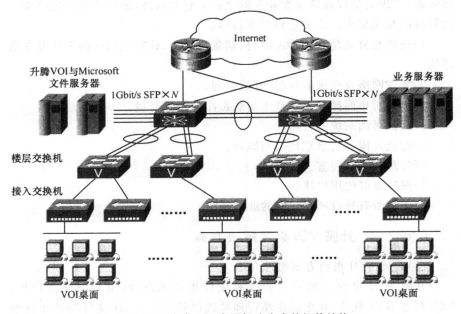

图 6.12　升腾 VOI 桌面解决方案的拓扑结构

2)个人数据重定向。默认情况下,升腾 VOI 桌面解决方案中的操作系统用户的我的文档、桌面、Application Data、收藏夹等均位于"C:\Documents and Settings\用户名"下面。通过注册表与系统组策略的配置,把上述的一些数据重定向到不还原的 D 盘。依靠系统 C 盘与用户数据的分离的技术,使得 VOI 服务器可以批量升级用户桌面程序、系统补丁和病毒库而不会影响用户的数据。升腾 VOI 桌面解决方案个人数据重定向如图 6.13 所示。

3)桌面架构、数据架构和权限架构。在升腾 VOI 桌面解决方案中采用了桌面架构、数据架构和权限架构的分层设计模式,如图 6.14 所示。这种设计模式不仅利于简化 IT 环境,同时也利于 IT 环境扩展。

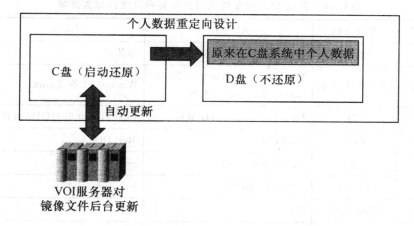

图 6.13　升腾 VOI 桌面解决方案个人数据重定向

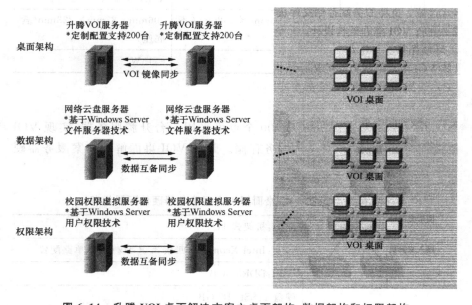

图 6.14　升腾 VOI 桌面解决方案之桌面架构、数据架构和权限架构

（3）瘦客户机硬件配置推荐

升腾 VOI 桌面解决方案采用 Intel CPU 架构平台设计的升腾瘦客户机，配备高速的固态硬盘的升腾服务器以及 4 GB 大容量的内存，保障教师 OA 办公桌面、信息化教室、计算机机房运行可靠。升腾 VOI 桌面解决方案瘦客户机硬件配置推荐表 6.10。

表 6.10　升腾 VOI 桌面解决方案瘦客户机硬件配置推荐

序号	参数类别	AI945-E	D610
1	体型	分体机	分体机
2	支持操作系统	Windows 7 & Windows XP & Linux,默认 Linux 系统	Windows 7 & Linux
3	CPU	Intel 1037U 1.8GHz 双核	Intel J1 800 2.41GHz 双核
4	内存	4GBDDR3	4GB DDR3
5	存储器	320GB SATA 硬盘	—
6	网络接口	1 个千兆(RJ45)	1 个千兆(RJ45)
7	USB 接口	6 个	6 个
8	显示接口	1 个 VGA、1 个 HDMI	1 个 DVI,扩展支持 DVI 与 VGA 双显示
9	尺寸	204mm×55mm×252mm(不含底座)	206mm×83mm×223mm(含底座)
10	功耗	≤35W	≤15W

(4)服务器硬件配置推荐

升腾 VOI 桌面解决方案 300 个点可采用 4 台升腾服务器,实现 VOI 桌面镜像管理应用以及文件服务存储。升腾 VOI 桌面解决方案服务器硬件配置推荐见表 6.11。

表 6.11　升腾 VOI 桌面解决方案服务器硬件配置推荐

服务器配置搭载 80 台终端	类型:机架式 1U
	CPU:Intel Xeon 物理四核 3.0GHz 以上,单路配置
	内存:DDR3 8GB
	硬盘 1:SSD 160GB
	硬盘 2:HDD 机械 1TB
	硬盘 3:HDD 机械 1TB
	硬盘 4:HDD 机械 4TB
	网卡:千兆×2
	操作系统预装:无
	服务:3 年服务

（5）升腾 VOI 方案应用优势

部署升腾 VOI 解决方案后，其快速部署和弹性分配的云桌面特性拥有传统 PC 无可比拟的优势。

1）教育虚拟化、大数据潮流。方案本身采用磁盘虚拟化＋应用虚拟化技术，实现了数据集中化需求的同时采用了现今最前沿的虚拟化技术。

2）一键式的故障恢复机制。在实际使用中，因误操作而造成系统崩溃，或因多软件、多版本之间冲突而造成终端蓝屏、死机现象时有发生。升腾 VOI 解决方案采用虚拟化技术，将操作系统和所有服务都集中在服务器上，不论客户端操作系统因何种原因（如软件版本冲突或误操作等）出现故障，均可通过重新启动而瞬间得到恢复。

3）多终端硬件类型的全面支持。对于终端在硬件上的差异，系统能通过配置进行自适配，这样可充分利用原有设备。

4）更高的信息安全防护体系。传统的终端模式往往会存在病毒感染、硬件损坏而造成数据丢失等一系列安全问题，而采用虚拟化技术的升腾 VOI 解决方案，在启动时从虚拟磁盘进行引导，由系统服务器直接读取操作系统镜像文件，工作主机对系统的所有操作都处于虚拟环境下，管理员只需要加固服务器端便可确保整个网络的安全和稳定，从根源上保证了数据的安全性。

5）多服务器的统一配置管理，满足高性能要求。支持多服务器多平台的终端管理，可针对不同的生产任务指定专用的安全操作系统，并为多元化的操作系统在同一网络中的管理实现统一配置，支持服务器负载均衡，支持多集群的终端管理。

6）盘网双待的可靠性。升腾 VOI 解决方案基于独创的 DCSS 技术，无论是网络中断或者硬盘损坏，终端机器都可以继续运行，全面保障了生产业务的可靠性。

7）高效节能的绿色 IT。升腾 VOI 解决方案可使用超低功耗的瘦客户机，小巧轻便，性能卓越，耗电低至 20W，比传统 PC 节约 70％ 的电力资源。

8）全面的管理功能。流量控制、外设控制、资产管理、ARP 防护、进程监控、屏幕截屏、上网记录等各项管理功能一应俱全。

9）集中式的分级管理，快捷高效。支持中心管理员对策略的集中管理与下发，可实现统一管理策略、各部门管理数据。

第7章 云安全技术及应用

7.1 云安全概论

云服务实际上是部署在云计算平台上具有适当访问权限和安全监视功能的受控环境之中。当企业开始考虑实施云计算,无论采用私有云或公有云,都涉及云安全问题。选择云服务提供商的时候,安全问题是一个重要的考虑因素。企业打算运作在云平台时,企业的数据安全、业务的连贯性等能否得到有效保障,这些都是采用云计算技术时需要考虑的基本问题。

云计算、云服务的安全除了相关的技术因素之外,还包括云服务提供商如何进行安全管理以满足企业在治理、信息安全、审计与合规性方面的要求。

云计算已成为新一代信息技术发展的重要组成部分,而云安全议题则是人们利用云计算技术的最大顾虑。根据 Springboard Research 于 2010年9月发布的研究报告,企业采用云计算最大的前三项顾虑分别为安全(20%)、隐私(11%)以及对云计算缺乏了解(11%),其中安全及隐私问题即占了31%,如图 7.1 所示。可见云安全问题已成为企业采用云计算与否的关键因素。

笔者在讲授云安全议题时,听众最常提问的就是:云计算是否安全? 然而,许多防毒软件公司却极力宣传"安全云"或"云杀毒"的概念,似乎不采用云计算技术的安全产品就过时了,许多消费者也追捧这一概念,选购宣称采用安全云技术的产品。看似矛盾的两者间,是否指的是同一件事? 两者间是否有冲突呢? 本节将阐述何谓云安全,澄清云安全常见困惑,探讨云安全研究现状,并提出如何安全地迁移到云计算环境。

随着云计算技术的深入应用,云安全越来越成为云计算及安全业界关注的重点,一方面由于云计算应用的无边界性、流动性等特点引发了很多新的安全问题;另一方面云计算技术也对传统安全技术及应用产生了深远的影响。

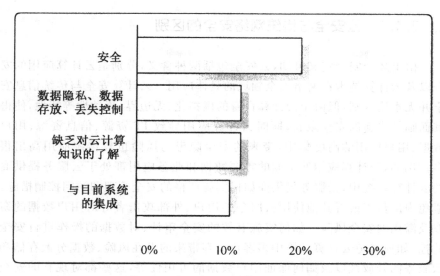

图 7.1　企业应用云计算关注的要素

当前主流云计算服务提供商及研究机构更为关注的是云计算应用自身的安全,如国外研究机构对于"Cloud Security"的解释,主要指的是云计算应用自身的安全。因此,从完整意义上来说,"云安全"应该包含两个方面的含义:其一是"云上的安全",即云计算应用自身的安全,如云计算应用系统及服务安全、云计算用户信息安全等;其二是云计算技术在网络信息安全领域的具体应用,即通过采用云计算技术来提升网络信息安全系统的服务效能,如基于云计算的防病毒技术、挂马检测技术等。前者是各类云计算应用健康、可持续发展的基础,后者则是当前网络信息安全领域最为关注的技术热点。

为便于区分,本书将前者定义为云计算应用安全,简称云安全;将后者定义为安全云计算,简称安全云。许多人对"云安全"与"安全云"这两个名词造成了混淆,其实广义的云安全同时包含了这两个概念。"云安全"指的是云计算基础架构的安全防护;而"安全云"则是指安全领域利用云计算技术强化对抗新兴威胁的能力。事实上,"安全云"的概念又可更进一步从软件与服务两个角度进行细分。前者以采用"云端信誉评级"或"云杀毒"技术的防毒软件为代表;后者则是将安全产品云化,以服务的形式提供,用户不需再自行采购与维护安全设备,不但可大量降低用户管理负担,更可通过服务厂商专业及连续服务,获得更完善的安全防护。

7.1.1　云安全与传统网络安全的区别

由上述云安全定义可知，云安全包括两种含义，分别是云计算应用的安全以及云计算技术在网络安全领域的具体应用。云计算安全与传统信息安全并无本质区别，但由于云计算自身的虚拟化、无边界、流动性等特性，使得其面临较多新的安全威胁；同时云计算应用导致 IT 资源、信息资源、用户数据、用户应用的高度集中，带来的安全隐患与风险也较传统应用高出很多。例如，云计算应用使企业的重要数据和业务应用都处于云服务提供商的云计算系统中，云服务提供商如何实施严格的安全管理和访问控制措施，避免内部员工或者其他使用云服务的用户、外部攻击者等对用户数据的窃取及滥用的安全风险。如何实施有效的安全审计、对数据的操作进行安全监控、如何避免云计算环境中多客户共存带来的潜在风险、数据分散存储和云服务的开放性以及如何保证用户数据的可用性等，这些都对现有的安全体系带来新的挑战。

许多安全问题并非是云计算环境所特有的，不论是黑客入侵、恶意代码攻击、拒绝服务攻击、网络钓鱼或敏感信息外泄等，都是存在已久的信息安全问题。许多人对云安全的顾虑甚为担忧，源自于混杂了互联网固有的安全问题和云计算所带来的新兴安全问题。例如，2009 年 12 月，Zeus 恶意代码被入侵到亚马逊（Amazon）服务，形成恶意控制主机事件，被许多人视为新兴的云安全问题。然而，同样的安全问题也存在传统的计算环境，这个事件再次说明了云安全和传统信息安全在许多方面的本质是一样的。

另外，在现有网络安全形势日益严峻的形势下，传统的网络安全系统与防护机制在防护能力、响应速度、防护策略更新等方面越来越难以满足日益复杂的安全防护需求。面对各类恶意威胁、病毒传播的互联网化，必须要有新的安全防御思路与之抗衡，而通过将云计算技术引入到安全领域，将改变过去网络安全设备单机防御的思路。通过全网分布的安全节点、安全云中心超大规模的计算处理能力，可实现统一策略动态更新，全面提升安全系统的处理能力，并为全网防御提供了可能，这也正是安全互联网化的一个体现。

7.1.2　云安全常见问题

云计算所带来的新兴安全问题主要包含以下几个方面。

7.1.2.1　云计算资源的滥用

由于通过云计算服务可以用极低的成本轻易取得大量计算资源，于是已有黑客利用云计算资源滥发垃圾邮件、破解密码及作为僵尸网络控制主机等恶意行为。滥用云计算资源的行为极有可能造成云服务供应商的网路地址被列入黑名单，导致其他用户无法正常访问云端资源。例如，亚马逊 EC2 云服务曾遭到滥用，而被第三方列入黑名单，导致服务中断。之后，亚马逊采用申请制度，对通过审查的用户解除发信限制。此外，当云计算资源遭滥用作为网络犯罪工具后，执法机关介入调查时，为保全证据，有可能导致对其他用户的服务中断。例如，2009 年 4 月，美国 FBI 在德州调查一起网络犯罪时，查扣了一家数据中心的电脑设备，导致该数据中心许多用户的服务中断。

7.1.2.2　云计算环境的安全保护

当云服务供应商某一服务或客户遭到入侵导致资料被窃取时，极有可能会影响到同一供应商其他客户的商誉，使得其他客户的终端用户不敢使用该客户提供的服务。此外，云服务供应商拥有许多客户，这些客户可能彼此间有竞争关系，恶性竞争者有可能利用在同一云计算环境的机会，去窃取竞争对手的机密资料。

另一个在国内较少被讨论的云安全问题是在多用户环境中，用户的活动特征亦有可能成为泄密的渠道。2009 年在 ACM 上发表的一份研究报告，即提出了在同一物理服务器上攻击者可以对目标虚拟机发动 SSH 按键时序攻击。

以上安全问题的对策，有赖于云服务供应商对云计算环境中的系统与数据的有效隔离。但不幸的是，大多数的云服务供应商都有免责条款，不保证系统安全，并要求用户自行负起安全维护的责任。

7.1.2.3　云服务供应商信任问题

传统数据中心的环境中，员工泄密时有所闻，同样的问题极有可能发生在云计算的环境中。此外，云服务供应商可能同时经营多项业务，在一些业务和计划开拓的市场甚至可能与客户具有竞争关系，其中可能存在着巨大的利益冲突，这将增加云计算服务供应商内部员工窃取客户资料的动机。此外，某些云服务供应商对客户知识产权的保护是有所限制的。选择云服务供应商除了应避免竞争关系外，亦应审慎阅读云服务供应商提供的合约内容。此外，一些云服务供应商所在国家的法律规定，允许执法机关未经客户授权,直接对数据中心内的资料进行调查,这也是选择云服务供应商时必须注意的。欧盟和日本的法律规定涉及个人隐私的数据不可传送及储存于该地区以外的数据中心。

7.1.2.4　双向及多方审计

其实问题 1 到 3 都与审计有关。然而,在云计算环境中,都涉及供应商与用户间双向审计的问题,远比传统数据中心的审计来得复杂。国内对云计算审计的讨论,很多都是集中在用户对云服务供应商的审计。而在云计算环境中,云服务供应商也必须对用户进行审计,以保护其他用户及自身的商誉。此外,在某些安全事故中,审计对象可能涉及多个用户,复杂度更高。为维护审计结果的公信力,审计行为可能由独立的第三方执行,云服务供应商应记录并维护审计过程所有稽核轨迹。如何有效地进行双向及多方审计,仍是云安全中重要的讨论议题,应逐步制定相关规范,未来还有很多的工作需要做。

7.1.2.5　系统与数据备份

很多人都这样认为,即云服务供应商已做好完善的灾备措施,并且具有持续提供服务的能力。事实上,已有许多云服务供应商因网络、安全事故或犯罪调查等原因中断服务。此外,云服务供应商亦有可能因为经营不善宣告倒闭,而无法继续提供服务。面对诸如此类的安全问题,用户必须考虑数据备份计划。

另外一个值得注意的问题是,当不再使用某一云服务供应商的服务时,如何能确保相关的数据,尤其是备份数据,已被完整删除,这是对用户数据隐私保护的极大挑战。这有待于供应商完善的安全管理及审计制度。

7.1.3　云安全的需求

对于云计算使用者而言,什么程度的安全才是足够的呢? 如果使用者可以依赖云计算而且其安全性符合使用者的预期,那么对于使用者来说似乎有足够的安全性。

安全通常分为可用性、机密性、数据完整性、控制和审查五大类,要达到足够的安全,就必须将这 5 个安全分类系统地整合在一起,缺一不可。

7.1.3.1　可用性

可用性是保证得到授权的实体或进程的正常请求能及时、正确、安全地得到服务或回应,即信息与信息系统能够被授权使用者正常使用。可用性是可靠性的一个重要因素。可用性与安全息息相关,因为攻击者会故意使用户数据或者服务无法正常使用,甚至会拒绝授权用户对数据或者服务进行正常的访问,如拒绝服务攻击。

对于云计算而言,可用性指云平台对授权实体保持可使用状态,即使云受到安全攻击、物理灾难或硬件故障,云依然保证提供可持续服务的特性。云计算的核心功能是提供不同层次的按需服务。如果某些服务不再可用或服务质量不能满足服务级别的协议,客户可能会失去对云系统的信心。因此,可用性是云计算的关键。

在云计算系统中,可用性要求系统提供对于未知的紧急事件做好完整的商业持续营运(Business Continuity)与灾害恢复计划(Disaster Recovery),才能够确保数据的安全性与降低停机时间。要保证可用性通常采用加固和冗余策略。云服务提供商会针对虚拟机加强其防护,如采用防火墙以隔离恶意的 IP 位置与端口,减少遭到恶意攻击的机会,如此一来系统的可用性就会提高。冗余是指云服务提供商会在许多不同的地理位置上部署相同的云计算系统,系统部署在不同所在地可以隔离错误的发生而且也可以提供低延迟的网络连接。

当今,许多云供应商在他们的服务级别协议中都声称他们将保护存储的数据,几乎能 99.999% 保证数据的可用性。然而,任何云服务提供商都不可能会保证自己的云基础设施永远处于正常运行状态。无论云服务提供商的配备多么完备,基于云服务的安全漏洞事件时有发生。例如,2008 年 7月,Amazon 的 S3 遭受了 2.5h 的停电;2009 年 2 月,美国云服务提供商 Coghead 倒闭,于是它的用户不得不在 90d 内从服务器中取回他们的数据,不然这些数据将会同公司一起消失。

7.1.3.2 机密性

机密性又称为保密性,是指保证信息仅供那些已获授权的用户、实体或进程访问,不被未授权的用户、实体或进程所获知,或者即便数据被截获,其所表达的信息也不被非授权者所理解。

在云计算系统中,机密性代表了要保护的用户数据秘密。确保具有相应权限和权限授权的用户才可以访问存储的信息。云计算系统的机密性对于使用者要跨入云计算是一大障碍。目前云计算提供的服务或数据多是通过互联网进行传输,容易暴露在较多的攻击中。因此在云端中保护用户数据秘密是一个基本要求。

保证数据机密性的两种常用方法就是实体隔离与数据加密技术,通过这两种方法可以保证足够的机密性。在实现实体隔离的做法上可以采用虚拟局域网与网络中间盒等技术。目前可以采用的加密方法有很多，且加密后数据的存储还可以根据不同的产业法规进行配置。加密后再存储的数据会比未加密直接存储的数据更加安全。

许多现有的存储服务都能提供数据的保密性，支持用户在将数据发送到云端之前，允许在客户端进行加密。云用户对数据进行保密处理时主要关注数据传输保密性、数据存储保密性以及数据处理过程中的保密性。

7.1.3.3　数据完整性

在信息领域，完整性是指保证没有经过授权的用户不能进行任何伪造、修改以及删除信息的行为，以保持信息的完整性。

数据完整性是指在传输和存储数据的过程中，确保数据不被偶然或蓄意地修改、删除、伪造、乱序、重置等破坏，并且保持不丢失的特性，具有原子性、一致性、隔离性和持久性特征。数据完整性的目的就是保证计算机系统上的数据处于一种完整和未受损害的状态，即数据不会因有意或无意的事件而被改变或丢失。数据完整性的丧失直接影响数据的可用性。

对云计算系统而言，数据完整性是指数据无论存储在数据中心或在网络中传输，均不会被改变和丢失。完整性的目的是保证云平台的数据在整个生命周期中都处于一种完整和未受损害的状态，以及多备份数据的一致性。多备份数据的完整性和一致性是用户和服务提供商共同的责任，虽然他们是两个完全不同的实体。用户在将数据输送到云端之前必须保证数据的完整性，当数据在云端进行处理的时候，云服务提供商必须确保数据的完整性和一致性。

在云计算系统中，数据完整性还包含数据管理，因为云计算提供处理大数据的能力，但是存储硬件的增长速度和数据的增加速度并非成正比，云服务提供商只能一直增加硬设备以应付快速增加的数据量，这样的结果容易造成节点故障、硬盘故障或数据损坏。此外，硬盘存储空间越来越大，而数据在硬盘上存取的速度并未增加，这也容易造成数据的不完整。而对于未经授权的修改，比较常见的方式是采用数字签名技术。在分布式文件系统中，通常会将数据分隔成许多小块，每个数据小块在储存后都会附加上一份数字签名，可以用于完整性的测试与数据损坏后的恢复。

7.1.3.4　控制

控制代表着在云计算系统中规范对于系统的使用，包含使用应用程序、基础设施与数据。云计算中有很多的用户都会上传数据到云计算系统中。

比如,用户在网页上的一连串单击动作可以用来作为目标营销的依据。而如何避免这些数据遭到滥用,除了与服务供应商签订合约之外,还可以遵循不同产业对于数据保护的规定。因此有效地控制云计算系统上的数据存取以及规范在云计算系统中应用程序的行为可以提升云计算系统的安全。

7.1.3.5　审查

审查,也称稽核,表示观看云计算系统发生了什么事情。审查可以额外增加在虚拟机器的虚拟操作系统之上。将审查能力加在虚拟操作系统上会比加在应用程序或是软件中还要好,因为这样可以观看整个访问的过程,而且是从技术的角度来观看整个云计算系统。审查有如下 3 个主要的属性:

1)事件(Events)。状态的改变及其他影响系统可用性的因素。

2)日志(Logs)。有关用户的应用程序与其运行环境的全局信息。

3)监控(Monitoring)。不能被中断以及必须要限制云服务提供商在合理的需求下使用设备。

7.1.3.6　云安全的 CIA

目前的云计算系统很少能够满足前面所讲的 5 个安全原则。但针对云计算系统的安全需求来说,保密性(Confidentiality)、完整性(Integrity)和可用性(Availability)3 个方面是保证其安全的 3 个核心,也称为 CIA。

图 7.2 表明,保密性、完整性和可用性 3 个方面中只要有一个方面没有确保,那么这个云计算系统的数据安全性就不能得到保证。

简而言之,保密性确保只有经过授权的用户才可以获取数据,避免数据泄露;完整性确保数据不会遭受未经授权的篡改;可用性确保只有经过授权的用户,在需要时可以随时访问数据。

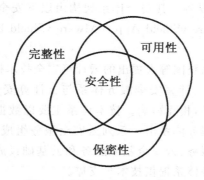

图 7.2　数据安全的 3 个核心

7.1.4 云安全体系架构

目前,国际上对云计算中的安全框架还没有达成统一共识。但是为了消除云用户将现有应用迁移到云过程中的安全忧虑,以及满足企业的各种合规性安全要求,安全业界及不同组织,如 IBM、CSA 和 Gartner 等分别对云计算安全问题进行了总结分析,纷纷推出各自的云安全体系架构。

CSA 基于云计算的 3 种服务模型提出了一个云计算安全架构,该架构描述了 3 种基本云服务的层次性及其依赖关系,并实现了从云服务模型到安全控制模型的映射。该框架中,由于底层的 IaaS 采用大量的虚拟化技术,因此,虚拟化软件安全和虚拟化服务器安全是其面临的主要风险。

IBM 基于其企业信息安全框架给出了一个云计算安全架构。它从资源的角度分为以下 5 个方面:①用户认证与授权,授权合法用户进入系统和访问数据,拒绝非授权的访问;②流程管理,对需要在云计算中心运行的项目如资源的申请、变更、监控及使用进行流程化的管理;③多级权限控制,对云计算资源的访问和管理涉及多个安全领域如云计算管理员、云计算维护员、系统管理员等,每一个安全领域都需要进行权限控制;④数据隔离和保护,针对使用统一共享的存储设备为多个用户提供存储的情况,需要通过存储自身的安全措施管理数据的访问权限,从而对客户所有的数据和信息进行安全保护。

VMware 的安全架构分为 3 个层面:保护云计算中的虚拟数据中心免受外围网络威胁、保护数据中心内部安全区域,以及保护虚拟机免受病毒和恶意软件的威胁。其安全体系架构由以下安全产品实现:VMware vShield Edge、VMware vShield App、VMware vShield Endpoint 和 VMware vShield Zones。

图 7.3 所示是冯登国等人提出的云计算安全技术框架。该框架包括云计算安全监管技术、云计算安全服务体系与云计算安全标准三大部分。3 个体系之间相互关联,相互影响。技术体系主要以数据安全与隐私保护服务为目的。云安全服务体系由一系列云安全服务组成,根据不同的层次可划分为云安全应用服务、云安全基础服务和云基础设施服务。云计算安全标准主要为安全服务体系提供技术与支撑。

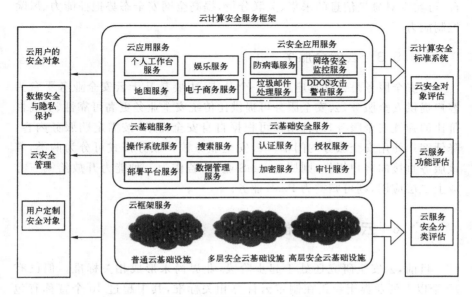

图 7.3　云计算安全技术框架

7.1.5　云安全的应用研究方向

云安全的应用研究方向主要有 3 个。

7.1.5.1　云计算安全

主要研究如何保障云计算应用的安全,包括云计算平台系统安全、用户数据安全存储与隔离、用户接入认证、信息传输安全、网络攻击防护,乃至合规审计等多个层面的安全。

7.1.5.2　网络安全设备、安全基础设施的"云化"

网络安全设备的"云化"是指通过采用云计算的虚拟化和分布式处理技术,实现安全系统资源的虚拟化和池化,有效提高资源利用率,增加安全系统的弹性,提升威胁响应速率和防护处理能力,其研究主体是传统网络信息安全设备厂商。

对于云安全服务提供商或电信运营商来说,其主要研究领域是如何实现安全基础设施的"云化"来提升网络安全运营水平,主要研究方向是采用云计算技术及理念新建、整合安全系统等安全基础设施资源,优化安全防护机制。例如,通过云计算技术构建的超大规模安全事件、信息采集与处理平台,可实现对海量信息的采集、关联分析,提高全网安全态势把控能力、风险控制能力等。

7.1.5.3　云安全服务

云安全服务是云计算应用的一个分支,主要是基于云安全业务平台为客户提供安全服务,云安全服务可提供比传统安全业务更高可靠性、更高性价比的弹性安全服务,而且用户可根据自身安全需求,按需定购服务内容,降低客户使用安全服务的门槛。云安全业务按其服务模式可分为两类,若该服务直接向客户提供,则属于 SaaS 业务;若作为一种能力开放给第三方或上二层应用,则可归类为 PaaS 业务。

7.1.6　云安全的标准化组织

目前,云安全研究还处于起步阶段,业界尚未形成相关标准。但已有70 个以上的业界组织正在制定云计算相关标准,其中超过 40 个宣称有包含安全相关的议题。例如,美国的 National Institute of Standards and Technology(NIST)已成立云计算工作小组,并且也发布了少数研究成果,但还没有提出具体的标准。欧盟的 European Network and Information Security Agency(ENISA)也发布了云安全风险评估与云安全框架等相关研究成果。目前以 Cloud Security Alliance(CSA)所发布的云安全研究成果,涵盖面最为完整,但仍有很多领域的成果未发布。

其次业界在云计算应用安全方面的研究相对较多的是一些 CSA、CAM等相关论坛。而在安全云研究方面,主要由各安全设备厂家自行对自有安全产品进行"云化"研发,在业界并未形成相关标准组织或论坛。

CSA 是目前业界比较认可的云安全研究论坛,其发布的《云安全指南》是一份云计算服务的安全实践手册,准备或已经采用了云计算服务的 IT 团队从中可以获得在如何选择云服务提供商、如何签署合约、如何实施项目和监视服务交付等商业活动中的安全注意事项,这些推荐事项可以用来保证企业安全策略的正确顺利实施,避免出现因安全事件、法律法规方面的疏忽或合同纠纷等带来的商业损失。目前已有越来越多的 IT 企业、电信运营商加入到该组织中来。

另外,欧洲网络信息安全局(ENISA)和 CSA 联合发起了一个 CAM 项目。CAM 项目的研发目标是开发一个客观、可量化的测量标准,供客户评估和比较云计算服务提供商安全运行的水平。CAM 计划于 2010 年底提出内容架构。

学术界也成立了 ACM Cloud Computing Security Workshop 等专属学术交流论坛。此外，ACM Conference on Computer and Communications Security(CCS)也有云安全专属的分组。目前相关的学术研究，主要关注 Web 安全、数据中心及虚拟环境安全。

至于黑客界，也分别在 Black Hat USA 2009 及 2010 的大会上，发表了云端服务及虚拟化环境的安全漏洞、利用云端服务作为僵尸网络恶意控制主机及虚拟环境中密码方法的弱点等研究成果。

由于云安全的许多领域正在积极发展，估计短期内很难有统一的云安全标准。但根据业界专属需求或特定部署方式制定的标准，较有可能于近期内发布。

7.2　云计算面临的主要安全问题及其深层原因分析

7.2.1　云计算面临的主要安全问题

云计算所面临的问题很多，其中由云计算所特有的数据和服务外包、多租户及虚拟化三大特性所引起的安全性问题最为突出。

7.2.1.1　数据安全问题

为了实现资源的统一管理与调度、降低运营成本，云服务提供商将资源集中于同一平台，并对用户提供网络访问接口。这些集中的资源汇集于云计算的心脏即云数据中心。由于用户在地域上的分散性和物理集中规模上的一些限制，大型云服务提供商需要在世界范围内建立多个大型云数据中心。用户通过使用服务提供商提供的软件或者平台享受服务，不需要了解云基础设施的细节。

在云计算环境下，绝大多数应用软件和数据信息都被转移到云服务提供商的云数据中心，而最终享受云服务的用户对其所操作和产生的数据的物理存在状态是完全未知的，用户几乎不可能通过云服务提供商所建立的网络连接以外的其他途径，对自己保存在云中的数据进行管理和控制，即所有应用程序的管理和数据信息的维护工作都需要委托给云服务提供商来完成。这也是数据和服务外包不可回避的问题。

云计算的这一特点在为用户提供便利的同时，也会由于用户对存储在云中数据管理的不可控性,而导致用户对存储在云中数据的安全性产生不安。

7.2.1.2　存储安全问题

存储安全的主要目的是保护云用户的敏感信息不被泄露、破坏或损失。为了实现这一目标,存储服务的访问控制机制应具备授予用户访问权限并且阻止非法访问,可以控制不同访问级别并监控特定会话。同时,加密的数据只能被授权用户执行解密。

存储安全不仅可以防止由于数据和其他物理方法导致的非法泄露,而且还保护了可以访问所有数据的管理员的敏感信息。

7.2.1.3　虚拟化安全问题

虚拟化使得传统物理安全边界逐渐缺失,以往基于安全域的防护机制已经难以满足虚拟化环境下的多租户应用模式。用户的信息安全和数据隔离等问题在共享物理资源环境下显得更为迫切。

由于虚拟化技术的引入,虚拟化技术会带来所有以客居方式运行操作系统的安全问题和虚拟化软件特有的安全威胁。例如,如何预防虚拟机之间的相互攻击和盲点、如何在不同安全级别的虚拟机之间进行无缝合并、如何应对数据所有权和管理权分离的问题、如何处理数据残留问题等都是新出现的安全问题。

基于虚拟化技术的云计算引入的风险主要包括虚拟化软件的安全和使用虚拟化技术的虚拟服务器的安全两个方面。

7.2.1.4　隐私保护问题

在云计算环境下,恶意的获取和传播云计算中的数据比在传统网络环境中更加容易。威胁可能来自于云中,也可能来自于云外。

对云管理者而言,他们可以轻易地利用其技术优势获取云中任何用户的数据信息。同时,大量用户共享同一平台也为恶意攻击者降低了击破数据保护壁垒的难度,提供了更多获取他人信息的机会。

从外部来看,云环境中数据复杂的传输流程也使得数据受到威胁的环节数量显著增加。因此,如何保证存放在云数据中心的数据隐私不被非法利用,不仅需要技术的改进,也需要法律的进一步完善。

7.2.1.5　云平台安全问题

服务可用性问题是云计算的一个核心安全问题,云中托管的数据和服务来源于数量庞大的用户群,如果云平台发生服务不可用问题,造成的影响将远远超出传统信息系统。

造成服务中断的威胁可能来源于云系统内部,也可能是来源于外部。内部的威胁主要是云平台自身的可靠性问题,如发生服务器宕机和数据大规模丢失等都会造成云服务不可用。云平台的可靠性可以通过容灾备份技术得以加强。

服务可用性的外部威胁主要是拒绝服务攻击威胁,由拒绝服务攻击造成的后果和破坏性将会明显超过传统的应用环境。

由于云计算与传统信息系统不同,如果只是单纯地把以往的安全技术不加修改地直接应用到云计算系统上,是无法有效保证云计算系统安全的。虽然目前已经存在一些提高云计算安全性的解决方案,但只能零星地解决特定云平台的特定问题,还不能从根本上改变目前云计算平台的不安全状态。

7.2.1.6　云应用安全问题

由于云计算基础设施的灵活性和开放性,任何终端用户都可以进行接入,因此对于运行在云端的应用程序的处理是一个非常大的挑战。另外,公众可获得性以及用户对计算基础设施缺少控制,也为云应用程序的安全带来了很大的挑战。

在云计算环境下,所有的应用和操作都是在网络上进行的。用户将自己的数据从网络传输到云端,由云来提供服务。

云应用的安全问题实质上涉及整个网络体系的安全性问题,但是又不同于传统网络。因此,云服务提供商在部署应用程序时应当充分考虑可能引发的安全风险。

对于云用户而言,应提高安全意识,采取必要措施,以保证云终端的安全。例如,用户可以在处理敏感数据的应用程序与服务器之间通信时采用加密技术,以确保其安全性。

7.2.2　云安全问题的深层原因

鉴于云计算的复杂性,它的安全问题应该是一个涵盖技术、管理,甚至法律和法规的综合体。根据云服务提供商所提供给用户服务的来源可以将风险划分为如下三类:技术上的风险、策略和组织管理中的风险、法律上的风险。

7.2.2.1 技术上的风险

云数据中心的服务器集群是由极其廉价的计算机构成,如使用 x86 架构的服务器,节点之间的互联网络通常使用千兆以太网,这样大大降低了成本,因此,云计算具有前所未有的性能价格比。对于规模达到几十万甚至百万台计算机的 Amazon 和 Google 云计算,其网络、存储和管理成本较之前至少可以降低 50%～70%。因此,云计算需要引入一些特定的或新的技术,如虚拟化技术。但随之而来的问题是这些新技术也会带来一些风险。

技术上的风险主要是指云服务的构建和功能缺陷所带来的风险。它主要来自于云内部处理风险和外部接口风险。

(1)不安全 API 的风险

应用程序编程接口(API)是供云用户访问他们存储在云中的数据。在这些接口或用于运行软件中的任何错误或故障都可能会导致用户数据的泄露。比如当一个软件故障影响到用户的访问数据策略时,有可能导致将用户数据泄露给未经授权的实体。威胁也可能来源于设计不当或实施的安全措施。无论如何,API 都需要安全保护,免受意外和恶意企图绕过 API 及其安全措施的行为威胁。

对于云服务提供商所提供的服务和资源,用户只能通过因特网或者其他间接方式进行访问,而远程访问和浏览器的接口漏洞也会引入安全风险。

(2)共享技术潜在风险

云计算的虚拟化架构为 IaaS 云服务提供商提供了将单个服务器虚拟化为多个虚拟机的能力。这种架构使得云更脆弱。攻击者可以利用这一结构来映射云的内部结构,以便确定两个虚拟机是否运行在相同的物理机上。此外,攻击者可以在云中添加一个虚拟机,以便它与其他虚拟机共享同一物理机。一旦攻击者能够与其他虚拟机共享同一物理机,他便能够发起非法的访问。

(3)云计算滥用的风险

IaaS 和 PaaS 模式为用户提供了几乎无限的计算、网络和存储资源,可以说只要用户拥有足够的金钱为使用这些资源付费,用户就可以立即使用这些资源。然而,由于云服务提供商缺乏必要的审查和监管机制,一些恶意用户可以使用这些资源进行违法活动,如暴力破解密码、将云平台作为发动分布式拒绝服务(DDoS)攻击的源头、利用云计算控制僵尸网络和托管非法数据等。

(4)不安全或无效的数据删除

云计算环境中的用户数量非常庞大,备份每个用户的所有数据所需的硬盘空间容量非常惊人,且众多用户的数据在云环境中混合存储。缺乏有效的数据删除机制,将导致用户数据丢失,严重时可能泄露个人隐私或商业机密。

（5）传输中的数据截获

云计算环境是一种分布式架构,因而相比于传统架构具有更多的数据传输路径,必须保证传输过程的安全性,以避免嗅探攻击等威胁。

（6）隔离故障

由于云计算的计算能力、存储能力和网络被多用户共享,隔离故障将导致云环境中的存储、内存和路由隔离机制失效,最终使得用户和云服务供应商丢失敏感的数据、服务中断和名誉受损等。

（7）资源耗尽

由于云服务供应商本身没有提供充足的资源、缺乏有效资源预测机制或资源使用率模型的不精确,使得公共资源不能进行合理分配和使用,将影响服务的可用性并且带来经济和声誉的损失等。同样,如果拥有过多的资源不能进行有效的管理和利用将带来经济损失。

7.2.2.2　策略和组织管理中的风险

策略和组织管理中的风险是指云服务供应商在部署云服务过程中的不完备所带来的风险。

在云数据安全保证上,从理论上来讲技术是完美的,但实际上仅靠技术并不能完全保证其安全,还需要制度上的执行以及管理上的支撑。换言之,云计算的安全运行离不开有效管理,管理漏洞会造成云计算安全失效。减少或者避免策略和组织管理中的风险问题可以更好地保证提供安全的云计算服务。云计算面临着以下的策略和组织管理方面的风险:

（1）锁定风险

用户不能方便地迁移数据/服务到其他云服务提供商,或迁回本地。

（2）治理丧失的风险

在使用云计算基础架构,虽然云供应商和客户之间有 SLA 协议,但这些 SLA 协议并不提供明确的承诺,确保云服务提供商考虑此类问题。这将导致安全防御的漏洞,从而导致治理和控制损失。这种损失会严重影响云服务商完成其使命和目标的策略和能力。

（3）合规挑战

由于云服务提供商不能提供有效证明来说明其服务遵从相关的规定,以及云服务提供商不允许用户对其进行审计,而使得部分服务无法达到合规要求。

（4）隔离故障

云计算的多租户和资源共享特点，使计算能力、存储和网络被多个用户共享。这可能导致包括分离存储机制、内存和路由失败，甚至共享基础设施的不同租户失去商业声誉的风险。即由于其他用户的恶意活动使得多租户中的无辜用户遭受影响，如恶意攻击使得包括攻击者及无辜者的地址段被阻塞。

（5）云服务终止或失效

由于云服务提供商破产或短期内停止提供服务，云用户的业务遭受严重影响，可能会导致服务交付性能损失或恶化，以及投资损失。此外，服务外包给云服务提供商若失败，有可能使云用户对客户和员工履行职责和义务的能力受到影响。

（6）密钥丢失

密钥管理不善可能导致密钥或密码被恶意的第三方获取。这有可能导致未经授权而使用身份验证和数字签名。

（7）供应链故障

由于云计算提供商将其生产链中的部分任务外包给第三方，其整体安全性将因此受到第三方的影响。其中任一环节安全性的失效，将影响整个云服务的可用性以及数据的机密性、完整性和可用性等。

（8）特权问题

由于云计算将很多用户聚集在一个管理域中，共享同一平台。这就为安全埋下隐患。其中，云服务提供商内部管理人员所拥有的特权对用户数据的隐私具有严重威胁，这就需要提供有效的管理机制来防止特权管理人员利用职权之便窃取用户私密数据或对其造成破坏。随着云服务使用量的增加，云服务提供商内部人员出现团体犯罪的概率也在增加，且该现象已经在金融服务行业中得到证实。

针对云内部的恶意人员，除了通过技术的手段加强数据操作的日志审计之外，严格的管理制度和不定期的安全检查也十分必要。云计算服务供应商有必要对工作人员的背景进行调查并制定相应的规章制度以避免内部人员作案，并保证系统具备足够的安全操作的日志审计能力，在保证用户数据安全的前提下，满足第三方审计单位的合规性审计要求。

技术体系结构设计再合理，无制度保障终将会带来破坏与损失；制定了规章制度而将制度束之高阁，其结果也将会破坏或泄露数据。因此，在制定了相关规章制度的前提下，还需严格确保制度的可执行性。同时，在各项管理措施得到保证后，发生安全事件后，必须追溯事件是何时发生的、事件发生的原因是什么、造成的损失如何补救、如何预防再次发生此类事件等。

7.2.2.3 法律上的风险

虽然云计算的名字给人的印象是其中的用户数据在不固定的位置，但实际上，存储在云数据中心上的用户数据在物理上依然是存储在一个特定的国家，因此要受到当地法规的约束。例如，《美国爱国者法案》允许美国政府访问任何一台计算机上存储的数据，这可能使并不想将数据存放到美国的用户受到隐私方面的侵害。因此，要应对云计算带来的安全挑战，不仅需要从技术上为云计算系统和每个用户实例提供保障措施，还需要配套的法律法规和监管环境的完善，明确服务提供商和用户之间的责任和权利，对用户个人信息进行有效保护，防止数据跨境流动带来的法律适用性风险。

法律上的风险是指云服务提供商声明的 SLA 协议以及服务内容在法律意义上存在违反规定的风险。针对法律方面的问题，需要云服务提供商尽量规避用户数据的使用可能产生的法律问题。

云计算的法律风险主要是地域性的问题，但还有其他风险问题。

（1）隐私保护

由于法律传讯和民事诉讼等因素使得物理设备被没收，将导致多租户中无辜用户存储的内容遭受强制检查和泄露的风险。

（2）管辖变更风险

许多政府制定较严格的法律，禁止敏感数据存储于国外实体服务器中，违法者将处以重刑，因此任何组织若要使用云计算，且将敏感数据存储于云端中，必须证明云服务提供者并未将该数据存储在国外的服务器中。另外，用户的数据可能存储于全球范围内多个国家的数据中心，如果其中部分数据存储于没有法律保障的国家或地区将受到很大的威胁，可能被非法没收并被公开。

（3）数据保护风险

对于云用户而言，因为不能有效检查云服务提供商的数据处理过程，从而不能确保该过程是否合规与合法。对于云服务提供商而言，则可能接受并存储用户非法收集的数据。

（4）许可风险

由于云环境不同于传统的主机环境，必须制定合理的软件授权和检测机制，否则云用户和软件开发商的利益都将受到损害。

7.3 云安全体系架构及关键技术

7.3.1 剖析云安全体系架构

7.3.1.1 云计算安全参考模型

云计算应用安全研究目前还处于起步阶段，业界尚未形成相关标准，目前主要的研究组织包括云安全联盟、CAM 等。在云服务体系架构中，IaaS 是所有云服务的基础，PaaS 一般建立在 IaaS 之上，而 SaaS 一般又建立在 PaaS 之上，云计算模型之间的关系和依赖性对于理解云计算的安全非常关键。从 IT 网络和安全专业人士的视角出发，可以用统一分类的一组公用的、简洁的词汇来描述云计算对安全架构的影响，在这个统一分类的方法中，云服务和架构可以被解构，也可以被映射到某个包括安全、可操作控制、风险评估和管理框架等诸多要素的补偿模型中去，进而符合规性标准。云安全联盟提出的云计算安全参考模型如图 7.4 所示。

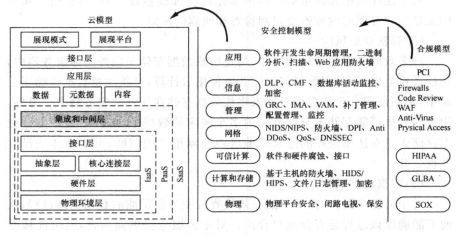

图 7.4 云计算安全参考模型（云安全联盟）

云计算安全参考模型描述了合规模型、安全控制模型和云模型之间的关系，也详细地描述了云模型中 IaaS、PaaS 和 SaaS 之间的关系。IaaS 涵盖了从机房设备到硬件平台等所有的基础设施资源层面。PaaS 位于 IaaS 之上,增加了一个层面用以与应用开发、中间件能力以及数据库、消息和队列等功能集成。SaaS 位于底层的 IaaS 和 PaaS 之上,能够提供独立的运行环境,用以交付完整的用户体验,包括内容、展现、应用和管理能力。

IaaS 为上层云应用提供安全的数据存储、计算等 IT 资源服务,是整个云计算体系安全的基石。

PaaS 位于云服务的中间,自然起到的是承上启下的作用,既依靠 IaaS 平台提供的资源,同时又为上层 SaaS 提供应用平台。PaaS 为各类云应用提供共性信息安全服务,是支撑云应用满足用户安全目标的重要手段。

SaaS 与用户的需求紧密结合,安全云服务种类繁多。典型的如 DDoS 攻击防护云服务、Botnet 检测与监控云服务、云网页过滤与杀毒应用、内容安全云服务、安全事件监控与预警云服务、云垃圾邮件过滤及防治等。SaaS 位于云服务的最顶层,大量的用户共用一个软件平台必然带来数据、应用的安全问题。多租户技术是解决这一问题的关键,但是也存在着数据隔离、用户化配制方面的问题。服务提供商对 SaaS 层的安全承担主要责任。

云安全架构的一个关键特点是云服务提供商所在的等级越低,云服务用户自己所要承担的安全能力和管理职责就越多。

7.3.1.2　云计算安全模型分析

安全厂商可以基于 CSA 提出的云计算安全模型,提出独具特色的云安全解决方案。图 7.5 所示为国内某厂商提出的一种典型的云安全架构。

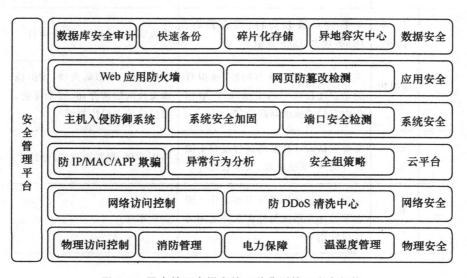

图 7.5　国内某厂商提出的一种典型的云安全架构

图 7.5 所示的云安全架构涉及的主要项目、描述及主要措施见表 7.1。

表 7.1　云安全架构描述

序号	项目	描述	主要措施
1	物理安全	主要包括物理设备的安全、网络环境的安全等，以保护云计算系统免受各种自然及人为的破坏	机房选址、防火、防雷、防盗、监控、防电磁泄漏、访问控制等
2	网络安全	主要包括网络架构、网络设备、安全设备方面的安全性，主要体现在网络拓扑安全、安全域的划分及边界防护、网络资源的访问控制、远程接入的安全、路由系统的安全、入侵检测的手段、网络设施防病毒等方面	安全域划分、安全边界防护、防火墙、入侵防范、恶意代码防范、DDoS 攻击防御系统、网络安全审计系统、防病毒网关、强身份认证等
3	主机安全	主机系统作为云计算平台海量信息存储、传输、应用处理的基础设施，数量众多，资产价值高，面临的安全风险极大，主要包括主机系统和数据库在安全配置、安全管理、安全防护措施等方面的漏洞和安全隐患	身份认证、访问控制、主机安全审计、HIDS、主机防病毒系统等
4	DNS防护	主要包括域名劫持、缓存投毒、DDoS 攻击、DNS 欺骗等	防火墙、DNS 防护、安全审计
5	虚拟化安全	主要包括虚拟机共存问题、虚拟机的动态迁移带来的安全问题、数据集中存储带来的新风险等	镜像加固、虚拟防火墙、虚拟镜像文件的加密存储、冗余保护、虚拟机的备份恢复等
6	运行安全	主要包括云计算系统运行过程中的组件更新、系统配置、安全管理等	补丁管理、配置管理、安全监控
7	接口安全	主要包括云计算系统内部组件之间以及云计算系统与外部系统之间的接口调用等	安全审计

序号	项目	描述	主要措施
8	应用安全	主要体现在 Web 安全上：一是 Web 应用本身的安全，即利用 Web 应用漏洞（如 SQL 注入、跨站脚本漏洞、目录遍历漏洞、敏感信息泄露等漏洞）获取用户信息、损害应用程序以及得到 Web 服务器的控制权限等；二是内容安全，即利用漏洞篡改网页内容，植入恶意代码，传播不正当内容等一系列问题	网页过滤、反间谍软件、邮件过滤、网页防篡改、Web 应用防火墙、WAF、代码审计、安全开发、应用安全扫描、业务安全、账户及口令策略等
9	通信安全	主要包括云计算系统内部各子系统之间及各层次之间的数据交换，以及云计算系统与外部系统之间的数据交换、接口调用等	通信加密、SSL
10	云端数据安全	主要包括数据的创建、存储、使用、共享、归档、销毁等阶段的数据的保密性、完整性、可用性、真实性、授权、认证和不可抵赖性等	虚拟机间存储访问隔离、虚拟环境下的逻辑边界安全访问控制策略、虚拟机间的数据访问控制、数据信息加密处理等
11	云端管理安全	主要涉及安全管理机构和人员的设置、安全管理制度的建立以及人员安全管理技能等	用户管理、访问认证、安全审计、容灾备份机制
12	终端安全	主要包括病毒、蠕虫、木马、恶意代码攻击等	安全补丁、账户及口令策略、防病毒和防木马软件升级、安全审计

7.3.2　云安全关键技术

云安全包含的内容与技术非常广泛，既包括传统的安全内容和技术，也包括云计算架构下的新型的安全内容和技术。本小节主要对云计算安全领域中的数据安全、应用安全和虚拟化安全等内容和技术进行介绍。云安全主要内容和技术见表 7.2。

表 7.2　云安全主要内容和技术

序号	项目	子项
1	数据安全	数据传输、数据隔离、数据残留
2	应用安全	终端用户安全、SaaS 安全、PaaS 安全、IaaS 安全
3	虚拟化安全	虚拟化软件、虚拟服务器

7.3.2.1　数据安全

云用户和云服务提供商应避免数据丢失和被窃，无论使用哪种云计算的服务模式(SaaS/PaaS/IaaS)，数据安全都变得越来越重要。云计算服务模式下的数据安全包括数据传输安全、数据隔离和数据残留等。

(1)数据传输安全

在使用公有云时，对于传输中的数据最大的威胁是不采用加密算法。通过 Internet 传输数据，采用的传输协议也要能保证数据的完整性。采用加密数据和使用非安全传输协议的方法也可以达到保密的目的，但无法保证数据的完整性。

(2)数据隔离

加密磁盘上的数据或生产数据库中的数据(静止的数据)很重要，这可以用来防止恶意的云服务提供商、恶意的邻居"租户"及某些类型应用的滥用。对于 PaaS 或者 SaaS 应用来说，数据是不能被加密的，因为加密过的数据会妨碍索引和搜索。到目前为止还没有可商用的算法实现数据全加密。

PaaS 和 SaaS 应用为了实现可扩展、可用性、管理以及运行效率等方面的"经济性"，基本都采用多租户模式，因此被云计算应用所用的数据会和其他用户的数据混合存储(如 Google 的 BigTable)，虽然云计算应用在设计之初已采用诸如"数据标记"等技术以防非法访问混合数据，但是通过应用程序的漏洞，非法访问还是会发生。虽然有些云服务提供商请第三方审查应用程序或应用第三方应用程序的安全验证工具加强应用程序安全，但出于经济性考虑，无法实现单租户专用数据平台，因此唯一可行的选择就是不要把任何重要的或者敏感的数据放到公有云中。

(3)数据残留

数据残留是数据在被以某种形式擦除后所残留的物理表现，存储介质被擦除后可能留有一些物理特性使数据能够被重建。在云计算环境中，数据残留更有可能会无意泄露敏感信息，因此云服务提供商应能向云用户保证其鉴别信息所在的存储空间被释放或再分配给其他云用户前得到完全清除,无论这些信息是存放在硬盘上还是在内存中。云服务提供商应保证系统内的文件、目录和数据库记录等资源所在的存储空间被释放或重新分配给其他云用户前得到完全清除。

7.3.2.2　应用安全

由于云环境的灵活性、开放性以及公众可用性等特性,给应用安全带来了很多挑战。提供商在云主机上部署的 Web 应用程序应当充分考虑来自互联网的威胁。

(1)终端用户安全

对于使用云服务的用户,应该保证自己计算机的安全。首先,云用户应在终端上部署安全软件,包括反恶意软件、防病毒软件、个人防火墙以及 IPS 类型的软件。其次,由于作为用户终端的浏览器毫无例外地存在软件漏洞,这些软件漏洞加大了终端用户被攻击的风险,从而影响云计算应用的安全,因此云用户应该采取必要措施保护浏览器免受攻击,还要使用自动更新功能,定期完成浏览器打补丁和更新工作,确保云环境中实现端到端的安全。最后,对于喜欢在桌面或笔记本电脑上使用虚拟机来工作的云用户,由于使用的虚拟机通常没有达到补丁级别,这些系统被暴露在网络上容易被黑客利用成为流氓虚拟机,因此企业应该从制度上对连接云计算应用的虚拟机进行管理和控制。

(2)SaaS 应用安全

SaaS 模式决定了提供商管理和维护整套应用,用户并不管理或控制底层的云基础设施(如网络、服务器、操作系统、存储等),用户使用各种客户端设备通过浏览器来访问应用。因此 SaaS 提供商应最大限度地确保提供给用户的应用程序和组件的安全,用户通常只需负责操作层的安全功能,包括用户和访问管理。

提升 SaaS 应用安全,要选择安全等级较高的 SaaS 提供商。目前对于 SaaS 提供商评估通常的做法是根据保密协议,要求提供商提供有关安全实践的信息。这些信息应包括设计、架构、开发、黑盒与白盒应用程序安全测试和发布管理。有些用户甚至请第三方安全厂商进行渗透测试(黑盒安全测试),以获得更为翔实的安全信息。

提升 SaaS 应用安全,要完善身份验证和访问控制功能。通常情况下,SaaS 提供商提供的身份验证和访问控制功能是用户管理信息风险唯一的安全控制措施。大多数 SaaS 提供商包括 Google 都会提供基于 Web 的管理用户界面,最终用户可以分派读取和写入权限给其他用户。然而这个特权管理功能可能不先进,细粒度访问可能会有弱点,也可能不符合组织的访问控制标准。因此，用户应该尽量了解云特定访问控制机制，应实施最小化特权访问管理，以消除威胁云应用安全的内部因素。

提升 SaaS 应用安全，要加强用户登录管理。所有有安全需求的云应用都需要用户登录，用户名和密码是提高访问安全性最为常用的方法。但如果使用强度较小的密码（如需要的长度和字符集过短）和不做密码管理很容易导致密码失效。因此云服务提供商应能够提供高强度密码（包括定期修改密码、不使用旧密码等）。

提升 SaaS 应用安全，应改善虚拟数据存储架构。在目前的 SaaS 应用中，提供商将用户数据（结构化和非结构化数据）混合存储是普遍的做法，通过唯一的用户标识符，在应用中的逻辑执行层可以实现用户数据逻辑上的隔离，但是当云服务提供商的应用升级时，可能会造成这种隔离在应用层执行过程中变得脆弱。因此，用户应了解 SaaS 提供商使用的虚拟数据存储架构和预防机制，以保证多租户在一个虚拟环境所需要的隔离。SaaS 提供商应在整个软件生命开发周期加强在软件安全性上的措施。

（3）PaaS 应用安全

PaaS 云提供给用户的能力是在云基础设施之上部署用户创建或采购的应用，这些应用使用服务商支持的编程语言或工具开发，用户并不管理或控制底层的云基础设施，包括网络服务器、操作系统或存储等，但是可以控制部署的应用以及应用主机的某个环境配置。PaaS 应用安全包含两个层次：PaaS 平台自身的安全和用户部署在 PaaS 平台上应用的安全。

提升 PaaS 应用安全，PaaS 提供商应防范 SSL 攻击。SSL 是大多数云安全应用的基础，然而目前众多黑客社区都在研究 SSL，相信 SSL 在不久的将来将成为一个主要的病毒传播媒介。PaaS 提供商采取可能的办法来缓解 SSL 攻击，避免应用被暴露在默认攻击之下。用户必须要确保自己有一个变更管理项目，在应用提供商指导下进行正确应用配置或打配置补丁，及时确保 SSL 补丁和变更程序能够迅速发挥作用。

提升 PaaS 应用安全，应选择好第三方应用提供商。PaaS 提供商通常都会负责平台软件包括运行引擎的安全，但如果 PaaS 应用使用了第三方应用、组件或 Web 服务，那么第三方应用提供商则需要负责这些服务的安全。因此用户应对第三方应用提供商做风险评估，应尽可能地要求云服务提供商增加信息透明度以利于风险评估和安全管理。

提升 PaaS 应用安全，应完善"沙盒"架构。在多租户 PaaS 的服务模式中，最核心的安全原则就是多租户应用隔离。云用户应确保自己的数据只能由自己的企业用户和应用程序访问。提供商维护 PaaS 平台运行引擎的安全，在多租户模式下必须提供"沙盒"架构，平台运行引擎的"沙盒"特性可以集中维护用户部署在 PaaS 平台上应用的保密性和完整性。云服务提供商负责监控新的程序缺陷和漏洞，以避免这些缺陷和漏洞被用来攻击 PaaS 平台和打破"沙盒"架构。

提升 PaaS 应用安全，应关注接口和 API 安全。云用户部署的应用安全需要 PaaS 应用开发商配合，开发人员需要熟悉平台的 API、部署和管理执行的安全控制软件模块。开发人员必须熟悉平台特定的安全特性，这些特性被封装成安全对象和 Web 服务。开发人员通过调用这些安全对象和 Web 服务实现在应用内配置认证和授权管理。对于 PaaS 的 API 设计，目前没有标准可用，这给云计算的安全管理和云计算应用可移植性带来了难以估量的后果。

PaaS 应用还面临着配置不当的威胁，在云基础架构中运行应用时，应用在默认配置下安全运行的概率几乎为零。因此，用户最需要做的事就是改变应用的默认安装配置，需要熟悉应用的安全配置流程。

（4）IaaS 应用安全

IaaS 提供商将用户在虚拟机上部署的应用看做一个黑盒子，IaaS 提供商完全不知道用户应用的管理和运维。用户的应用程序和运行引擎，无论运行在何种平台上，都由用户部署和管理，因此用户负有云主机之上应用安全的全部责任，用户不应期望 IaaS 提供商的应用安全帮助。

7.3.2.3 虚拟化安全

基于虚拟化技术的云计算引入的风险主要有两个方面：一个是虚拟化软件的安全；另一个是使用虚拟化技术的虚拟服务器的安全。

（1）虚拟化软件安全

虚拟化技术包括全虚拟化或半虚拟化等，在虚拟化过程中，有不同的方法可以通过不同层次的抽象来实现相同的结果。由于虚拟化软件层是保证用户的虚拟机在多租户环境下相互隔离的重要层次，可以使用户在一台计算机上安全地同时运行多个操作系统，因此必须严格限制任何未经授权的用户访问虚拟化软件层。云服务提供商应建立必要的安全控制措施，限制对于 Hypervisor 和其他形式的虚拟化层次的物理和逻辑访问控制。虚拟化层的完整性和可用性对于保证基于虚拟化技术构建的公有云的完整性和可用性是最重要的，也是最关键的。在 IaaS 云平台中，云主机的用户不必访问此软件层，它完全应该由云服务提供商来管理。

（2）虚拟服务器安全

虚拟服务器位于虚拟化软件之上，传统的对于物理服务器的安全原理与实践也可以被运用到虚拟服务器上，当然也需要兼顾虚拟服务器的特点。

虚拟服务器安全涉及物理机选择、虚拟服务器安全和日常管理 3 方面。

1)物理机选择。应选择具有 TPM 安全模块的物理服务器,TPM 安全模块可以在虚拟服务器启动时检测用户密码,如果发现密码及用户名的 Hash 序列不对,就不允许启动此虚拟服务器。因此,对于新建的用户来说,选择这些功能的物理服务器来作为虚拟机应用是很有必要的。如果有可能,应使用新的带有多核的处理器,并支持虚拟技术的 CPU,这就能保证 CPU 之间的物理隔离,会减少许多安全问题。

2)虚拟服务器安全设置。安装虚拟服务器时,应为每台虚拟服务器分配一个独立的硬盘分区,以便将各虚拟服务器之间从逻辑上隔离开来。虚拟服务器系统还应安装基于主机的防火墙、杀毒软件、IPS(IDS)以及日志记录和恢复软件,以便将它们相互隔离,并与其他安全防范措施一起构成多层次防范体系。对于每台虚拟服务器应通过 VLAN 和不同的 IP 网段进行逻辑隔离。对需要相互通信的虚拟服务器之间的网络连接应当通过 VPN 的方式来进行,以保护它们之间网络传输的安全。实施相应的备份策略,包括它们的配置文件、虚拟机文件及其中的重要数据都要进行备份,备份也必须按一个具体的备份计划来进行,应当包括完整、增量或差量备份方式。在防火墙中,尽量对每台虚拟服务器做相应的安全设置,进一步对它们进行保护和隔离。

3)加强日常安全管理。从运维的角度来看,对于虚拟服务器系统,应当像对一台物理服务器一样对它进行系统安全加固,包括系统补丁、应用程序补丁、所允许运行的服务、开放的端口等。同时严格控制物理主机上运行虚拟服务的数量,禁止在物理主机上运行其他网络服务。如果虚拟服务器需要与主机进行连接或共享文件,应当使用 VPN 方式进行,以防止由于某台虚拟服务器被攻破后影响物理主机。文件共享也应当使用加密的网络文件系统方式进行。需要特别注意主机的安全防范工作,消除影响主机稳定性和安全性的因素,防止间谍软件、木马、病毒和黑客的攻击,因为一旦物理主机受到侵害,所有在其中运行的虚拟服务器都将面临安全威胁,或者直接停止运行。另外,还要对虚拟服务器的运行状态进行严密的监控,实时监控各虚拟机当中的系统日志和防火墙日志,以此来发现存在的安全隐患,对不需要运行的虚拟机应当立即关闭。

7.3.2.4　身份认证和访问管理

身份认证和访问管理是一套业务处理流程,是一个支持数字身份管理与资源访问管理、审计的基础结构。

身份认证主要是指在用户访问资源和使用系统服务时,系统确认用户身份的真实性、合法性和唯一性的过程。在远程系统接人的时候,用户必须获得一定的接人权限,最常用的就是基于口令的身份认证。在基于口令的身份认证协议中,每个用户必须在认证前先向系统注册,进而系统保留其用户的注册信息,当用户使用某种安全的通信信道与系统建立连接请求身份认证时,用户向系统传输口令信息,服务器端根据上传的口令信息与服务器上已保存的信息进行匹配,若匹配成功则认证通过。

对云服务来讲,双向认证是云计算中防止用户数据被非法访问的重要机制。一方面,如果云服务提供商不对用户进行严格的身份认证和访问管理,就会给攻击者以可乘之机,导致数据的冒名使用,给合法用户的数据安全带来威胁;另一方面,用户可能遭遇网络钓鱼和恶意软件攻击等安全威胁,导致数据被他人非法获取。

因此,无论用户在哪里登录,云服务提供商和应用程序都要确认用户的身份,只有通过认证的合法用户才能访问云中相应的服务和数据。在云计算中,用户可能使用不同云服务提供商所提供的服务,从而拥有不同的用户名和密码,很容易造成混淆与遗忘。为了减轻用户负担并提供良好的用户体验,单点登录、联合身份认证、PKI 等技术和框架被广泛地应用到云计算的认证中。

在 CSA 的安全指南中,对单点登录的描述是:"安全地将身份信息和属性传递给云服务的能力"。简单地说就是利用单点登录协议,使用户在使用云服务时只需要注册和登录一次,从而减轻用户负担。比如,Google 支持基于单点登录协议(OpenU3)的单点登录技术、Salesforce 采用基于单点登录开放标准(SAML)的单点登录技术。

CSA 安全指南对联合身份认证的描述是:"在不同云服务提供商的身份信息库间建立关联"。用户只需要在使用某个云服务时登录一次,就可以访问所有相互信任的云平台,而不需要在多个不同的云平台上重复注册和登录多个账号。简单地说就是用户可以使用一个账号登录相互信任的不同云服务平台。联合身份认证技术通常基于单点登录方案。

基于 PKI 的联合身份认证技术是目前广泛被采纳的一种联合身份认证方案。PKI 提供的安全服务包括身份认证、数据保密性、数据完整性和不可抵赖性等,从而实现了认证、授权和安全通信等安全功能。PKI 的基本要素是数字证书。数字证书是由认证权威 CA 发放的数字签名,包含了公开密钥的拥有者及相关信息的一种数据结构。比如基于 X.509 证书和 PKI 认证框架实现的 SSL 认证协议被用于 Amazon 提供的 EC2 云服务中,用于实现对用户的身份认证。

X.509 证书是由云服务提供商为用户生成数字证书以及私钥文件,

也可以由用户通过第三方工具生成。这种证书不需要由特定的 CA 来颁发,只要符合证书的规范,并且在有效期内,就会被验证服务器接受为合法的证书。X.509 证书包括一个证书文件和相应的私钥文件,证书文件中包含该证书的公钥和其他数据,私钥文件中包含用户对 API 请求进行的数字签名的私钥,由用户唯一拥有,云服务系统不保存该私钥文件的任何副本信息。

在混合云环境下,由于具有用户所归属的认证域众多,用户和服务间信任关系动态变化的特点,不适宜采用 PKI 为用户建立信任关系。

7.3.2.5　加密与解密

目前,云服务提供商一般采用密码学中的技术来保证数据安全,常用技术之一就是对数据进行加密和解密。密码技术不仅服务于信息的加密和解密,也是身份认证、访问控制和数据签名等多种安全机制的基础。其应用领域主要有:①用加密来保护信息;②采用数字证书来进行身份鉴别;③采用密码技术对发送信息进行验证;④数字签名。

加密通常会涉及加密算法和加密密钥。目前,加密算法主要有如下三类:

(1)对称加密

对称加密,也称为单密钥加密技术,是一种在 20 世纪 70 年代的公钥体制出现以前的唯一一种加密技术。目前,它仍是使用频繁的一类加密算法。

对称加密技术主要包括几个因素:①明文,通信双方的原始消息;②加密算法,在明文上进行的一系列替换和移位操作;③密钥,加密算法输入的一部分;④密文,作为加密算法的输出,其完全依赖于明文和加密密钥,对于不同的密钥,由同一明文应该产生不同的密文;⑤解密算法,与加密算法的作用相反,以密文和密钥作为输入并且恢复明文。

按加密方式不同,对称加密算法又可以分为流密码和分组密码两种。

流密码也称为序列密码,是指利用密钥产生一个密钥流,然后利用此密钥流依次对明文进行加密。流密码通常以位或字节为操作对象。典型的流密码结构包括一个伪随机数发生器,当不知道密钥的情况下,可以产生一个不可预知的伪随机流,输入的明文依次与该伪随机流进行异或操作,来加密数据。分组密码将输入的明文分组当作一个整体进行处理,输出一个等长的密文分组。每组分别在密钥的控制下变换成等长的输出数字序列。

分组密码多采用 Feistel 结构(用于分组密码中的一种对称结构,以它的发明者 Horst Feistel 为名),并通过相同的多轮操作以提高加密算法的安全性。

DES 算法是一个采用典型的 Feistel 结构,分别使用 64 位的分组和 56 位的密钥的对称加密算法。在 DES 算法中,加密过程和解密过程均采取了相反方向的轮变换。2000 年以后,DES 算法渐渐地退出了美国国家安全加密领域。现如今它主要应用在金融领域和计算机行业。DES 算法的最大优点就是加密速度快,而且随着芯片技术的不断提高,造价越来越低,为提高 DES 算法的计算速度提供了有效的技术支撑。

（2）非对称加密

与对称加密相比,非对称加密（公钥加密）是指加密和解密使用不同密钥的加密算法,也称为公私钥加密。

在公钥加密体制中的密钥分别记为公钥（Public Key）和私钥（Private Key）,经过 Private Key 加密后的密文只有通过 Public Key 来解密,反之通过 Public Key 加密后的密文只有通过 Private Key 来进行解密。在加密过程中,公钥可以发布给公开群体,消息发送方经过公钥加密后的信息可以通过任何甚至不安全的通道发送给消息接收者,消息接收者收到消息后,可以用私钥解密该信息从而恢复明文,而不持有私钥的第三方无法恢复出该明文。另外,通过私钥加密的信息,加密者可以通过发布该消息使得任何持有公钥的通信实体能够解密并获得明文。公钥加密体制在这种场合下能够保证消息来源的真实性。比如数字签名是其典型的应用。

1977 年由 Ron Rivest、Adi Shamir 和 Leonard Adleman 一起提出的 RSA 算法是一个典型的公钥加密算法。该算法是如今使用最为广泛的公钥加密算法。它的安全性得到了人们共同的认可,已被 ISO 定为非对称体制算法的加密标准。RSA 算法的优点是其安全性完全依赖大数的因式分解,大数的因式分解至今还是一个数学难题,虽然没有完全证明大数的因式分解和破解 RSA 等价,但是几乎都是这样认为的,所以破解 RSA 算法存在一定困难。

（3）谓词加密

谓词加密提供了加密数据的查询和细粒度的访问控制。作为一种新的理论基础,谓词加密为密码学协议和应用提供了更多的解决方向。谓词加密广泛应用于需要对数据库服务器中的数据库进行加密,但同时又要通过服务器对加密数据进行搜索查询的情况。

假设张三把他所有的邮件存储在一个邮件服务器上。由于隐私的关系,他不想让邮件服务器知道这些邮件的内容。此时,就可以把这些邮件加密,并由张三持有私钥。当他要阅读邮件时再从邮件服务器中取出邮件时,用私钥进行解密并阅读。由于这些文件都是加密过的,张三无法通过邮件服务器对这些邮件进行查询操作。

但是，采用谓词加密就能解决上述问题。邮件信息包括（Sender，Date，Subject，…），可以将一些关键字作为邮件的可查询信息，用谓词加密对邮件进行加密。查询的时候，假设需要查询的谓词为 P：（Sender ＝ Bob）&（Date E[2009，2010]）。张三会根据这个谓词生成一个查询令牌，将令牌发送到邮件服务器以授权邮件服务器对加密邮件进行谓词评估，从而具有查询加密邮件的能力。但是，除了查询之外，邮件服务器不能获得这些邮件的任何其他信息。即谓词加密既实现了邮件的查询，又保证了邮件本身的保密性。

最后需要指出的是，因为云端计算对象存储中提供身份验证系统，使用用户名/密码组合对用户进行身份验证，这就需要对密码强度有一定要求。例如 NIST 关于密码强度所提供了一些规则包括检查密码字典的常用密码，指定最小密码长度，并要求使用不同的字符如小写字母、大写字母和数字等。

7.3.2.6　容灾与恢复

据 IDC 的统计数字表明，美国在 1990—2000 年间发生过数据灾难的公司中，当时倒闭的占 55％，29％的公司在两年之内倒闭，生存下来的仅占 16％。可以讲，数据的可用性对于数据服务提供商而言具有非常重要的意义。

目前，保证数据高可用性的主要技术就是容灾备份，通过此技术可以降低存储系统的单点故障。通过最大限度减少计划内和计划外的停机时间，可适应日常的维护和升级需要，减少与服务器和软件故障有关的应用程序停机时间，实现系统连续运转。

CSA 表明："数据备份是一种机制，用于防止数据丢失、不必要的数据覆盖和破坏，提醒用户不要假设存储在云端的数据是可恢复的"。为了防止数据丢失和破坏，以及提高数据可用性，云端计算对象存储通常会跨集群存储数据在多个位置。

在云环境下，云存储系统主要是采用数据冗余和异地分布存储的技术来保证云存储系统的数据可用性。这种方法主要在异地分布建立和维护多份数据的副本及地理的分散性来抵御数据的抗灾能力。这种多副本的存储方式在当数据因为灾难发生而无法访问的时候，可以通过恢复技术获取保存在异地数据服务器上的数据。比如，Amazon 的 S3 服务、Google 的 GFS 和 Hadoop 的 HDFS 为了保证数据的可用性，默认都采用 3 备份机制。

总之，容灾与恢复技术可以帮助云系统在自然灾害、系统故障及人为失误中快速恢复丢失的数据和间断的服务，以此来提高云存储服务的可靠性。

7.3.2.7 访问控制

访问控制技术包括安全登录技术和权限控制技术。对于安全登录,仍未有较为完善的解决办法,用户可通过自身的安全性来进行防范,如安装杀毒软件。对于权限控制,一方面应防范由系统漏洞带来的访问权限越界问题;另一方面应注意系统维护人员的访问策略,可采用由系统管理账号、密码和权限,存储到数据库中的机密信息全部采用密文保存,即使系统管理人员也无法得到原文,密钥可由用户掌握。

在云计算环境中,各个云应用属于不同的安全管理域,每个安全域都管理着本地的资源和用户。当用户跨域访问资源时,需在域边界设置认证服务,对访问共享资源的用户进行统一的身份认证管理。在跨多个域的资源访问中,各域都有自己的访问控制策略,在进行资源共享和保护时必须对共享资源制订一个公共的、双方都认同的访问控制策略,因此,需要支持策略的合成。

7.3.2.8 用户隔离

用户隔离技术最早出现在如防范病毒等领域,为了使用户程序安全运行,引入了"沙箱"技术,使程序的运行在一个隔离的环境中,并不影响本地系统。沙箱技术最早出现在 Java 中,用来存放临时来自网络的数据和信息,即当网络会话结束后,服务器端保存的数据和信息也会被清除,从而有效地降低外来数据对本地系统的影响。沙箱只能暂时地保存外来信息,从而有效地隔离外来数据。这种方法对用户程序的限制在于它只能使用有限的文档和数据。

随着不同类别的云计算平台的推出,给用户提供各种各样的应用服务、计算服务和存储服务等,每个用户都有不同的需求,每个应用程序都需要存储数据和计算服务,那么保证这些应用服务的运行和数据的存储,以及计算服务之间不会发生数据冲突的常用技术之一就是隔离机制,不同的层次采用不同的隔离机制。

(1)基础架构层的隔离机制

如果通过基础架构层提供应用服务给用户,用户就可以去开发自己的应用服务,而不用担心服务器的地理位置。不同用户可以申请分配到属于自己的不同的服务器,那么用户之间就不会发生数据冲突,隔离的目的也就达到了。但是如果采用这种方式,云计算服务提供商需要耗费巨大的资金去购买和搭建大规模的服务器集群。

（2）平台层的隔离机制

平台层是介于应用层和基础架构层之间的一层，提供的是中间层服务，主要用于封装基础架构层提供的服务，使用户能够更加方便地使用服务。要在这一层上实现隔离，就需要每个用户都有自己的操作系统，服务器能够响应不同用户的不同需求，把属于不同用户的数据按照映射的方式反馈给不同的用户，这样就能够达到隔离的目的。在具有同等规模的集群环境中，运用平台层的隔离机制能够支持更多的用户。但是这种方式会消耗大量的服务器时间用于寻找指定映射。

（3）应用层的隔离机制

应用层通过对业务进行划分来实现多用户的隔离机制。该机制的设计思想是通过工作流引擎的不同来实现隔离。具体可以划分为两种情况：第一种情况是具有相同的工作流引擎但不具有相同的数据流程，那么隔离机制就会给不同用户分配不同的名称，这样就能够区分每个用户的数据；第二种情况是多个用户具有同一个数据流程但工作流引擎不同，那么系统还是给不同的用户分配不同的名字，依据这些不同的名字来判断不同的工作流引擎所对应的用户数据，从而达到实现数据隔离的目的。

7.3.2.9　网络安全

随着信息技术的发展和网络的迅速传播，网络安全威胁问题一直在增加，但是网络安全技术也在不断被改善。常用的网络安全技术有以下两种：

（1）安全套接层（SSL）

SSL 是 Netscape 公司率先采用的网络安全协议。它是在传输通信协议 TCP/IP 上实现的一套安全协议，采用公开密钥技术，支持服务通过网络进行通信而不损害安全性。它在客户端和服务器之间创建一个安全连接，然后通过该连接安全地发送任意数据量。

SSL 广泛支持各种类型的网络，同时提供 3 种基本的安全服务，它们都使用公开密钥技术。

（2）虚拟专业网络（VPN）

VPN 被普遍定义为通过一个公用互联网络建立一个临时的且安全的连接，是一条穿过混乱的公用网络的安全的、稳定的隧道，使用这条隧道可以对数据进行几倍加密以达到安全使用互联网的目的。

VPN 可以分为两部分，一个是隧道技术，另一个是加密技术。隧道技术意味着从开始节点到结束节点，发送和接收数据是通过一个虚拟隧道，这个隧道不受外网的影响。

7.3.2.10 安全审计

目前对安全审计这个概念的理解还不统一。概括地讲,安全审计是采用数据挖掘和数据仓库技术,实现在不同网络环境中端对终端的监控和管理,在必要时通过多种途径向管理员发出警告或自动采取排错措施,能对历史数据进行分析、处理和追踪。

比如,1999 年 12 月,国际标准化组织和国际电工委员会正式颁布发行《信息技术安全性评估通用准则 2.0 版》(ISO/IEC 15408),对安全审计定义了一套完整的功能,如安全审计自动响应、安全审计事件生成、安全审计分析、安全审计浏览、安全审计事件存储以及安全审计事件选择等。

7.4 安全即服务

7.4.1 SECaaS

安全即服务(Security as a Service,SECaaS)是一个用于安全管理的外包模式。通常情况下,SECaaS 包括通过互联网发布的应用软件(如反病毒软件)、基于互联网的安全(有时称为云安全)产品,是 SaaS 的一部分。

随着基于标准框架的安全服务产品的成熟,云服务使用者已经认识到提供者和使用者将计算资源加以集中的需要。云作为业务运营平台的成熟度的里程碑之一就是在全球范围内 SECaaS 的应用以及对于安全如何能够由此得到增强的认知。在世界范围内将安全作为一种外包的商品加以实现,将最终使得差异和安全缺失最小化。

SECaaS 是从云的角度出发来考虑企业安全,云安全的讨论主要集中在如何迁移到云平台,如何在使用云时维持机密性、完整性、可用性和地理位置,而 SECaaS 则从另一角度着眼,通过基于云的服务来保护云中的、传统企业网络中的及两者混合环境中的系统和数据。这些 SECaaS 的系统可能在云中,也可能以传统的方式托管在用户的场所内。托管的垃圾邮件和病毒过滤就是 SECaaS 的一个例子。

SECaaS 产品的厂商有 Cisco、McAfee、熊猫软件、Symantec、趋势科技和 VeriSign。2014 年 5 月,绿盟科技云安全运营服务业务获得 ISO27001 管理体系的认证,这标志着绿盟科技成为国内首家通过 ISO27001 认证的可管理安全服务(简称 MSS)和 SECaaS 提供商。绿盟科技提供的云安全运营服务以网站安全为核心,对网站面临的威胁和安全事件提供 $7\times24h$ 全天候的监测与防护。云安全运营服务可以在安全事件发生前对网站提供 Web 漏洞智能补丁,预防针对 Web 漏洞的攻击;安全事件发生中,云安全运营服务可对 DDoS 攻击和 Web 攻击提供 $7\times24h$ 监测与防护,对攻击进行有效的拦截;在安全事件发生后,云安全运营服务可及时监测到网站篡改、网站挂马等安全事件并进行响应和处置,快速消除安全事件带来的影响。绿盟 ADS 可管理的安全服务(NSFOCUS MSS for ADS,原名 PAMADS)示意图如图 7.6 所示。

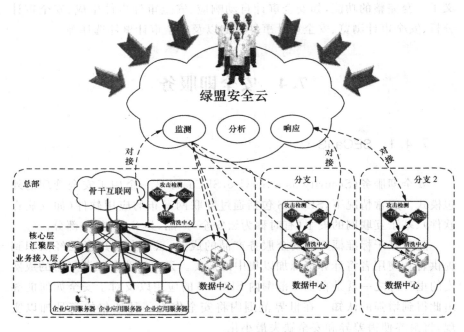

图 7.6　绿盟 MSS for ADS 示意图

从发展趋势来看,安全服务未来将不仅限于咨询和运维,SECaaS 这种新的商业模式将成为网络安全产业的未来发展方向,SECaaS 也从应用安全转向基础安全领域。这一商业模式将网络安全作为一种独立的 IT 产品,相比于传统模式,具有以下几个优点:

1)无须本地部署安全系统,只需数据中心对接。

2)响应速度快,升级快。

3)企业的安全支出将会更加弹性,对于广大中小企业尤其是互联网创业公司,可以减少初期的开支,刺激他们的需求。

7.4.2　SECaaS 应用领域

SECaaS 不仅仅只是安全管理的一种外包模式，它还是保护业务弹性和连续性的一个基本组件。作为业务弹性的一种控制，SECaaS 提供了很多好处。由于通过云所交付服务的可灵活伸缩模式，用户只需按需付费，例如按照受保护的工作站数目来付费，而非为支撑各种安全服务的支持性基础设施和人员付费。一个专注于安全的服务提供商在安全专业技能方面，通常比一个组织内部能找到的资源更具专业性。最后，将日志管理等管理性任务外包，能够节省时间和金钱，可以让企业在自己的核心竞争力上投入更多资源。

用户和安全专业人员最有可能感兴趣的基于云的 SECaaS 的领域有：身份、授权和访问管理服务，数据泄露防护（DLP），Web 安全，Email 安全，安全评估，入侵检测/防护（IDS/IPS），安全信息和事件管理，加密，业务连续性和灾难恢复，网络安全。

7.4.2.1　身份、授权和访问管理服务

身份管理即服务（Identity as a Service）是一个通用的名称，包含一个或者多个组成身份管理生态系统的服务，例如策略执行点即服务（PEP as a Service）、策略决策点即服务（PDP as a Service）、策略访问点即服务（PAP as a Service）、向实体提供身份的服务、提供身份属性的服务及提供身份信誉的服务。所有这些身份服务可以作为一个单一的独立服务来提供，也可以以多个供应商服务的一种混合搭配来提供，或者以一个由公有云、私有云、传统的 IAM 和基于云的服务混合构成的方案来提供。

这些身份服务应该提供对于身份、访问和权限管理的控制。身份服务需要包含用来管理企业资源访问的人员、流程和系统等要素，它们帮助确保每一实体的身份都经过核实，并且对这些有保证的身份授予正确的访问级别。对于访问行为的审计日志，比如成功或者失败的验证、访问尝试等，应由应用/解决方案本身或者 SIEM 服务进行管理。身份、授权和访问管理服务属于保护和预防类（Protective and Preventative）技术控制。

7.4.2.2　数据泄露防护（DLP）

数据泄露保护服务通常在桌面服务器上以客户端形式运行，执行对特定数据内容操作授权的策略，对云中和本地系统中静态的数据、传输中的数据以及使用中的数据进行监控、保护以及所受保护的展示。有别于诸如"不

能 FTP"或者"不能上传到网站"这样宽泛的规则，数据泄露防护能够理解数据，例如用户可以定义"包含类似信用卡号码的文档不能邮件外发""任何存储到 USB 介质的数据自动进行加密并且只能由其他正确安装 DLP 客户端的办公机器解密""只有安装了 DLP 软件且工作正常的机器可以打开来自文件服务器的文件"。在云中，DLP 服务可以作为标准 Build 的一个组成部分来提供，这样所有为某一用户构造的服务器都可以预先安装 DLP 软件并预置一套已约定的规则。另外，DLP 可以利用集中的 ID 或者云的中介来增强使用场景的控制。利用一项服务来监控和控制数据从企业流向云服务供应链不同层级的能力，可以作为对监管数据跨平台传输、后续损失的一种预防类控制。DLP 属于预防类技术控制。

7.4.2.3　Web 安全

Web 安全是指某种实时保护，或者通过本地安装的软件/应用提供，或者通过使用代理或重定向技术将流量导向云提供商而通过云提供。这在其他的保护措施（例如防恶意程序软件）之上提供了一层额外保护，可以防止恶意程序随着诸如 Web 浏览之类的活动进入到企业内部。通过这种技术还可以执行那些围绕 Web 访问类型和允许访问时间窗口的策略规则。应用授权管理可以用来为 Web 应用提供更进一步的细粒度和感知上下文的安全控制。Web 安全属于保护类、检测类（Detective）和响应类（Reactive）的技术控制。

Web SECaaS 还包括对出站网络流量扫描，防止用户可能没有合适授权（数据泄露保护）而向外传递敏感信息（如 ID 号码、信用卡信息、知识产权）。网络流量的扫描还包括内容分析、文件类型以及模式匹配，以阻止数据泄露。

7.4.2.4　Email 安全

Email 安全应该提供对于入站和出站邮件的控制，保护企业免受钓鱼链接、恶意附件的威胁，执行企业策略，比如合理使用规则、垃圾邮件防护，并且提供业务连续性方面的可选项。另外，Email 安全方案应该提供基于策略的邮件加密功能，并能与各种邮件服务器整合。数字签名提供的身份识别和不可抵赖也是许多邮件安全方案提供的功能。Email 安全属于保护类、检测类和响应类的技术控制。

Email SECaaS 也包括电子邮件备份和归档。这个集中的存储库允许机构通过一些参数索引和搜索，参数包括数据范围、收件人、发件人、主题和内容。

7.4.2.5 安全评估

安全评估是指对于云服务的第三方或用户驱动的审计,或是通过云提供的基于业界标准的方案对用户本地系统的评估。对于基础设施、应用的传统安全评估以及合规审计,业界已有完备的定义和多个标准的支持,如NIST132、ISO133、CIS134。安全评估具备相对成熟的工具集,一些工具已通过SECaaS的交付模式实现。在SECaaS交付模式下,服务订户可以获得云计算变体的典型好处——弹性扩展、几乎忽略不计的安装部署时间、较低的管理开销、按使用付费以及较少的初始投资。

7.5 典型的云安全解决案例分析

7.5.1 亚马逊云

Amazon提供的云服务主要包括弹性计算云(EC2)、简单数据库服务(SimpleDB)、简单存储服务(S3)等。Amazon EC2提供与SimpleDB简单队列服务(SQS)、S3集成的服务,为用户提供完整的解决方案。

7.5.1.1 概述

尽管云计算是Google最先倡导的,但是真正把云计算进行大规模商用的公司首推Amazon。因为早在2002年,Amazon公司就提供了著名的网络服务AWS。AWS包含很多服务,它们允许通过程序访问Amazon的计算基础设施。到2006年,Google首次提出云计算的概念之后,Amazon发现云计算与自己的AWS整套技术架构无比吻合,顺势推出由现有网络服务平台AWS发展而来的弹性云计算平台(EC2)。如今Amazon已成为与Google、IBM等巨头公司并驾齐驱的云计算先行者。

Amazon是第一家将云计算作为服务出售的公司,将基础设施作为服务向用户提供。目前,AWS提供众多网络服务,大致可分为计算、存储、应用架构、特定应用和管理五大类。Amazon的主要云产品有弹性计算云(EC2)、简单存储服务(S3)、简单数据库服务(SimpleDB)、内容分发网络服务(CloudFront)、简单队列服务(SQS)、MapReduce服务、电子商务服务(DevPay,专门设计用来让开发者收取EC2或基于S3的应用程序的使用费)和灵活支付服务(FPS)等。

（1）AWS 计算服务

AWS 提供多种让企业依照需求快速扩大或缩小规模的计算实例。最常使用的 AWS 计算服务是 Amazon 弹性计算云（EC2）和 Amazon 弹性负载平衡。

最早将云计算的概念成功进行产品化并进行商业运作的是 Amazon 的 EC2 平台。EC2 是 Amazon 于 2006 年 8 月推出的一种 Web 服务。它利用其全球性的数据中心网络，为客户提供虚拟主机服务。它让用户可以在很短时间内获得虚拟机，根据需要轻松地扩展或收缩计算能力。用户只需为实际使用的计算时间付费。如果需要增加计算能力，可以快速地启动虚拟实例。

EC2 本身基于 Xen。用户可以在这个虚拟机上运行任何自己想要执行的软件或应用程序，也可以随时创建、运行、终止自己的虚拟服务器，使用多少时间算多少钱。因此这个系统是弹性使用的。

EC2 提供真正全 Web 范围的计算，很容易扩展和收缩计算资源。Amazon 还引入了弹性 IP 地址的概念，弹性口地址可以动态地分配给实例。

AWS 的弹性负载平衡（ELB）服务会在 AWS EC2 实例中自动分配应用，以达成更好的容错性和最少的人为干涉。

（2）AWS 存储服务

AWS 提供多种低价存储选项，让用户有更大的弹性。其中最受欢迎的存储选项包括 Amazon 简单存储服务（S3）、弹性块存储（EBS）及 CloudFront。

S3 是 Amazon 在 2006 年 3 月推出的在线存储服务。这种存储服务按照每个月类似租金的形式进行服务付费，同时用户还需要为相应的网络流量进行付费。亚马逊网络服务平台使用 REST 和简单对象访问协议（SOAP）等标准接口，用户可以通过这些接口访问相应的存储服务。

S3 使用一个简单的基于 Web 的界面并且使用密钥来验证用户身份。用户可直接将自己的文档放入 S3 的储存空间，并可在任何时间、任何地点，通过网址存取自己的数据，同时用户可针对不同文档设定权限。例如，对所有人公开或保密，或是针对某些使用者公开等，以确保文档的安全性。S3 不但能提供无限量的存储空间，还能大大减少企业和个人维护成本和安全费用。对于存储在 S3 中的每个对象，可以指定访问限制，可以用简单的 HTTP 请求访问对象，甚至可以让对象通过 BitTorrent（一种由 Bram Cohen 设计的端对端文件共享协议）协议下载。

S3 的存储机制主要由对象和桶组成。对象是基本的存储单位，如客户存储在 S3 的一个文件就是一个对象，Amazon 对对象存储的内容无限制，但是对对象的大小有所限制，为 5GB。桶则是对象的容器，一般以 URL 的形式出现在请求中。理论上来说，一个桶可以存储无限的对象，但是一个用户能够创建的桶是有限的，并且不能嵌套。

S3 是专为大型、非结构化的数据块设计的，同 Google 的 GFS 在一个层面。

AWS 的 EBS 服务提供了持续的 EC2 实例块层存储，有加密和自动复制的能力。Amazon 宣称 EBS 是个高可用性、高安全性的 EC2 存储补充选项。

Cloud Front 是个内容交付服务，主要面向开发者和企业。它可以配合其他的 AWS 应用来实现低延迟、高数据传输速度。Cloud Front 还可以进行快速的内容分发。

（3）AWS 数据库服务

AWS 有关系型和 NoSQL 数据库，也有内存中缓存和 PB 级规模的数据仓库。用户可以在 AWS 中以 EC2 和 EBS 运行自己的数据库。

2007 年，AWS 推出 SimpleDB。SimpleDB 是一个对复杂的结构化数据提供索引和查询等核心功能的服务。

SimpleDB 无须配置，可自动索引用户的数据，并提供一个简单的存储和访问 API，这种方式消除了管理员创建数据库、维护索引和调优性能的负担，开发者在 Amazon 的计算环境中即可使用和访问，并且容易弹性扩展和实时调整，只需付费使用。SimpleDB 可自动创建和管理分布在多个地理位置的数据副本，以此提高可用性和数据持久性。

然而，SimpleDB 在性能方面一直存在不足。RDS 是在 SimpleDB 之后推出的关系型数据库服务，它的出现主要是为 MySQL 开发者在 AWS 云上提供可用性与一致性。RDS 解决了很多 SimpleDB 中存在的问题，AWS 也进一步扩展了它的数据库支持，包括 Oracle、SQL Server 以及 PostgreSQL 等。同时，AWS 还添加了跨区域复制的功能，并支持固态硬盘（SSD）。

Amazon Redshift 是个可以辅助许多常见的商业智能工具的数据仓库服务。它提供了可以为那些以列而不是以行来存储数据的数据库所使用的柱状存储技术。

至于数据的安全性及稳定性，Amazon 表示，写入 Redshift 节点的数据会自动复制到同一集群的其他节点，所有数据都会持续备份到 S3 上。而在安全方面，Redshift 可在数据传送时使用 SSL，在主要储存区及备份数据使用硬件加速的 AES-256 加密。另外，由于应用虚拟私有云，Redshift 也能通过 VPN 通道连接企业现有的数据中心。

用户可以通过多种途径把数据上传到 Redshift，有大数据的企业可以用 AWS Direct Connect(亚马逊直接连接)设定私有网络以 1Gbit/s 或 10Gbit/s 的速度连接数据中心和亚马逊的云端服务。

(4)AWS 队列服务

2007 年 7 月,Amazon 公司推出简单队列服务(SQS)。它是一种用于分布式应用的组件之间数据传递的消息队列服务,这些组件可能分布在不同的计算机上。通过这一项服务,应用程序开发人员可以在分布式程序之间进行数据传递,而无须考虑消息丢失的问题。通过这种服务方式,即使消息的接收方没有模块启动也没有关系,服务内部会缓存相应的消息,而一旦有消息接收组件被启动运行,则队列服务将消息提交给相应的运行模块进行处理。用户必须为这种消息传递服务进行付费使用,计费的规则与存储计费规则类似,依据消息的个数以及消息传递的大小收费。

通过使用 SQS 和 Amazon 其他基础服务可以很容易地构造一个自动化工作流系统。例如,EC2 实例可以通过向 SQS 发送消息相互通信并整合工作流,还可以使用队列为应用程序构建一个自愈合、自动扩展的基于 EC2 的基础设施,可以使用 SQS 提供的身份验证机制保护队列中的消息,防止未授权的访问。

(5)云数据库服务 Aurora

Aurora 是一个面向 Amazon RDS、兼容 MySQL 的数据库引擎,结合了高端商用数据库的高速度和高可用性特性以及开源数据库的简洁和低成本。

Aurora 的性能可达 MySQL 数据库的 5 倍,且拥有可扩展性和安全性,但成本只是高端商用数据库的 1/10。Aurora 具有自动拓展存储容量、自动复制数据、自动检测故障和恢复正常等功能。

(6)AWS 网络

AWS 提供了一系列网络服务,包括连接到云端的私有网络,可扩展的 DNS 和创建逻辑隔离网络的工具。流行的网络服务包括 Amazon 虚拟私有云(VPC)和 Amazon Direct Connect 服务。

在 VPC 中,使用者可以在 AWS 内部创建虚拟网路拓扑,就像在机房规划网络环境一样。使用者可以自由地设计虚拟网路环境,包括 IP 地址范围、子网络拓扑、网络路由和网络网关等。用户可以轻易地配置需要的网络拓扑。此外,使用者可以在自己的数据中心和 VPC 之间建立 VPN 通道,将 VPC 作为数据中心的延伸。

AWS 的 Direct Connect 服务可以让用户绕过互联网而直接连接到 AWS 的云。

（7）AWS 的免费套餐

Amazon AWS 免费套餐旨在帮助用户获得 AWS 云服务的实际操作经验，用户在注册后可免费使用 12 个月。

Amazon 免费套餐所提供的免费项目很多，具体如下：

1）750h 的 Amazon EC2 Linux Micro Instance Usage（内存 613MB，支持 32bit 以及 64bit 平台。

2）750h 的 Elastic Load Balancer 以及 15GB 数据处理。

3）5GB 的 Amazon S3 标准储存空间，20000 个 Get 请求，2000 个 Put 请求。

4）10GB Amazon Elastic Block Storage，2000000 次输入/输出，1GB 快照存储。

5）30GB 的 Internet 数据传送（15GB 的数据上传以及 15GB 的数据下载）。

（8）AWS 基本架构

AWS 基本架构服务包括 S3、SimpleDB、SQS 和 EC2，覆盖了应用从建立、部署、运行、监控到卸载的整个生命周期。图 7.7 所示为 AWS 基本架构，显示的是 AWS 中主要 Web 服务之间的关系。

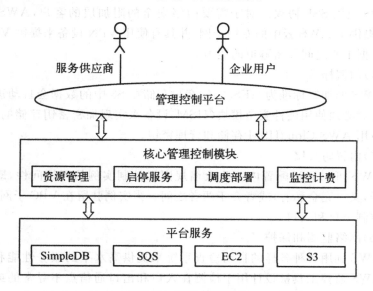

图 7.7 AWS 基本架构

7.5.1.2　安全策略

（1）容错设计

核心应用程序以一个 $N+1$ 配置被部署，从而当一个数据中心发生故障的情况下，仍有足够的能力使剩余位置的流量负载平衡。AWS 由于其多地理位置以及跨多个可用区的特点，可以让用户灵活地存放实例和存储数据。每一个可用性区域被设计成一个独立区域。

（2）安全访问

客户端接入点通常都采用 HPPS，允许用户在 AWS 内与自己的存储和计算实例建立一个安全通信会话。为了支持客户 FIPS 140-2 的要求，亚马逊虚拟私有云 VPN 端点和 AWS GovCloud（美国）中的 SSL 终端负载均衡进行操作使用 FIPS 140-2 第 2 级验证的硬件。此外，AWS 还实施了专门用于管理与互联网服务提供商的接口的通信网络设备。AWS 在 AWS 网络的每个面向互联网边缘采用一个到多个通信服务的冗余连接，每个连接都专用于网络设备。

（3）传输保护

用户可以通过 HTTP 或 HTTPS 与 AWS 接入点进行连接，HTTP 或 HTTPS 使用 SSL 协议。对于需要网络安全的附加层的客户，AWS 提供 VPC，提供了 AWS 云中的专用子网，并具有使用 VPN 设备来提供 VPC 和用户数据中心之间加密隧道的能力。

（4）加密标准

AWS 的加密标准为 AES. 256，客户存储在 S3 中的数据会自动进行加密。针对必须使用硬件安全模块（HSM）设备来实现加密密钥存储的客户，可以使用 AWS CloudHSM 存储和管理密钥。

（5）内置防火墙

AWS 可以通过配置内置防火墙规则来控制实例的可访问性，既可完全公开，又可完全私有，或者介于两者之间。当实例驻留在 VPC 子网中时，便可控制出口和入口。

（6）网络监测和保护

AWS 利用各种各样的自动检查系统来提供高水平的服务性能和可用性。AWS 监控工具被设计用于检测在入口和出口通信点不寻常的或未经授权的活动和条件。这些工具可以监控服务器和网络的使用、端口扫描活动、应用程序的使用以及未经授权的入侵企图。同时，它们还可以给异常活动设置自定义的性能指标阈值。AWS 网络提供应对传统网络安全问题的有效保护，并可以实现进一步的保护。

（7）账户安全与身份认证

Amazon 使用的是 AWS 账户,AWS 的 IAM 允许客户在一个 AWS 账户下建立多个用户,并独立地管理每个用户的权限。当访问 Amazon 服务或资源时,只需要使用 AWS 账户下的某个用户即可。

（8）账户复查和审计

账户每隔 90 天审查一次,明确的重新审批要求或对资源的访问被自动撤销。当一个员工的记录在 Amazon 的人力资源系统被终止时,它对 AWS 的访问权限也将被自动取消。在访问中的变化请求都会被 Amazon 权限管理工具审计日志捕获。当员工的工作职能发生改变,继续访问资源时必须明确获得批准,否则将被自动取消。

（9）EC2 的安全措施

在 EC2 中,安全保护包括宿主操作系统安全、客户操作系统安全、防火墙和 API 保护。宿主操作系统安全基于堡垒主机和权限提升。客户操作系统安全基于客户对虚拟实例的完全控制,利用基于 Token 或密钥的认证来获取对非特权账户的访问。在防火墙方面,使用默认拒绝模式,使得网络通信可以根据协议、服务端口和源口地址进行限制。API 保护指所有 API 调用都需要 X.509 证书或客户的 Amazon 秘密接入密钥的签名,并且能够使用 SSL 进行加密。此外,在同一个物理主机上的不同实例通过使用 Xen 监督程序进行隔离,并提供对抗分布式拒绝服务攻击、中间人攻击和对欺骗的保护。

（10）SimpleDB 的安全措施

在 SimpleDB 中,提供 Domain-level 的访问控制,基于 AWS 账户进行授权。一旦认证之后,订购者具有对系统中所有用户操作的完全访问权限,SimpleDB 服务也通过 SSL 加密访问。

（11）S3 的安全措施

通过 SSL 加密来防止传输的数据被拦截,并允许用户在上传数据之前进行加密等。具体来讲如下:

1）账户安全访问 Amazon 服务或资源时,只需要使用 AWS 账户下的某个用户,而不需要使用拥有所有权限的 SWA 账户。除传统的用户名和密码验证措施外,Amazon 提供多因子认证（MFA）,即可以为 AWS 账户或其下的用户匹配一个硬件认证设备,使用该设备提供的一次性密码（6 位数字）来登录,这样,除验证用户名和密码之外,还验证了用户所拥有的设备。

2）访问控制 S3 提供的对象和桶级的两种访问控制各自独立实现,它们有各自独立的访问控制列表,在默认情况下,只有对象/桶的创建者才有权限访问它们。当然用户可以授权给其他 AWS 账户或使用 IAM 创建的用户，被授权的用户将被添加到访问控制列表中。S3 提供 REST 或 SOAP 请求来访问对象，客户在构造 URL 的过程中，为了证明自己的身份并且防止请求在传输过程中被篡改，需要在请求中提供签名。S3 使用 HMAC-SHA1，摘要长度为 160 位。至于使用的密钥，Amazon 则在用户注册时分发。

3）数据安全传输在数据传输过程中，用户能够使用 SSL 来保护自己的数据在传输过程中的安全性。对于敏感数据，用户能以加密的形式存储在 S3 上。S3 提供客户端加密与服务器端加密两种加密方式。这两种方式的区别在于密钥由谁来掌管，如果用户信任 S3，则可以选择使用服务器端加密，这种方式下的加密密钥由 S3 保管，在用户需要取回数据时，解密操作也由 S3 来负责。如果用户选择在上传数据之前进行加密，即选取使用 S3 客户端加密，其好处在于密钥由用户自己保管，杜绝数据在云服务商处被泄露的可能，但同时客户端需要保证具有良好的密钥管理机制。

4）数据保护存储在 S3 中的数据会被备份到多个节点上，即 S3 维护着一份数据的多个副本，这样保证即使某些服务器出现故障，用户数据仍然是可用的。这种机制增加了数据同步的时间开销，导致用户在对对象做出更新等操作后立即读取到的可能还是旧的内容，但却保证了数据的安全性与一致性。

为了在数据的上传、存储以及下载各阶段保证数据的完整性，用户可以在上传数据的时候指定其 MD5 校验值，以供 S3 在接收完数据之后判断传输中是否发生任何错误。而当数据成功地存储到 S3 存储节点之后，S3 则混合使用 MD5 校验和与循环冗余校验机制来检测数据的完整性，并使用正确的副本来修复损坏的数据。

7.5.2 谷歌云

Google 在云计算方面一直走在世界前列，是当前最大的云计算使用者。Google 的云计算技术实际上是针对 Google 特定的网络应用程序而定制的。针对内部网络数据规模超大的特点，Google 提出一整套云计算解决方案。从 2003 年开始，Google 连续在计算机系统研究领域的顶级会议上发表论文，揭示其内部的分布式数据处理方法，向外界展示其使用的云计算核心技术。

Google 的云计算基础架构是由很多相互独立又紧密结合在一起的系统构成的，主要包括分布式处理技术（MapReduce）、分布式文件系统（GFS）、非结构化存储系统（BigTable）及分布式的锁机制（Chubby）。由于

Google 公开其核心技术,使得全球的技术开发人员能够根据相应的文档构建开源的大规模数据处理云计算基础设施,其中最有名的项目是 Apache 旗下的 Hadoop 项目。

作为最大的云计算技术的使用者,Google 搜索引擎所使用的是分布在 200 多个节点、超过 100 万台的服务器的支撑上建立起来的 Google 云计算平台,而且其服务器设施的数量还在迅速增加。Google 已经发布的云应用有 Google Docs、Google Apps 和 Google Sites 等。

Google App Engine 是 Google 在 2008 年 4 月发布的一个平台。Google App Engine 为开发者提供一体化主机服务器及可自动升级的在线应用服务。用户编写的应用程序可以在 Google 的基础架构上部署和运行,而且 Google 提供应用程序运行及维护所需要的平台资源。但 Google App Engine 要求开发者使用 Python、Java 或 G0 语言来编程,而且只能使用一套限定的 API。因此,大多数现存的 Web 应用程序,若未经修改均不能直接在 Google App Engine 上运行。Google ADP Engine 是功能比较单一的云服务产品。直到 2012 年,Google 正式对外推出自己的包括 Google Cloud Storage 和 Google Big Query 等服务的基础架构服务 Google Compute Engine。它可以支持用户使用 Google 的服务器来运行 Linux 虚拟机,进而得到更强大的计算能力。

Google Apps 是 Google 企业应用套件,使用户能够处理数量日渐庞大的信息,随时随地保持联系,并可与其他客户和合作伙伴进行沟通、共享和协作。它集成了 Gmail、GoogleTalk、Google 日历、Google Docs、最新推出的云应用 Google Sites、API 扩展以及一些管理功能,包含通信、协作与发布、管理服务三方面的应用。

Google Sites 作为 Google Apps 的一个组件出现。它是一个侧重团队协作的网站编辑工具,可利用它创建一个各种类型的团队网站,通过 Google Sites 可将所有类型的文件包括文档、视频、相片、日历及附件等与好友、团队或整个网络分享。

2006 年 10 月,Google 公司通过对 Writdy 和 Spreadsheets 服务整合,推出在线办公软件服务 Google 文档(Google Docs)。Google Docs 是最早推出的软件即服务思想的典型应用。

Google 是世界上最大的互联网服务提供商,谷歌的核心业务是搜索引擎,近年来,正向互联网应用的各个领域渗透,如博客、电子邮件及文档协同编辑。由 Google 公司研发的 Google Docs 产品尤为引人注目。在桌面办公工具软件领域,谷歌向微软 Office 发起挑战,Google 使用 SaaS 挑战传统软件行业。

Google Docs 是一套类似于微软 Office 的、开源的、基于 Web 的在线办公软件。它可以处理和搜索文档、表格及幻灯片等。Google Docs 云计算服务方式，比较适合多个用户共享以及协同编辑文档。使用 Google Docs 可提高协作效率，多用户可同时在线更改文件，并可以实时看到其他成员所做的编辑。用户只需一台接入互联网的计算机和可以使用 Google 文件的标准浏览器即可。在线创建和管理、实时协作、权限管理、共享、搜索能力、修订历史记录功能以及随时随地访问的特性，大大提高了文件操作的共享和协同能力。

在 Google Docs 中，文件还可以方便地从谷歌文件中导入和导出。若要操作计算机上现有文件，只需上传该文档，并从上次中断的地方继续即可，要离线使用文档或将其作为附件发送，只需要在你的计算机上保存一份文件副本即可。用户还可以选择需要的任意格式发送，无论是上传还是下载文件，所有的格式都会予以保留。使用谷歌文件就像使用谷歌的其他网络服务一样，无须下载或安装其他软件，只需要把计算机接入互联网即可使用。

以下是 Google 文档的安全问题及措施。

7.5.2.1 安全问题

在充分认识 Google Docs 所带来效率和优势的同时，也要看到 Google Docs 仍面临着如下诸多风险和挑战：

1）信息安全难以充分保障。大多数个人用户对 Google 是信任的，可以将个人的敏感数据放在 Google 的服务器上。然而，对于企业用户来说，一个企业是否会将关系到本企业的核心机密放在第三方的服务器上？Google 是否对于网络安全和在线托管有足够的经验？如果出现数据丢失情况，Google 将如何赔偿？这些方面的问题都还有待考量。

2）如果用户数据被非法操作，致使数据修改或删除，导致用户数据丢失，这无疑会对用户造成损失。

3）数据存储的透明度。互联网遍布全球，数据的存储位置不确定，如果发生法律纠纷，不同国家和不同区域的管理规则不同，处理起来比较棘手。

4）Google Docs 能否带来持久的服务。如果 Google Docs 暂时出现故障或者长时间无法使用，给用户带来的损失是难以估计的。

7.5.2.2 安全策略

针对 Google Docs 存在的安全与隐私问题，目前已有如下安全策略：

1）身份认证。目前，Google Docs 用户的身份认证主要还是用户名和密码，这使得越来越多的黑客攻击从最终用户下手，因此，基于端到端的安全理念,可以在硬件层面中加强身份认证。例如,采用指纹认证或其他生物特征识别技术,来提高安全级别。另外,用户级别的权限要进行严格的设置。

2)数据加密。存放在云端的数据,如果是隐私或机密级别较高要慎重考虑。确认是否存储在云端。存储在云端的数据在数据存储管理和计算的各个环节中要采用严格的数据加密,防止数据被窃取。

3)加强对数据中心的管理,确保所有用户可以随时使用数据,出现故障时,以尽可能短的时间恢复正常,并且数据不会丢失。此外,还要保证每次对数据实施的增、删、改等操作都有记录,以便出现问题时有记录可循。

4)制订灾难恢复策略。用户需要与云服务提供商进行协调,制订灾难恢复计划,主要包括业务恢复计划、系统应急计划、灾难恢复实施计划以及各方对计划的认可,以便在发生意外期间,能够在尽量不中断运行的情况下,将所有任务和业务的核心部分转移到备用节点。

7.5.3　阿里云

阿里云成立于 2009 年 9 月,致力于打造云计算的基础服务平台,注重为中小企业提供大规模、低成本和高可靠的云计算应用及服务。飞天开放平台是阿里云自主研发完成的公共云计算平台。该平台所推出的第一个云服务是弹性计算服务(ECS)。随后阿里云又推出了开放存储服务(OSS)、关系型数据库服务(RDS)、开放结构化数据服务(OTS)、开放数据处理服务(ODPS),并基于弹性计算服务提供了阿里云服务引擎(ACE)作为第三方应用开发和 Web 应用运行及托管的平台。

7.5.3.1　数据安全

阿里云的云服务运行在一个多租户、分布式的环境,而不是将每个用户的数据隔离到一台机器或一组机器上。这个环境是由阿里云自主研发的大规模分布式操作系统"飞天"将成千上万台分布在各个数据中心、拥有相同体系结构的机器连接而成的。

(1)访问与隔离

阿里云通过 ID 对 Access Id 和 Access Key 安全加密以实现对云服务用户的身份验证。阿里云运维人员访问系统时,需经过集中的组和角色管理系统来定义和控制其访问生产服务的权限。每个运维人员都有自己的唯一身份,经过数字证书和动态令牌双重认证后通过 SSH 连接到安全代理进行操作,所有登录和操作过程均被实时审计。

阿里云通过安全组实现不同用户间的隔离需求,安全组通过一系列数据链路层和网络层访问控制技术实现对不同用户虚拟化实例的隔离以及对 ARP 攻击和以太网畸形协议访问的隔离。

(2)存储与销毁

客户数据可以存储在阿里云所提供的"盘古"分布式文件系统或"有巢"分布式文件系统中。从云服务到存储栈,每一层收到的来自其他模块的访问请求都需要认证和授权。内部服务之间的相互认证是基于 Kerberos 安全协议来实现的,而对内部服务的访问授权是基于能力(Capability)的访问控制机制来实现的。内部服务之间的认证和授权功能由云平台内置的安全服务来提供。

阿里云的云服务生产系统会自动消除原有物理服务器上硬盘和内存数据,使得原用户数据无法恢复。对于所有外包维修的物理硬盘均采用消磁操作,消磁过程全程视频监控并长期保留相关记录。阿里云定期审计硬盘擦除记录和视频证据以满足监控合规要求。

7.5.3.2 访问控制

为了保护客户和自身的数据资产安全,阿里云采用一系列控制措施,以防止未经授权的访问。

(1)认证控制

阿里云每位员工拥有唯一的用户账号和证书,这个账号作为阻断非法外部连接的依据,而证书则是作为抗抵赖工具用于每位员工接入所有阿里云内部系统的证明。阿里云密码系统强制策略用于员工的密码或密钥,包括密码定期修改频率、密码长度、密码复杂度和密码过期时间等。对生产数据及其附属设施的访问控制除去采用单点登录外,均强制采用双因素认证机制。

(2)授权控制

访问权限及等级是基于员工工作的功能和角色,最小权限和职责分离是所有系统授权设计的基本原则。例如根据特殊的工作职能,员工需要被授予权限访问某些额外的资源,则依据阿里云安全政策规定进行申请和审批,并得到数据或系统所有者、安全管理员或其他部门批准。所有批准的审计记录均记录于工作流平台,平台内控制权限设置的修改和审批过程的审批政策确保一致。

(3)审计

所有信息系统的日志和权限审批记录均采用碎片化分布式离散存储技术进行长期保存,以供审计人员根据需求进行审计。

7.5.3.3　基础安全

（1）云安全服务

阿里云为广大云平台用户推出基于云计算架构设计和开发的云盾海量防 DDoS 清洗服务，对构建在云服务器上的网站提供网站端口安全检测、网站 Web 漏洞检测、网站木马检测三大功能的云盾安全体检服务。

（2）漏洞管理

阿里云在漏洞发现和管理方面具备专职团队，主要责任是发现、跟踪、追查和修复安全漏洞，并对每个漏洞进行分类、严重程度排序和跟踪修复。漏洞安全威胁检查主要通过自动和手动的渗透测试、质量保证流程、软件的安全性审查、审计和外部审计工具进行。

（3）网络安全

阿里云采用多层防御体系，以保护网络边界面临的外部攻击。阿里云网络安全策略主要包括：①控制网络流量和边界，使用行业标准的防火墙和 ACL 技术对网络进行强制隔离；②网络防火墙和 ACL 策略的管理，包括变更管理、同行业审计和自动测试；③使用个人授权限制设备对网络的访问；④通过自定义的前端服务器定向所有外部流量的路由，可帮助检测和禁止恶意的请求；⑤建立内部流量汇聚点，帮助更好地实行监控。

（4）传输层安全

阿里云提供的很多服务都采用安全的 HTTPS。通过 HTTPS，信息在阿里云端到接收者计算机实现加密传输。

7.5.4　绿盟科技云

北京神州绿盟信息安全科技股份有限公司（简称绿盟科技）成立于 2000 年 4 月，总部位于北京，在国内外设有 30 多个分支机构，为政府、运营商、金融、能源、互联网、教育、医疗等行业用户，提供具有核心竞争力的安全产品及解决方案，帮助用户实现业务的安全顺畅运行。基于多年的安全攻防研究，绿盟科技在网络及终端安全、互联网基础安全、合规及安全管理等领域，为用户提供入侵检测/防护、抗拒绝服务攻击、远程安全评估以及 Web 安全防护等产品以及专业安全服务。

北京神州绿盟信息安全科技股份有限公司于 2014 年 1 月 29 日起在深圳证券交易所创业板上市交易，股票简称为“绿盟科技”，股票代码为 300369。

7.5.4.1 绿盟科技云安全防护总体架构设计

云安全防护设计应充分考虑云计算的特点和要求,基于对安全威胁的分析,明确各方面的安全需求,充分利用现有的、成熟的安全控制措施,结合云计算的特点和最新技术进行综合考虑和设计,以满足风险管理要求、合规性的要求,保障和促进云计算业务的发展和运行。

(1)设计思路

在进行方案设计时,将遵循以下思路:

1)保障云平台及其配套设施。云计算除了提供 IaaS、PaaS、SaaS 服务的基础平台外,还有配套的云管理平台、运维管理平台等。要保障云的安全,必须从整体出发,保障云承载的各种业务、服务的安全。

2)基于安全域的纵深防护体系设计。对于云计算系统,仍可以根据威胁、安全需求和策略的不同,划分为不同的安全域,并基于安全域设计相应的边界防护策略、内部防护策略,部署相应的防护措施,从而构造纵深的防护体系。当然,在云平台中,安全域的边界可能是动态变化的,但通过相应的技术手段,可以做到动态边界的安全策略跟随,持续有效地保证系统的安全。

3)以安全服务为导向,并符合云计算的特点。云计算的特点是按需分配、资源弹性、自动化、重复模式,并以服务为中心。因此,对于安全控制措施选择、部署、使用来说,必须满足上述特点,即提供资源弹性、按需分配、自动化的安全服务,满足云计算平台的安全保障要求。

4)充分利用现有安全控制措施及最新技术。在云计算环境中,还存在传统的网络、主机等,同时,虚拟化主机中也有相应的操作系统、应用和数据,传统的安全控制措施仍旧可以部署、应用和配置,充分发挥防护作用。另外,部分安全控制措施已经具有了虚拟化版本,也可以部署在虚拟化平台上,对虚拟化平台中的内容进行检测、防护。

5)充分利用云计算等最新技术。信息安全措施/服务要保持安全资源弹性、按需分配的特点,也必须运用云计算的最新技术,如 SDN、NFV 等,从而实现按需、简洁的安全防护方案。

6)安全运营。随着云平台的运营,会出现大量虚拟化安全实例的增加和消失,需要对相关的网络流量进行调度和监测,对风险进行快速的监测、发现、分析及相应管理,并不断完善安全防护措施,提升安全防护能力。

(2)安全保障目标

通过人员、技术和流程要素,构建安全监测、识别、防护、审计和响应的综合能力,有效抵御相关威胁,将云平台的风险降低到企业可接受的程度,并满足法律、监管和合规性要求,保障云计算资源服务的安全。

（3）安全保障体系框架

云平台的安全保障可以分为管理和技术两个层面。首先,在技术方面,需要按照分层、纵深防御的思想,基于安全域的划分,从物理基础设施、虚拟化、网络、系统、应用、数据等层面进行综合防护;其次,在管理方面,应对云平台、云服务、云数据的整个生命周期、安全事件、运行维护和监测、度量和评价进行管理。云平台的安全保障体系框架如图7.8所示。

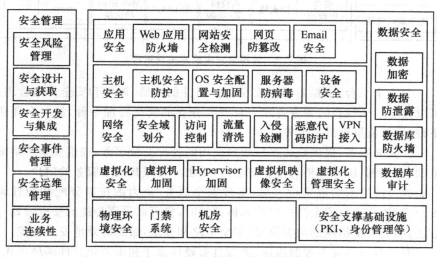

图7.8 云平台安全保障体系框架

由于云计算具有资源弹性、按需分配、自动化管理等特点,为了保障其安全性,就要求安全防护措施/能力也具有同样的特点,满足云计算安全防护的要求,这就需要进行良好的安全框架设计。

（4）安全保障体系总体技术实现架构设计

云计算平台的安全保障技术体系不同于传统系统,它必须实现和提供资源弹性、按需分配、全程自动化的能力,不仅仅为云平台提供安全服务,还必须为租户提供安全服务,因此需要在传统的安全技术架构基础上,实现安全资源的抽象化、池化,提供弹性、按需和自动化部署能力。

1）总体技术实现架构。充分考虑云计算的特点和优势以及最新的安全防护技术发展情况,为了达成提供资源弹性、按需分配的安全能力,云平台的安全技术实现架构如图7.9所示。

各主要组成部分及其功能如下。

①安全资源池:可以由传统的物理安全防护组件、虚拟化安全防护组件组成,提供基础的安全防护能力。

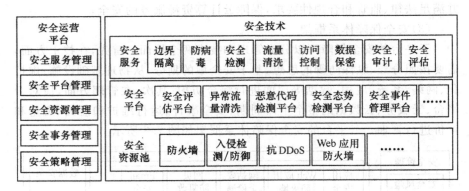

图 7.9 云平台安全技术实现架构

②安全平台：提供对基础安全防护组件的注册、调度和安全策略管理。可以设立一个综合的安全管理平台或者分立的安全管理平台，如安全评估平台、异常流量检测平台等。

③安全服务：提供给云平台租户使用的各种安全服务，提供安全策略配置、状态监测、统计分析和报表等功能，是租户管理其安全服务的门户。

通过此技术实现架构，可以实现安全服务/能力的按需分配和弹性调度。当然，在进行安全防护措施具体部署时，仍可以采用传统的安全域划分方法，明确安全措施的部署位置、安全策略和要求，做到有效地安全管控。

对于具体的安全控制措施，通常具有硬件盒子和虚拟化软件两种形式，可以根据云平台的实际情况进行部署方案选择。

2）与云平台体系架构的无缝集成。云平台的安全防护措施可以与云平台体系架构有机地集成在一起，对云平台及云租户提供按需的安全能力。具有安全防护机制的云平台体系架构如图 7.10 所示。

3）工程实现。云平台的安全保障体系最终落实和实现应借鉴工程化方法，严格落实"三同步"原则，在系统规划、设计、实现、测试等阶段落实相应的安全控制，实现安全控制措施与云计算平台的无缝集成，同时做好运营期的安全管理，保障虚拟主机/应用/服务实例创建的同时，同步部署相应的安全控制措施，并配置相应的安全策略。

7.5.4.2 云平台安全域划分和防护设计

安全域是由一组具有相同安全保护需求并相互信任的系统组成的逻辑区域，在同一安全域中的系统共享相同的安全策略，通过安全域的划分把一个大规模复杂系统的安全问题化解为更小区域的安全保护问题，安全域划分是实现大规模复杂信息系统安全保护的有效方法。安全域划分是按照安全域的思想,以保障云计算业务安全为出发点和立足点,把网络系统划分为不同安全区域,并进行纵深防护。

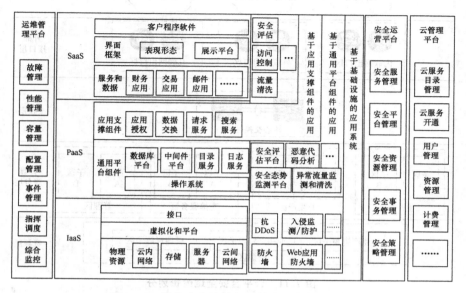

图7.10 具有安全防护机制的云平台体系架构

对于云计算平台的安全防护,需要根据云平台安全防护技术实现架构,选择和部署合理的安全防护措施,并配置恰当的策略,从而实现多层、纵深防御,才能有效地保证云平台资源及服务的安全。

(1)安全域划分

1)安全域划分的原则。

业务保障原则:安全域方法的根本目标是能够更好地保障网络上承载的业务。在保证安全的同时,还要保障业务的正常运行和运行效率。

结构简化原则:安全域划分的直接目的和效果是将整个网络变得更加简单,简单的网络结构便于设计防护体系。比如,安全域划分并不是粒度越细越好,安全域数量过多过杂可能导致安全域的管理过于复杂和困难。

等级保护原则:安全域划分和边界整合遵循业务系统等级防护要求,使具有相同等级保护要求的数据业务系统共享防护手段。

生命周期原则:对于安全域的划分和布防不仅仅要考虑静态设计,还要考虑云平台扩容及因业务运营而带来的变化,以及开发、测试及后期运维管理要求。

2)安全域的逻辑划分。按照纵深防护、分等级保护的理念,基于云平台的系统结构,其安全域的逻辑划分如图7.11所示。

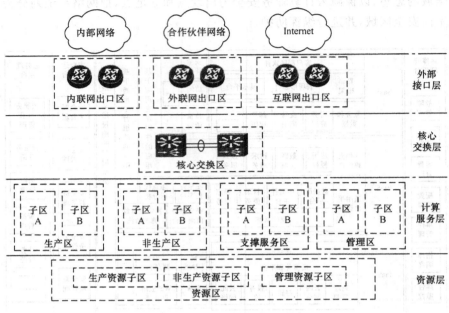

图 7.11 云平台安全域逻辑划分

按照防护的层次，从外向内可分为外部接口层、核心交换层、计算服务层、资源层。根据安全要求和策略的不同，每一层再分为不同的区域。对于不同的区域，可以根据实际情况再细分为不同的区域。例如，根据安全等级保护的要求，对于生产区可以再细分为一级保护生产区、二级保护生产区、三级保护生产区、四级保护生产区，或者根据管理主体的不同，也可细分为集团业务生产区、分支业务生产区。

对于实际的云计算系统，在进行安全域划分时，需要根据系统的架构、承载的业务和数据流、安全需求等情况，按照层次化、纵深防御的安全域划分思想，进行科学、严谨的划分，不可死搬硬套。

3）安全域的划分示例。根据某数据中心的实际情况及安全等级防护要求，安全域划分如图 7.12 所示。

互联网接入区：主要包括接入交换机、路由器、网络安全设备等，负责实现与 163、169、CMNET 等互联网的互联。

内联网接入区：主要包括接入交换机、路由器、网络安全设备等，负责实现与组织内部网络的互联。

广域网接入区：主要包括接入交换机、路由器、网络安全设备等，负责与本组织集团或其他分支网络的接入。

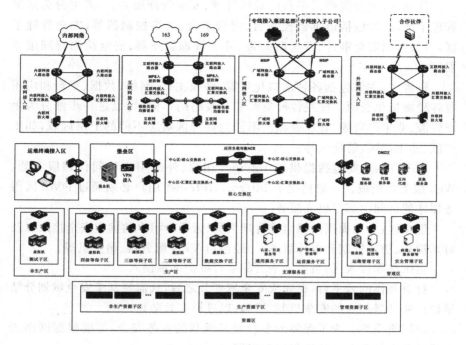

图 7.12　安全域划分示例

外联网接入区：主要包括接入交换机、路由器、网络安全设备等，负责本组织第三方合作伙伴网络的接入。

核心交换区：由支持虚拟交换的高性能交换机组成，负责整个云计算系统内部之间、内部与外部之间的通信交换。

生产区：主要包括一系列提供正常业务服务的虚拟主机、平台及应用软件，使提供 IaaS、PaaS、SaaS 服务的核心组件。根据业务主体、安全保护等级的不同，可以进行进一步细分。例如，可以根据保护等级的不同，细分为四级保护子区、三级保护子区、二级保护子区。另外，为了保证不同生产子区之间的通信，可以单独划分一个负责交换的数据交换子区。

非生产区：非生产区主要是为系统开发、测试、试运行等提供的逻辑区域。根据实际情况，非生产区一般可分为系统开发子区、系统测试子区、系统试运行子区。

支撑服务区：该区域主要为云平台及其组件提供共性的支撑服务，通常按照所提供的功能的不同，可以细分为通用服务子区，一般包括数字证书服务、认证服务、目录服务等；运营服务子区，一般包括用户管理、业务服务管理、服务编排等。

管理区：主要提供云平台的运维管理、安全管理服务，一般可分为运维管理子区，一般包括运维监控平台、网管平台、网络控制器等；安全管理子区，一般包括安全审计、安全防病毒、补丁管理服务器、安全检测管理服务器等。

资源区：主要包括各种虚拟化资源，涉及主机、网络、数据、平台和应用等各种虚拟化资源。按照各种资源安全策略的不同，可以进一步细分为生产资源、非生产资源、管理资源。不同的资源区对应不同的上层区域，如生产区、非生产区、管理区等。

DMZ 区：主要包括提供给 Internet 用户、外部用户访问代理服务器、Web 服务器组成。一般情况下 Internet、Intranet 用户必须通过 DMZ 区服务器才能访问内部主机或服务。

堡垒区：主要提供内部运维管理人员、云平台租户的远程安全接入以及对其授权、访问控制和审计服务，一般包括 VPN 服务器、堡垒机等。

运维终端接入区：负责云平台的运行维护终端接入。

针对具体的云平台，在完成安全域划分之后，就需要基于安全域划分结果设计和部署相应的安全机制、措施，以进行有效防护。

4)网络隔离。为了保障云平台及其承载的业务安全，需要根据网络所承载的数据种类及功能进行单独组网。

管理网络：物理设备是承载虚拟机的基础资源，其管理必须得到严格控制，所以应采用独立的带外管理网络来保障物理设备管理的安全性。同时各种虚拟资源的准备、分配、安全管理等也需要独立的网络，以避免与正常业务数据通信的相互影响，因此设立独立的管理网络来承载物理、虚拟资源的管理流量。

存储网络：对于数据存储，往往采用 SAN、NAS 等区域数据网络来进行数据的传输，因此也将存储网络独立出来，并与其他网络进行隔离。

迁移网络：虚拟机可以在不同的云计算节点或主机间进行迁移，为了保障迁移的可靠件，需要将迁移网络独立出来。

控制网络：随着 SDN 技术的出现，数据平面和数据平面数据出现了分离。控制平面非常重要，关乎整个云平台网络服务的提供，因此建议组建独立的控制网络，保障网络服务的可用性、可靠性和安全性。

上面所述适用于一般情况，针对具体的应用场景，也可以根据需要划分其他独立的网络。

(2)安全防护设计

云计算系统具有传统 IT 系统的一些特点，从上面的安全域划分结果可以看到，其在外部接口层、核心交换层的安全域划分是基本相同的，针对这些传统的安全区域仍旧可以采用传统的安全措施和方法进行安全防护，如图 7.13 所示。

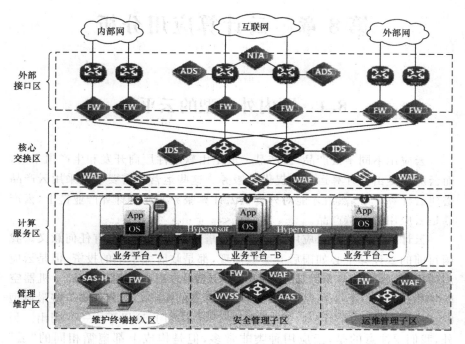

图 7.13　传统安全措施的部署

从上面的安全域划分结果可以看到，相对于传统的网络与信息系统来说，云平台由于采用了虚拟化技术，在计算服务层、资源层的安全域划分与传统 IT 系统有所不同，这主要体现在虚拟化部分，即生产区、非生产区、管理区、支撑服务区、堡垒区、DMZ 区等。

第8章 云计算应用分析

8.1 国内外典型的云平台

云应用不同于云产品,云产品一般是由软硬件厂商开发和生产出来的,而云应用是由云计算运营商提供的服务。这些运营商需要事先采用云产品搭建云计算中心,然后才能对外提供云计算服务。在云计算产业链上,云产品是云应用的上游产品。

云计算的目的是云应用,离开应用,搭建云计算中心没有任何意义。我国目前的云计算中心如雨后春笋般涌现,都是政府大手笔的投资,但是云应用却很少,所以有专家惊呼"云计算并不是绿色 IT,其能耗更高"。机器空转,没有产能输出,当然是无谓地浪费了更多的能耗。本章列举一些最典型的云应用例子,各个行业内部使用的"云"五花八门,这里不再一一列出。另外,我们要注意的是,云应用种类非常多,但是构成上都遵循相同的"云""管""端"的结构,在"端"的表现尽量要单一且要标准化,典型的云终"端"就是在用户手持设备上安装一个 App 而已。

云应用的第二个特点就是具备某种程度的智能性,在一定的基础数据上做大数据分析,从而表现为一定程度的人文关怀,而不是冷冰冰的机器。我们只有俯视它,才能很好地理解各种云应用;如果仰视,你就落入世俗的套路了。

从当前国内形势看,云计算已经成为下一代的技术发展趋势,国内互联网是否能把握先机呢? 2012 年是云计算在中国成为主流的一年,越来越多的企业开始落地云计算,越来越多的用户也开始使用基于云的服务。比如国内著名互联网巨头腾讯、百度、阿里巴巴,国外的谷歌、亚马逊、微软都纷纷部署云计算平台。

8.1.1 国内知名的云平台

8.1.1.1 阿里云

2015 年 11 月,阿里云将旗下云 OS、云计算、云存储、大数据和云网络 5

项服务整合为统一的"飞天"平台,如图 8.1 所示。在"飞天"平台上,企业能够同时开展互联网和移动互联网业务。

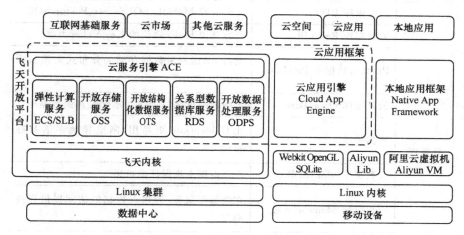

图 8.1 阿里云"飞天"平台

作为全球领先的云计算厂商,阿里云提供云服务器 ECS、关系型数据库服务 RDS、对象存储服务 OSS、内容分发网络 CDN 等众多产品和服务。阿里云提供的云计算基础服务见表 8.1。

表 8.1 云计算基础服务

产品名称	服务	功能描述
弹性计算	云服务器 ECS	可弹性扩展,安全、稳定、易用的计算服务
	专有网络 VPC	帮用户轻松构建逻辑隔离的专有网络
	弹性伸缩	自动调整弹性计算资源的管理服务
	资源编排	批量创建、管理、配置云计算资源
	高性能计算 HPC	加速深度学习、渲染和科学计算的 GPU 物理机
	块存储	可弹性扩展、高性能、高可靠的块级随机存储
	负载均衡	对多台云服务器进行流量分发的负载均衡服务
	E-MapReduce	基于 Hadoop/Spark 的大数据处理分析服务
	容器服务	应用全生命周期管理的 Docker 服务

产品名称	服务	功能描述
数据库	云数据库 RDS	完全兼容 MySQL、SQLServer、PostgreSQL
	云数据库 Redis 版	兼容开源 Redis 协议的 Key-Value 类型
	PB 级云数据库 PetaData	支持 PB 级海量数据存储的分布式关系型数据库
	云数据库 OceanBase	金融级高可靠、高性能、分布式 A 研数据库
	数据传输	比 GoldenGate 更易用,阿里异地多活基础架构
	云数据库 MongoDB 版	三节点副本集保证高可用
	云数据库 Memcache 版	在线缓存服务,为热点数据的访问提供高速响应
	云数据库 Greenplum 版	兼容开源 Greenplum 协议的 MPP 分布式 OLAP
	分析型数据库	海量数据实时高并发在线分析服务
	数据管理	比 phpMyAdmin 更强大,比 Navicat 更易用
存储与 CDN	对象存储 OSS	海量、安全和高可靠的云存储服务
	文件存储	无限扩展、多共享、标准文件协议的文件存储服务
	归档存储	海量数据的长期归档、备份服务
	块存储	可弹性扩展、高性能、高可靠的块级随机存储
	表格存储	高并发、低延时、无限容量的 NoSQL 数据存储服务
	CDN	跨运营商、跨地域全网覆盖的网络加速服务
网络	负载均衡	对多台云服务器进行流量分发的负载均衡服务
	高速通道	高速稳定的 VPC 互联和专线接入服务
	NAT 网关	支持 NAT 转发、共享带宽的 VPC 网关
	专有网络 VPC	帮用户轻松构建逻辑隔离的专有网络
	CDN	跨运营商、跨地域全网覆盖的网络加速服务

续表

产品名称	服务	功能描述
管理与监控	云监控	指标监控与报警服务
	资源编排	批量创建、管理、配置云计算资源
	密钥管理服务	安全、易用、低成本的密钥管理服务
	访问控制	管理多因素认证、子账号与授权、角色与 STS 令牌
	操作审计	详细记录控制台和 API 操作
应用服务	日志服务	针对日志收集、存储、查询和分析的服务
	性能测试	性能云测试平台,帮用户轻松完成系统性能评估
	API 网关	高性能、高可用的 API 托管服务,低成本开放 API
	消息服务	大规模、高可靠、高并发访问和超强消息堆积能力
	开放搜索	结构化数据搜索托管服务
	邮件推送	事务/批量邮件推送,验证码/通知短信服务
	物联网套件	帮助用户快速搭建稳定可靠的物联网应用
互联网中间件	企业级分布式应用服务 EDAS	以应用为中心的中间件 PaaS 平台
	分布式关系型数据库服务 DRDS	水平拆分/读写分离的在线分布式数据库服务
	业务实时监控服务 ARMS	端到端一体化实时监控解决方案产品
	消息队列	阿里中间件自主研发的企业级消息中间件
	云服务总线 CSB	企业级互联网能力开放平台
移动服务	移动数据分析	移动应用数据采集、分析、展示和输出服务
	HTTPDNS	移动应用域名防劫持和精确调度服务
	移动推送	移动应用通知与消息推送服务
	移动加速	移动应用访问加速

产品名称	服务	功能描述
视频服务	媒体转码	为多媒体数据提供转码计算服务
	视频直播	低延迟、高并发的音视频直播服务
	视频点播	安全、弹性、高可定制的点播服务

阿里云提供的大数据(数加)服务见表8.2。

表8.2　大数据(数加)服务

产品名称	服务
数据应用	推荐引擎、公众趋势分析、数据集成、移动数据分析、数据市场相关API及应用
数据分析展现	DataV数据可视化、Quick BI、画像分析、郡县图治
人工智能	机器学习、智能语音交互、印刷文字识别、人脸识别、通用图像分析、电商图像分析、机器翻译
大数据基础服务	大数据开发套件、大数据计算服务、分析型数据库、批量计算

阿里云提供的安全(云盾)服务见表8.3。

表8.3　安全(云盾)服务

产品名称	服务
防御	服务器安全(安骑士)、Web应用防火墙(网络安全)、加密服务(数据安全)、数据风控(业务安全)、移动安全、数据安全险(安全服务)、DDoS高防口(网络安全)、安全管家(安全服务)、绿网(内容安全)、CA证书服务(数据安全)、合作伙伴产品中心
检测	态势感知(大数据安全)、先知(安全情报)

阿里云提供的域名与网站(万网)见表8.4。

表8.4 域名与网站(万网)

产品名称	服务
域名注册	.com、.xin、.cn、.net
域名交易与转入	域名交易、域名转入
域名解析	云解析 DNS、移动解析 HTTPDNS
云虚拟主机	独享云虚拟主机、共享云虚拟主机、弹性 Web 托管
网站建设	模板建站、企业官网、商城网站
阿里邮箱	企业邮箱、邮件推送

8.1.1.2 百度云

百度云是百度基于 16 年技术累积提供的稳定、高可用、可扩展的云计算服务,面向各行业企业用户,提供完善的云计算产品和解决方案,帮助企业快速创新发展。融合百度强大人工智能技术的百度云,将在"云计算、大数据、人工智能"三位一体的战略指导下,让智能的云计算成为社会发展的新引擎。2016 年 10 月 11 日,百度云计算完成品牌升级。升级后,面向企业的"百度开放云"平台正式使用"百度云"品牌,原有的"百度云"使用"百度网盘"品牌。百度开放云的基础架构如图 8.2 所示。

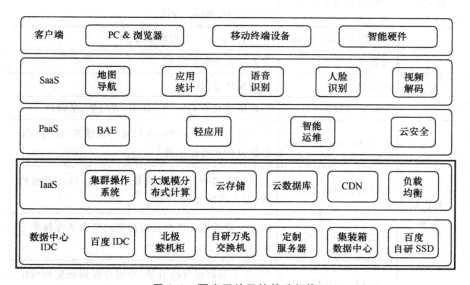

图 8.2 百度开放云的基础架构

(1)百度云主要服务

百度云主要服务见表 8.5。

表 8.5　百度云主要服务

产品名称	服务	功能描述
计算与网络	云服务器 BCC	高性能、高可靠、安全稳定的弹性计算服务
	负载均衡 BLB	均衡应用流量,消除故障节点,提高业务可用性
	专属服务器 DCC	提供性能可控、资源独享、物理资源隔离的专属云计算服务
	专线 ET	高性能、安全性极好的网络传输服务
	应用引擎 BAE	提供弹性、便捷的应用部署服务
存储和CDN	对象存储 BOS	海量空间、安全、高可靠,支撑了国内最大网盘的云存储
	云磁盘 CDS	灵活稳定、方便扩展的万量级 IOPS 块存储服务
	内容分发网络 CDN	百度自建高质量 CDN 节点,让用户的网站/服务像百度搜索一样快
数据库	关系型数据库 RDS	支持 MySQL、SQL Server,可靠易用、免维护
	简单缓存服务 SCS	提供高性能、高可用的分布式缓存服务,兼容 Memcache/Redis 协议
	NoSQL 数据库 MolaDB	全托管 NoSQL 数据库服务
安全和管理	云安全 BSS	全方位安全防护服务
	云监控 BCM	实时监控报警服务
	SSL 证书服务	一键申请免费 DV SSL 证书,零门槛、易管理
大数据分析	百度 MapReduce BMR	全托管的 Hadoop/Spark 计算集群服务,助力海量数据分析和数据挖掘
	百度机器学习 BML	大规模机器学习平台,提供众多算法以及行业模板,助力高级分析
	百度深度学习 Paddle	针对海量数据提供的云端托管的分布式深度学习平台
	百度 OLAP 引擎 Palo	PB 级关系数据分析引擎,为用户提供稳定高效的多维分析服务

产品名称	服务	功能描述
大数据分析	百度 Elasticsearch	全托管的 Elasticsearch 服务,助力日志和点击流等海量半结构化数据分析
	百度日志服务 BLS	全托管日志收集投递服务,助力从海量日志数据中获取洞察力
	百度批量计算	支持海量规模的并发作业,自动完成数据加载、作业调度以及资源伸缩
	百度 BigSQL	TB 级至 PB 级结构化与半结构化数据的即席查询服务
	百度 Kafka	全托管 Kafka 服务,高可扩展、高通量的消息集成托管服务
智能多媒体服务	音视频直播 LSS	一站式直播云服务,引领智能直播新时代
	音视频点播 VOD	一站式点播云服务,让视频技术零门槛
	音视频转码 MCT	提供高质量的音视频转码计算服务
	文档服务 DOC	提供百度文库一样的文档在线浏览服务
	人脸识别 BFR	提供高准召率人脸检测与识别服务
	文字识别 OCR	提供整图文字检测、定位和识别服务
物联网服务	物接入 IoT Hub	快速建立设备与云端双向连接的、全托管的云服务
	物解析 IoT Parser	简单快速完成各种设备数据协议解析,如 Modbus、OPC 等
	物管理 IoT Device	智能、强大的设备管理平台
	时序数据库 TSDB	存储时间序列数据的高性能数据库
	规则引擎 Rule Engine	灵活定义各种联动规则,与云端服务无缝连接
应用服务	简单邮件服务 SES	提供经济高效的电子邮件代发服务
	简单消息服务 SMS	提供简单、可靠的短消息验证码、通知服务
	应用性能管理服务 APM	对 Web、Mobile App 的应用性能监测、分析和优化服务
	问卷调研服务	基于海量样本用户的问卷调研服务
	移动 App 测试服务	自动化测试、人工测试、用户评测等多维度测试服务

续表

产品名称	服务	功能描述
网站服务	云虚拟主机 BCH	高可靠、易推广的容器云虚拟主机,企业建站首选
	域名服务	提供百余种后缀域名注册及免费智能解析服务

(2)百度云主要解决方案

百度云提供的主要解决方案见表8.6。

表8.6 百度云主要解决方案

类别	解决方案名称	功能描述
平台解决方案	天算——智能大数据	是百度开放云提供的大数据和人工智能平台,提供了完备的大数据托管服务、智能 API 以及众多业务场景模板,帮助用户实现智能业务,引领未来
	天像——智能多媒体	百度开放云智能多媒体平台,提供了视频、图片、文档等多媒体处理、存储、分发的云服务;开放百度领先的人工智能技术,如图像识别、视觉特效、黄反审核等,让用户的应用更智能、更有趣、更健康;开放百度搜索、百度视频、品牌专区等强大内容生态资源,为用户提供优质的内容发布、品牌曝光、引流等服务
	天工——智能物联网	是基于百度开放云构建的、融合百度大数据和人工智能技术的"一站式、全托管"智能物联网平台,提供物接入、物解析、物管理、规则引擎、时序数据库、机器学习、MapReduce 等一系列物联网核心产品和服务,帮助开发者快速实现从设备端到服务端的无缝连接,高效构建各种物联网应用(如数据采集、设备监控、预测性维保等)
行业解决方案	数字营销云	百度开放云数字营销解决方案依托百度对数字营销服务市场多年的运营经验和技术积累,帮助搜索推广服务商及程序化交易生态中各类用户,提升营销效率,实现用户数与收入的双重增长
	泛娱乐	为游戏、赛事、秀场和自媒体等泛娱乐行业提供一站式直播点播解决方案。同时,基于百度人工智能技术,可实现黄反审核、美颜滤镜和视觉特效功能,让用户的应用更聪明、更有趣

续表

类别	解决方案名称	功能描述
行业解决方案	教育行业	依托稳定的云计算基础服务,百度开放云为用户提供高性能的音视频点播 VOD、音视频直播 LSS、文档处理 DOC、即时通信 IM 及文字识别 OCR 等平台服务。在此基础上,百度开放云借助"百度文库"的生态内容,为用户构建百度独有的"基础云技术＋教育云平台＋教育大数据"解决方案,推进教育行业的数字化和智能化,极大地促进行业的转型升级
	物联网	百度开放云物联网方案为用户提供数据的多协议高速接入、实时数据流式处理、海量数据存储、大数据分析以及设备安全管理等物联网业务所需的全服务。通过灵活地选择和搭配这些服务,用户能够构建满足业务场景需求的各种应用,从智能设备和智能家居,到绿色能源,再到农业田间监控。未来,百度开放云将为用户带来更多的 IoT 专属服务,提供云＋端的整体方案,让用户能够更加快捷地实现安全、稳定、高性能的 IoT 业务
	政企混合云	百度政企混合云方案是针对已有 IT 资产的用户量身定制的上云方案,既保护用户的已有 IT 资产,又可以通过百度云平台助力业务发展,通过百度开放云不仅实现资源横向扩展,而且可以无缝利用开放云平台整合的百度大数据、人工智能、搜索等各种开放服务,快速构建自己高效的业务系统
行业解决方案	金融云	百度金融云解决方案为银行、证券、保险及互联网金融行业提供安全可靠的 IT 基础设施、大数据分析、人工智能及百度生态支持等整体方案,为金融机构的效率提升及业务创新提供技术支撑
	生命科学	百度开放云生命科学解决方案可以帮助生物信息领域用户存储海量的数据,并调度强大的计算资源来进行基因组、蛋白质组等大数据分析

类别	解决方案名称	功能描述
专项解决方案	网站及部署	结合百度生态专属优势，打通网站全生命周期需求，从域名、建站、备案、选型、部署、测试到运维、推广、变现，想用户所需，做最懂站长的网站云服务
	视频云	视频直播、点播一站式解决方案，让视频技术零门槛整合百度流量生态，开放百度搜索、贴吧、品牌专区等入口，帮用户找到目标用户
	智能图像云	智能图像云解决方案面向电商、O2O、社交应用、金融、在线教育等行业，为开发者提供海量的图片存储，高速的图片上传/下载，多样灵活的实时图片处理和深度智能化的图片识别服务，如人脸识别、文字识别、图片审核等
	存储分发	百度拥有国内最大的对象存储系统和遍布全国的高质量 CDN 节点，为文件的上传、存储、下载提供强有力的技术支撑，上传便捷，存储可靠，下载极速
	数据仓储	数据仓储(Data Warehousing)是企业为了分析数据进而获取洞察力的努力，是商务智能的主要环节。在大数据时代，百度开放云提供了云端的数据仓储解决方案，为企业搭建现代数据仓库提供指南
	移动 App	一对一量身定制测试解决方案，百度系过亿级产品测试技术，手机私有云部署和维护服务，测试人力外包服务
	日志分析	依托百度开放云的大数据分析产品，提供日志分析托管服务，省去开发、部署以及运维的成本，使用户可以聚焦于如何利用日志分析结果做出更好的决策，实现用户的商业目标

8.1.1.3 腾讯云

据腾讯负责人透露，腾讯打造的云计算平台，是要把腾讯多年积累下来的海量技术和运营能力，向所有互联网行业的创业者分享，让他们少走弯路,从而更容易地创业成功。这种能力包括了海量运维、海量计算、海量存储、海量数据分析、云安全、支付营销以及客服等。

腾讯作为中国最大的互联网综合业务提供商之一,酝酿两年终于上线了腾讯云平台。腾讯云提供了各种开发者熟悉的应用部署环境,让广大开发者无须关心复杂的基础架构(如 IDC 环境、服务器负载均衡、CDN、热备容灾、监控告警等),将精力集中于用户和服务,以便提供更好的产品。

从时间上看,腾讯从创立之初就已经在研发云产品:包括社交网络 QQ 空间,最大的实名交友网络朋友网,以及现在大受追捧的腾讯微博、微信等风靡智能手机的云应用。据其介绍,这些服务或产品的基础都是大规模数据中心、云存储、云操作系统、海量数据分析系统等"云技术"。随着腾讯迈开开放的步伐,已逐步地把这些技术以云服务的方式开放出来,形成了腾讯现在的云平台。

据了解,腾讯的云平台已经有很多由第三方开发的互联网应用。QQ 空间游戏应用数量目前为 92 款,其中腾讯游戏 25 款、恺英网络 6 款,昆仑 4 款,齐乐、远宁创想、热酷各 3 款,锐意通等 8 家公司各 2 款,其余 32 家公司各一款游戏。就拿昆仑这家公司来说,目前可以做到一个月收入分成超过 800 万,收益非常可观。这些应用有的拥有超过千万的活跃用户,有的给创业者带来超过千万人民币的月收入。很多应用的开发商也是从小做起,从几个、十几个人起步的,目前已经做到了相当的规模。腾讯云平台的目标是降低互联网软件的开发、维护、运营的成本,让一家很小的创业公司可以做出服务千万人的精品应用。

目前腾讯云平台已正式开放,提供的产品和服务如下:

(1)云服务器

目前使用这项服务的厂商多为游戏运营厂商,如恺英网络、骏梦网络。云服务器按需付费,价格仅需 2.6 元/天起,购买后完全无须聘请专人维护,所有工作都由腾讯云免费负责。云服务器提供丰富配置类型的虚拟机,可以方便地进行数据缓存、数据库处理与搭建 Web 服务器等工作,并且使用方便,购买方可以快速搭建专属服务器,配置操作简单,能轻松搭建专属自己的各种应用。

(2)云数据库

云数据库是腾讯云专业打造的分布式数据存储服务,100% 完全兼容 MySQL 协议,适用于面向关系型数据库的场景。目前使用这项服务的多为游戏运营商。申请这项服务只需在腾讯云中申请云服务器实例资源,无须再安装 MySQL 实例,一键迁移原有 SQL 应用到腾讯云平台,每天由腾讯免费提供数据多点备份,节省人力成本。流量问题更不用担心,腾讯采用大型分布式存储服务集群，支撑海量数据访问。

（3）NoSQL 高速存储

NoSQL 指的是非关系型的数据库。随着互联网 Web 2.0 网站的兴起，传统的关系数据库在应付 Web 2.0 网站，特别是超大规模和高并发的 SNS 类型的 Web 2.0 纯动态网站已经显得力不从心，暴露出了很多难以克服的问题，而非关系型数据库则由于其本身的特点得到了非常迅速的发展。腾讯 NoSQL 高速存储提供了比 MemCached 更高的读写性能，能轻松并发处理海量数据，高达 99.99％服务可用性，并且无须安装，一键点击，即时申请即时使用，自动扩容。由腾讯的专业团队负责安全防护，打造资源隔离、数据安全、密码安全、安全加固等多达 20 种安全防护手段，以保障数据的安全。产品具备 99.99％服务高可用性，99.99％无损服务自动扩容，高质量容灾等特点。

（4）增值服务

腾讯罗盘：腾讯罗盘依托于腾讯开放平台，提供了基于 App 用户行为分析服务，如应用用户画像分析，用户活跃度分析等。总共多达 28 种分析维度，实时展示了多角度精确数据。

CDN：CDN 服务将网站静态内容发布于离用户最近的节点，用户可就近获得数据，由此提高页面访问速度、流媒体访问速度、下载速度，而腾讯广泛的 CDN 节点分布，保障了用户的极致体验。

云安全：腾讯云安全服务无须开通，只要购买一项云服务就可享受免费的多角度安全防护，包括防 DDos 攻击、漏洞检测、漏洞扫描等。

云监控：对于腾讯云服务提供全方位监控，直观展示各种云服务的资源使用状况、负载状况性能及系统健康状况等。

8.1.2　国外知名的云平台

8.1.2.1　Amazon 云

Amazon（亚马逊）是一家综合性的电子商务化公司，在多年的运作中积累了大量的基础性设施和先进的技术，因此它在云计算领域是处于领先地位。在此基础上，Amazon 还不断地进行技术创新，开发并提供了一系列新颖且实用的云计算服务，赢得了巨大的用户群体。这些云计算服务共同构成了 Amazon 的云计算服务平台 Amazon Web Service（AWS）。

（1）S3 的安全措施

S3 采用账户认证、访问控制列表及查询字符串认证 3 种机制来保障数据的安全性。当用户创建 AWS 账户的时候，系统自动分配一对存取键 ID 和存取密钥，利用存取密钥对请求签名，然后在服务器端进行验证，从而完成认证。访问控制策略是 S3 采用的另外一种安全机制，用户利用访问控制列表设定数据（对象和存储桶）的访问权限，比如数据是公开的还是私有的等。即使在同一公司内部，相同的数据对不同的角色也有不同的视图，S3 支持利用访问规则来约束数据的访问权限。通过对公司员工的角色进行权限划分，能够方便地设置数据的访问权限。如系统管理员能够看到整个公司的数据信息，部门经理能看到部门相关的数据，普通员工只能看到自己的信息。查询字符串认证方式广泛适用于以 HTTP 请求或者浏览器的方式对数据进行访问。为了保证数据服务的可靠性，S3 采用了冗余备份的存储机制，存放在 S3 中的所有数据都会在其他位置备份，保证部分数据失效不会导致应用失效。在后台，S3 保证不同备份之间的一致性，将更新的数据同步到该数据的所有备份上。

（2）EC2

Amazon 弹性计算云（Elastic Compute Cloud，EC2）是一个让使用者可以租用云端计算机运行所需应用的系统，提供基础设施层次的服务（IaaS）。EC2 提供了可定制化的云计算能力，这是专为简化开发者开发 Web 伸缩性计算而设计的，EC2 借由提供 Web 服务的方式让使用者可以弹性地运行自己的 Amazon 虚拟机，使用者将可以在这个虚拟机器上运行任何自己想要的软件或应用程序。Amazon 为 EC2 提供简单的 Web 服务界面，让用户轻松地获取和配置资源。用户以虚拟机为单位租用 Amazon 的服务器资源，并且可以全面掌控自身的计算资源。另外，Amazon 的运作是基于"即买即用"模式的，只需花费几分钟时间就可获得并启动服务器实例，所以它可以快速定制以响应计算需求的变化。

Amazon EC2 的优势如下：在 AWS 云中提供可扩展的计算容量；使用 Amazon EC2 避免前期的硬件投入，因此用户能够快速开发和部署应用程序；通过使用 Amazon EC2，用户可以根据自身需要启动任意数量的虚拟服务器、配置安全和网络以及管理存储；Amazon EC2 允许用户根据需要进行缩放，以应对需求变化或流量高峰，降低流量预测需求。

（3）SimpleDB

Amazon SimpleDB 的任务是非关系数据储存服务，其特点是应用灵活、适应性好。它与 S3 完全不同，S3 主要用于非结构化数据的存储，而 Amazon SimpleDB 主要用于结构化数据的存储。开发人员的首要任务是通过 Web 服务完成数据项的存储和查询，剩下的工作都交给 Amazon SimpleDB 处理。

Amazon SimpleDB 不会受限于关系数据库的严格要求,并能够保障更高的可用性和灵活性,这样管理的负担大幅减少甚至没有负担。退至后台工作后,Amazon SimpleDB 会自动创建和管理分布在其他多个位置的数据副本,因而可用性和数据的持久性大大提高。

SimpleDB 的操作流程:注册登录→创建域→向域中添加数据条目→查看域→修改域中的数据条目→删除域。用户注册登录后,可以创建一个域(domain,存放数据的容器),然后可以向域中添加数据条目(item,一个实际的数据对象,由属性和值组成),接着用户可以查看或修改域中的数据条目。当用户不再需要存储的数据时,可以删除域。

(4)SQS

Amazon Simple Queue Service(SQS)主要用于分布到应用的组件之间数据传递的消息队列服务,这些组件往往分散在不同的计算机之上,有的甚至分布在不同的网络中。SQS 的作用将在这里显现,它能够以松耦合的方式将分散于不同计算机或网络的组件结合,这就创立了可靠的有一定规模的分布式系统,当然系统中某一组件的损毁并不会影响到整个系统的运行。

消息和队列是 SQS 实现的核心。消息是可以存储到 SQS 队列中的文本数据,可以由应用通过 SQS 的公共访问接口执行添加、读取、删除操作。队列是消息的容器,提供了消息传递及访问控制的配置选项。SQS 是一种支持并发访问的消息队列服务,它支持多个组件并发的操作队列,如向同一个队列发送或者读取消息。消息一旦被某个组件处理,则该消息将被锁定,并且被隐藏,其他组件不能访问和操作此消息,此时队列中的其他消息仍然可以被各个组件访问。

SQS 成功地应用了分布式构架,因此每一条消息都会分散地存入不同的机器中,也有可能存于不同的数据中心。这种分布式存储策略保证了系统的可靠性,同时也体现出其与中央管理队列的差异,这些差异需要分布式系统设计者和 SQS 使用者充分理解。首先,SQS 并不会严格遵循消息的顺序性,也就是说并不是先进入队列的消息优先可见;其次,分布式队列中已经被处理的消息并不会彻底处理干净,它有可能还存在于其他的队列中,所以一个消息会被处理多次;再者,因为是分布式的传输,所以用户获得的消息可能并不完全;最后,可能会出现信息传递的延迟,因而不能期望消息一发出就被其他组件看到。

图 8.3 所示为一条消息的生命周期管理示例。首先,由组件 1 创建一条新的消息 A,通过 HTTP 协议调用 SQS 服务将消息 A 存储到消息队列中。接着,组件 2 准备处理消息,它从队列中读取消息 A,并将其锁定。在组件 2 处理的过程中,消息 A 仍然存在于消息队列中,只是对其他组件不

可见。最后,当组件成功处理完消息 A 后,SQS 将消息 A 从队列中删除,避免这个消息被其他组件重复处理。但是,如果组件 2 在处理过程中失效,导致处理超时,SQS 将会把消息 A 的状态重新设为可见,从而可以被其他组件继续处理。

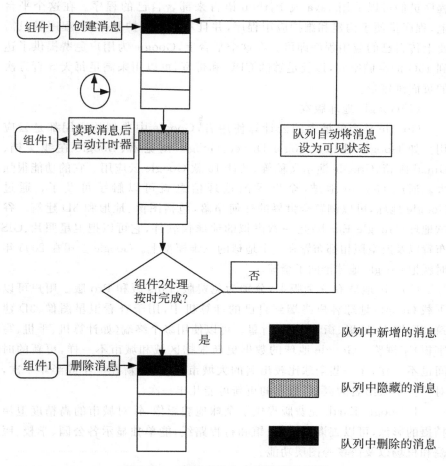

图 8.3 一条消息的生命周期管理示例

8.1.2.2 Google 云

Google 是当前 IT 巨头公司中最大的云计算使用者,它创建了云计算的一种超动力商业模式。它提供了引用托管、企业搜索、Google 地球、Google 地图、Gmail 邮箱等应用形式,向企业或一般用户开放了云应用。从云计算这个角度来说,Google 中所有产品都可以被认为是典型的云计算产品。

Google 公司推出了 Google 的应用程序引擎 Google App Engine,即取名为 App Engine 的云计算平台。它可以实现用户在 Google 的基础架构上运行自己的网络应用程序。它基于 Google 已有的底层平台,通过在这个平台上采用 Google 的核心技术分布式文件系统 GFS 和大数据库 BigTable,程序员们可以采用 Java 或 Python 语言来部署自己的程序。在这个平台上,程序员便于构建和维护应用程序,并且不需要维护服务器,程序员只需要上传自己的应用程序即可。在这个平台上,Google 为用户免费提供了达到 15G 的存储空间,以及足够的 CPU 和带宽,可以用来满足每天 5 百万次的页面浏览量。

(1)Google 地球版本

Google 是当前最大的云计算使用者,Google 中典型的应用都是云应用。如 Google 地球、Google Driver、Google 浏览器、Google 在线文档、Gmail 邮箱、Google 演示文稿等,共计 15 款 Google 云应用。它的功能很强大。通过 Google 地球,全世界的地理信息就可以触手可及了。通过 Google 地球,可以浏览全世界的任何角落,包括图像、地形和 3D 建筑。谷歌地球(Google Earth)是一款虚拟的地球仪软件,它可以把卫星照片、GIS 布置以及航空照相都布置在一个地球的三维模型上。Google 公司在 2005 年时就把 Google 地球推向了全球。

Google 地球有三个版本,分别为免费版、Plus 版和 Pro 版。用户可以下载 Google 地球客户终端到自己的计算机中,用于查看卫星图像、3D 建筑、3D 树木、地形、街景视图、行星。可以使用多个终端(如计算机、手机、写字板)来浏览。Google 地球的数据更新根据区域和城市不一样,更新的时间也不一样,在一些全球比较出名的大城市,数据更新在一年或半年一次,对一些不太出名的区域,数据的更新可能几年一次。

1)Google Earth 免费版提供了全球地貌影像,针对城市的高精度卫星拍摄的影像,可以查询餐馆、旅馆和行程路线,能单独显示各公园、学校、医院和机场以及商场等图层功能。

Google Earth 可以通过网址来访问,也可以下载 Google Earth 的客户端。Google Earth 的网址为 http://www.earthol.com/,可以使用"地标搜索"和"地图搜索"。

采用 Google Earth 的地标搜索,搜索出的结果是 3D 图。显示的结果可以切换为不同的模式,有显示实景照片模式、测量距离模式、切换到微软虚拟地球模式、切换到 SOSO 地图模式、切换到百度卫星地球模式等。

2)Google Earth Plus 版本。Google Earth 可以升级到 Google Eearh Plus 版本,但是升级版是要收费的,升级的费用为 20 美金/年,升级到 Plus

版本的优点如下：

- 具有 GPS 数据接口导入，从 GPS 中导入行车线路；
- 影像高精度；
- 支持 Email 客户的支持；
- 通过 csv 文件来实现数据输入。

3）Google Earth Pro 版本。Google Earth Pro 是针对企业的商用版，需要付费，它的功能要比 Google Earth Plus 更加强大。它比较适用于专业人员和商业用途，它将搜索出发地到目的地的路线，以 3D 模式显示沿途的商业机构、学校和商场等，并可以将这些记录制作成视频格式。

（2）Google Gmail

Google 免费提供了 Gmail 服务。Gmail 是一种基于搜索的免费的 Web mail 服务，它主要将传统的电子邮件与 Google 的搜索技术结合起来，使得 Gmail 的邮件查找过程大大简化了。换句话来说，Gmail 就是一个大容量的邮件系统，可为用户提供达到 5G 的邮件免费空间，并且容量在不断增加。另外，它还可以减少更多的垃圾邮件。如何使用它呢？首先要注册为 Google 账户。

（3）Goagent 代理工具

Google 的在线文档和电子表，可以实现创建在线文档和共享工作页面。它具有在线编辑器的功能，可以创建和保存 doc、xls、csv、dbs、odt、pdf、rtf、html 等文件，共享协同编辑与发布。可以访问 http://docs.google.com 打开 Google 的在线文档和 Google 的电子表格，但是 Google 已经退出中国，在访问这些网站时，可能打不开网页。要访问这些网站，可以通过设置代理服务器打开这些网页。

Goagent 是国内常常使用的免费代理工具，也是 Google 应用之一。Goagent 代理工具可以在 Windows、Mac、Linux、Android、iPodTouch、iPhone、iPad、webOS、openwrt、Maemo 等不同的平台中使用。这个工具对数据传输过程没有加密，因此那些对安全性要求很高用户，可以选择其他的代理工具。

（4）Google 在线文档、云端硬盘的使用

通过 Goagent 代理的设置，现在大家就可以打开 Google 的云应用了，如 Google 的在线文档、在线电子表以及云端硬盘，也可以通过代理打开一些国外的网站。

1）Google 云端硬盘。在浏览器上键入 https://drive.google.com/#my.drive，通过用户的 Gmail 账户登录，可以看到 Google 提供了云端硬盘。Google 提供了免费的 5G 大小的云端硬盘，用户可以把自己的资料存放在

云端硬盘，不需要担心自己计算机的硬盘出现故障，也保证了数据的安全性。在云端硬盘上还可以设置共享。

在云端硬盘上，可以进行创建文件夹、上传文件、上传文件夹以及删除文件等管理，并能设置文件共享给自己的好友。

2）Google 在线文档。Google 在线应用主要包括在线文档、在线演示文稿、在线电子表格、在线电子表单、在线绘图。

Google 在线文档，是一种在线文档编辑器，其功能比较全面，可以创建文档、插入图片，也可以把图片直接拖到文档中。它的使用方法跟 Word 类似，但编辑功能还是没有 Word 那么强大。在线文档文件会自动保存在云端硬盘中，可以实现在线文件的共享，这点 Word 是没法超越的。在线文档编辑完成后，也可以直接下载到本地计算机中。

3）Google 在线表格。Google 在线表格是简易的 Excel 文档，它也包含了函数，其使用方法与 Excel 类似，其创建方法跟 Google 在线文档创建方法类似。

4）Google 演示文稿。Google 演示文稿是简易的 ppt。它可以制作简单的 ppt，包括 ppt 的动画设置。

8.1.2.3 Salesforce 云

Salesforce. com 提供随需应用的客户关系管理平台。Salesforce. com 提供按需定制的软件服务，用户每个月需要支付类似租金的费用来使用网站上的各种服务，这些服务涉及客户关系管理的各个方面，从普通的联系人管理、产品目录到订单管理、机会管理、销售管理等。Salesforce. com 允许客户与独立软件供应商定制并整合其产品，同时建立他们各自所需的应用软件。对于用户而言，用户可以避免购买硬件、开发软件等前期投资以及复杂的后台管理问题。

在此基础上，Salesforce. com 公司推出了"平台即服务"产品 Force. com。Force. com 作为企业级应用的开发、发布和运营的通用平台，不再局限于某个单独的应用。该平台提供的工具和服务既可以帮助软件开发商快速开发和交付应用，又可以对应用进行有效的运营管理。

（1）Salesforce 的整体架构

虽然 Salesforce 这些产品从表面而言有所不同，但是从全局而言，它们却是一个整体。从 Salesforce 的整体架构图可以看出 Force. com 是 Salesforce 整体架构的核心，因为它首先整合和控制了底层的物理的基础设施，接着给上层的 Sales Cloud，Service Cloud，Chatter 和基于 Force. com 的定制应用提供 PaaS 服务。最后，那些 Force. com 上层的应用以 SaaS 形式供用户使用。这种分层架构的好处主要有两方面：①降低成本，因为通过这个统一的架构能极大地整合多种应用，从而降低了在基础设施方面的投入。②在软件架构方面，因为使用统一的架构，使得所有上层的 SaaS 服务都依赖 Force.com 的 API，这样可以有效地确保 API 的稳定性并避免了重复，从而方便了用户和 Salesforce 在这个平台上进行应用开发。

（2）Force.com

Force.com 是 Salesforce 在 2007 年推出的 PaaS 平台，并且已经有超过 47000 个企业已经使用了这个平台。Force.com 基于多租户的架构，其主要通过提供完善的开发环境等功能来帮助企业和第三方供应商交付健全的、可靠的和可伸缩的在线应用。

Force.com 是一组集成的工具和应用程序服务，ISV 和公司 IT 部门可以使用它构建任何业务应用程序并在提供 Salesforce.com 应用程序的相同基础结构上运行该业务应用程序。在 Force.com 平台上运行的业务应用已超过 80000 个。

Force.com 是平台云，它的目标是向企业用户提供云计算服务，包括按需、灵活的资源使用模式，高可靠性的服务保障，高效的开发平台及丰富的基础服务。这使得企业用户不需要再去建立数据中心，购买软硬件设备，运营和维护数据中心的基础设施等。

Force.com 向企业用户主要提供了三方面的支持。第一，直接提供在线的企业应用，比如 CRM，企业用户通过简单的定制化操作就可以使用。第二，Force.com 提供了一种新的编程语言 Apex 和集成开发环境 Visualforce，能够降低应用开发的复杂度并缩短开发周期。第三，Force.com 公司创建了一个共享的应用资源库 AppExchange，该资源库集中了企业用户和 ISV 在 Force.com 上开发的应用，并且使得应用的共享、交换及安装过程只需要通过简单的操作便可以完成，从而使 Force.com 的用户可以方便地把 AppExchange 中共享的应用集成到自己的应用中去。

Force.com 提供了核心的基础服务丰富的应用开发和关联维护服务。Force.com 的基础服务为开发随需应变的应用提供了支持，其核心是多租户技术、元数据和安全架构。在基础服务之上，Force.com 提供了数据库、应用开发和应用打包等服务。

（3）基础服务

Force.com 基础服务为上层服务和应用提供了安全、可靠的支撑环境。基础服务主要包含 3 个关键技术：多租户、元数据和安全架构。

多租户技术是一种共享软硬件的技术，通过虚拟划分技术将软、硬件资源以服务的方式提供，从而可以同时支持多个客户，所有的用户都共享底层的软、硬件基础设施。在传统资源使用模式中,每个客户需要独占一套软、硬件资源,并且需要为这些资源的管理和维护花费额外的费用。采用多租户体系结构的每个客户不是独占所有的资源,而是拥有一套资源的虚拟划分。Force.com 采用了多租户的体系结构,使得平台在快速部署、低风险和快速创新等方面得到了广泛认可。

元数据是 Force.com 的第二个关键技术。该技术简化了应用开发的复杂度。开发者不仅可以利用代码,而且可以采用元数据构建复杂的应用程序。Force.com 通过元数据来描述应用的每个组件。在这个基础上,开发者可以方便地通过组合来创建更复杂的应用。采用元数据模型的另外一个好处就是,系统可以将应用和平台逻辑分开,使平台的维护和升级等操作可以和应用隔离,使底层的变化不会对上层应用造成影响。这个模型的优势已经在 Force.com 的平台上得到了验证,每年 Force.com 平台都会进行若干次主要的升级,而不会影响该平台上运行的应用。

Force.com 提供了一个健壮且灵活的安全架构,能够管理用户、网络及数据。Force.com 的安全架构主要包括 3 个方面:用户认证及授权、编程安全和平台安全框架。用户认证及授权提供了对应用、数据逻辑访问的安全控制,保证数据和逻辑不会被未授权的用户非法访问,它主要是通过检验用户的身份及限定用户操作来实现的,如限定用户访问系统的时间,或者限定访问系统的用户 IP。由于 Force.com 给用户提供了丰富的 Web Service API,所以需要对这些 API 的调用进行安全认证,编程安全主要负责对用户调用 Force.com 平台的服务进行安全控制;平台安全框架包括 3 种粒度的安全控制:首先是系统权限,负责为用户分配 Force.com 平台的访问和操作权限;其次是组件权限,负责对公司内部的不同组件的授权和管理;最后是基于记录的共享,为对象中的每个记录分配访问权限。为了保障网络和基础设施层安全。

8.1.2.4 数据库服务

数据库服务是 Force.com 平台的重要组成部分,它不仅负责应用数据的持久化,还能够通过数据对象构建相应的用户界面,方便用户对数据进行添加、删除、查询和修改。本节主要介绍 Force.com 数据库服务 3 个主要方面:数据模型、数据操作和访问控制。

Force.com 数据库服务的数据模型有两大特点:

1)数据对象持久化。在传统的关系型数据库中,数据都存储在表格中,每个表格有若干列,每个列具有固定的数据类型,不同表格之间通过外键相互关联,应用程序在读取或者写入持久化数据的时候需要将对象的属性对应在相应的列上。而 Force.com 数据库持久化的是数据对象,每个数据对象具有若干属性,每个属性的数据类型必须属于 Force.com 所规定的数据类型。

2)采用关系属性定义数据对象间的关系。传统数据库利用主键和外键来定义表格之间关联关系,而 Force.com 数据库通过关系属性来定义对象间的关系,并且对象间的关系只能有两种。①查找关系:这种关系使得用户能够从一个对象访问到另外一个对象。②父子关系:处于该关系中的所有子对象都需要包含关系属性,父对象的属性值是由相应子对象的数据生成的,比如某个属性值是子对象中对应属性值的最大值。

为了方便用户进行数据操作,Force.com 数据库服务提供了两种交互方式:Web 页面和编程接口。通过友好的 Web 用户界面,用户可以对存储的数据对象进行添加、删除、查询、修改和其他管理操作,从而给用户提供较好的体验。另外,用户也可以使用应用编程语言来访问数据库所提供的各种数据管理服务,Apex 定义了专门的语法来帮助应用程序实现数据的查询、遍历、更新和持久化等操作。

Force.com 提供了一系列的安全机制来保护用户数据的安全。在访问控制方面,提供了两种安全级别:管理安全(Administrative Security)和记录安全(Record Security)。在管理安全中,为了方便对数据进行访问控制,Force.com 定义了一个类似于用户组的概念——概要(Profiles)。每个用户只能隶属于一个概要,然后对概要设定访问数据对象的添加、删除、查询、修改权限,这些设定只能由管理员完成。记录安全提供了更细粒度的访问控制,它能精确到对数据对象某个属性的操作权限的设置。

8.1.2.5　应用开发服务

开发平台是 Force.com 提供的在线开发平台。通过平台提供的应用开发服务和用户界面服务,开发者可以快速地创建企业级应用。

开发者一方面可以利用 Force.com 提供的多租户技术的优势,包括内置的安全性、可靠性、可升级性及易用性等,另一方面可以充分利用 Force.com 的开发和交流平台,将发布在 AppExchange 上的应用服务集成到自己的项目中。利用 Force.com 开发平台的显著优势是开发者可以将主要精力集中在能创造商业价值的核心业务逻辑的实现上,节省硬件和软件管理、升级维护及监控等方面的成本。

针对不同类型的需求,Force.com 提供了两种不同的应用开发方式。对于大多数定制功能,用户需要通过 Force.com 提供的工具"单击"等按钮就可以完成,不需要编程。另外,Force.com 提供了新的编程语言 Apex 和完善的开发工具 Visualforce 来满足开发者更灵活的定制需求,并且支持分析、离线访问和移动开发。

Apex 是为 Force.com 平台而设计的编程语言,它为开发者提供了一个新的构建商业应用的工具,采用 Apex 能够简化复杂的流程和商业逻辑,摆脱传统软件的束缚。同时,Apex 无论对已有功能的定制还是对创建新的应用,都具有灵活性。另外,第三方的开发者可以采用和 Force.com 开发团队相同的工具开发新的应用及定制已有的应用和服务。由于这些应用最终都将在 Force.com 平台上运行,所以开发者可以摆脱客户端应用相关问题的困扰。在 Apex 开发环境中,开发者可以通过界面及事件方式同用户交互,可以在服务器端操纵数据、使用信道事务(Channel Transactions)以及实现流程控制。利用这些功能,开发者可以实现很多功能,比如创建个性化组件、定制或者修改已有的 Salesforce.com 代码、创建触发器和存储过程,以及创建和执行复杂商业应用。

Visualforce 提供了简单用户界面的 Apex 语言的编程环境。它采用传统的模型—视图—控制器设计模式,支持数据库紧密集成,能够自动创建数据库控制器。开发者可以利用 Apex 实现自定义的控制器或者对已有控制器进行扩展。Visualforce 包含基于标签的标记性语言和数十种内置组件,有足够的灵活性来支持开发者创建自定义的组件和界面。

8.1.2.6 应用打包服务

Force.com 提供的应用打包(Package)服务能够将开发者创建的应用发布出去。Force.com 所定义的包(Package)是代码、功能组件或者应用的集合,它向外界提供的可能是一个单一的功能组件,也可能是一系列应用组成的整体解决方案。

Force.com 有两种格式的包:非受控包(Unmanaged Package)和受控包(Managed Package)。非受控包适合于只需要发布一次的组件和应用,它类似于模板,一旦创建完成,就可以生成实例给用户使用,因此非受控包适合用于共享应用模板和代码示例。相对于非受控包,受控包提供了知识产权方面的保护,因为包中许多功能组件的源代码对外界都是不可见的。不仅如此,受控包的开发者还能够对包进行升级。受控包适合用于发布收费的应用,并对发布的应用提供许可证支持。

在 Force.com 平台上,通过应用打包服务打包并发布应用的步骤大致分为 3 步:创建、上传和注册。

在创建阶段,开发者需要将自己的代码、功能组件或者应用进行打包。不过,非受控包和受控包的创建过程有所不同。创建非受控包的流程比较简单,而且所有身份的开发者都可以创建。首先,开发者在 Force.com 提供的个人页面上创建一个空包,并给该包命名,然后逐一向该包里添加内容项,最后保存。Force.com 定义了很多内容项的类型,比如 Apex 类、Apex 触发器、文档或控件,在添加内容项时要先选择相应的类型。

对于受控包的创建,Force.com 提出了严格的要求:①开发者必须具有 Developer Edition 的身份;②为了防止和其他受控包冲突,开发者必须在 Force.com 注册命名空间前缀。在给受控包添加完内容项之后,开发者需要注册命名空间前缀,并且指定刚才创建的受控包,保存以后,Force.com 会提示受控包创建成功。

上传过程包含简单的 3 步操作:①开发者进入 Force.com 提供的个人页面上选择所要上传的包;②定义这次上传包的版本和添加相应的描述;③上传完成以后,Force.com 会返回一个该应用的 URL 链接,开发者可以将该链接发布给其他用户。对于受控包,在第②步的提示中还会要求开发者选择受控包是测试版还是正式版。

通过注册,开发者可以将自己的应用发布到 AppExchange 中和其他用户分享。根据共享的范围不同,分为私有包和公有包。私有包的应用在特定的群体和社区内共享,而公有包的应用对 AppExchange 上所有的用户都是可见的。上传以后,开发者在 AppExchange 页面上通过创建或修改包的某些属性对包进行注册,不过只有走完 AppExchange 的审核流程以后,才能成为公有包。

8.2　企业私有办公云与园区云

8.2.1　企业私有办公云

与传统的以计算机为主的办公环境相比,私有办公云具备更多的优势,比如:

1)建设成本和使用成本低。

2)维护更容易。

3)云终端是纯硬件产品,可靠、稳定且折旧周期长。

4)由于数据集中存放在云端,从而更容易保全企业的知识资产。

5)能实现移动办公,员工能在任何一台云终端上使用自己的账号登录云端办公。

比如,一个小企业(员工数少于 100 人),采用两台服务器作云端,办公软件安装在服务器上,数据资料也存放在服务器上。通过有线或无线网络连接到办公终端,每个员工分配一个账号即可,员工随便在哪台终端都可以用自己的账号登录云端办公。示意图如图 8.4 所示。

在外出差的员工,可以通过 VPN 登录到公司内部的云端。

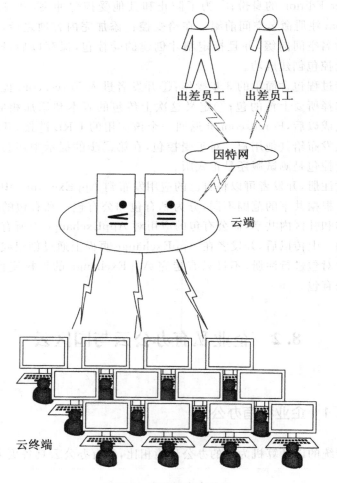

图 8.4　企业私有办公云

8.2.2　园区云

园区内的企业经营的产品具有竞争关系或者上下游关系,企业的市场营销和经营管理具有很大的共性,且企业相对集中,所以在园区内部最适合

构建云计算平台。由园区管委会主导并运营云端,通过光纤接入区内各家企业,企业内部配备云终端。云端应该"飘着"这样几朵云:

(1)企业应用云

ERP(企业资源计划)、CRM(客户关系管理)、SCM(供应链管理)等企业应用软件是现代企业的必备软件,代表着企业研发、采购、生产、销售和管理的流程化和现代化。如果园区内每家企业单独购买这些软件,则价格昂贵、实施困难、运维复杂、二次开发难度大,但经过云化后部署于云端,企业按需租用,价格低廉,则所有难题迎刃而解。

(2)电子商务云

为了覆盖尽量长的产业链条,引入电子商务云,一方面对内可以打通上下游企业的信息通路,整合产业链条上的相关资源,从而降低交易成本;另一方面对外形成统一的门户和宣传口径,避免内部恶意竞争,进而形成凝聚力一致对外,这对于营销网络建设、强化市场开拓、整体塑造园区品牌形象具有重大意义。

(3)移动办公云

在园区内部署移动办公云,使得园区内企业以低廉的价格便可达到如下目的:使用正版软件、企业知识资产得以保全、随时随地办公、企业 IT 投入大幅度下降、应用部署快速、从繁重的 IT 运维中解脱出来并专注于自己的核心业务。

(4)数据存储云

如果关键数据丢失,则 80% 的企业要倒闭,这已经是业界的共识。在园区部署数据存储云(必要时建立异地灾备中心),以数据块或文件的形式通过在线或离线手段存储企业的各种加密或解密的业务数据,并建立数据回溯机制,可以规避如下事故导致的企业数据丢失或泄密风险:存储设备毁坏、计算机被盗、发生火灾、发生水灾、房子倒塌、地震、战争、雷击、误删数据等。

(5)高性能计算云

新产品开发、场景模拟、工艺改进等往往涉及模拟实验、数学建模等需要大量计算的子项目,如果只靠单台计算机,则一次计算过程往往会耗费很长时间,而且失败率居高不下。因而,园区统一引入高性能计算云和 3D 打印设备,出租给需要的企业,从而加快产品迭代的步伐。

(6)教育培训云

抽取当前各个企业培训的共性部分,形成教育培训公共云平台,实现现场和远程培训相结合,一方面能最大限度地减少教育培训方面的重复建设,降低企业对新员工和新业务的培训投入,加强校企合作,集中优良师资和培训条件,使教育培训效果事半功倍;另一方面又能通过网络快速实现"送教下乡"。

构建园区云能够大幅度提升园区服务管理水平,积极影响潜在入园企业,提高入园企业满意度,促进孵化企业成长步伐,达到"企业进得来、留得住、发展快"的目的。

8.3 卫生保健云与医疗云

8.3.1 卫生保健云

不同于医疗云,卫生保健云侧重于个人、家庭、家族的卫生、保健、饮食、作息等信息的收集、存储、加工、咨询及预测等,重在关怀国民的身体状况,覆盖从出生到死亡的全过程。建设主体也是中央政府,为国家层面的民生项目。鼓励企业开发各种体检和检验终端设备,如智能手环、家庭简易体检仪、小区自助体检亭、老人和小孩定位器、监护仪等。体检终端设备发放到千家万户,实时收集国民的身体状况数据,云端程序 7×24 小时监测这些数据,并及时把分析结果发到国民的云终端设备上。当沉淀大量保健数据后,就可以采用大数据来做各种定性分析,如疾病预测、饮食建议、流行病预测控制等。卫生保健云可与医疗云、公民档案云建立联动。

8.3.2 医疗云

医疗云(Cloud Medical Treatment,CMT)是指在云计算、物联网、3G通信以及多媒体等新技术基础上,结合医疗技术,旨在提高医疗水平和效率,降低医疗开支,实现医疗资源共享,扩大医疗范围,以满足广大人民群众日益提升的健康需求的一项全新的医疗服务。

8.3.2.1 医疗云的常见功能

医疗云常见的功能(以"河北移动医疗云平台"为例)见表8.7。

表 8.7　医疗云常见的功能

1	就医服务	预约挂号	提供合作医院网上预约挂号能力
		报告查询	提供合作医院检查/检验报告查询
2	健康课堂	健康资讯	提供多渠道健康资讯相关信息
		学习资料	提供慢病、心理、保健、养生等类视频与资讯
3	健康档案	健康管理	提供智能穿戴设备数据管理
		云存储	提供存储相关服务
4	体检家园	体检指南	体检相关流程和注意事项等
		体检套餐	各类体检套餐等
5	远程诊疗	远程心电	心电监测云服务产品等
6	网上商城	相关健康、医疗产品	
7	最新应用	健康、医疗最新应用等	

8.3.2.2　医疗健康云的优点

医疗健康云的优点表现在如下几个方面：

(1)数据安全

利用云医疗健康信息平台中心的网络安全措施,断绝了数据被盗走的风险;利用存储安全措施,使得医疗信息数据定期地本地及异地备份,提高了数据的冗余度,使得数据的安全性大幅提升。

(2)信息共享

将多个省市的信息整合到一个环境中,有利于各个部门的信息共享,提升服务质量。

(3)动态扩展

利用云医疗中心的云环境,可使云医疗系统的访问性能、存储性能、灾备性能等进行无缝扩展升级。

(4)布局全国

借助云医疗的远程可操控性,可形成覆盖全国的云医疗健康信息平台,医疗信息在整个云内共享,惠及更广大的群众。

(5)前期费用较低

因为几乎不需要在医疗机构内部部署技术(即"可负担")。

8.3.2.3　中国移动医疗健康云

中国移动提供了医疗健康云的完整解决方案,方案主要功能如下：

（1）在线挂号与问诊

用户使用移动云产品搭建在线挂号与远程问诊系统，患者可以通过该系统进行在线预约挂号，并支持在线问诊。该功能相关的云计算产品和服务包括弹性负载均衡、云主机、弹性伸缩服务、CDN、RDS、云存储、云硬盘和云监控等，详细信息请参考"移动云"官网，其技术实现如下：

购买弹性负载均衡产品，实现系统业务在不同云主机之间分担，构建Web服务和应用服务集群，并部署弹性伸缩服务，应对突发业务流量。

对网站进行动静分离，动态关系型数据使用 RDS 集群进行存储和处理，并部署缓存服务器，将热点数据进行缓存，提高热点数据读取性能。

系统将图片、视频等静态文件存储在移动云云存储产品中。对于静态文件，通过移动云 CDN 进行内容分发，提高用户访问速度。

（2）医疗影像海量存储

该功能相关的云计算产品和服务包括弹性负载均衡、云主机、弹性伸缩服务、虚拟私有云、RDS 和云存储等，详细信息请参考"移动云"官网，其技术实现如下：

在移动云上为医院用户部署一个隔离的虚拟私有云（VPC）环境，用户可在虚拟私有云内规划 IP 地址范围、划分子网、配置网络访问等。

通过专线/VPN 等方式完成与医院内部管理系统连接，实现对医疗影像文件的管理。

使用移动云的云存储产品，实现影像文件的海量存储，与传统存储相比，移动云云存储具备海量空间、弹性扩展等特点，另外云存储使用三副本冗余机制，具备高可靠性。

（3）医疗智能硬件与医疗大数据

该功能相关的云计算产品和服务包括弹性负载均衡、大数据分析服务、大数据处理服务和数据仓库服务，详细信息请参考"移动云"官网，其技术实现如下：

智能硬件终端通过各种网络环境（4G、WiFi）接入移动云大规模数据计算与分析服务集群，对收集到的人体健康数据进行存储和分析。

专业医疗人员通过数据提取及业务应用集群，对数据进行分析，评价人体健康状态，并及时反馈给终端用户。

8.3.2.4 邵医健康云平台

2015 年 4 月，邵逸夫医院推出了其与杭州市江干区卫生计生局、上海金仕达卫宁公司、浙江绎盛谷、国药控股等单位合作的一款新产品——邵医健康云平台。建设该平台的目的在于建设云端的医院、家门口的医院，通过线上与线下资源的整合,实现各级医疗机构的资源和服务的整合,从而解决患者排队挂号、候诊等看病难问题。邵医健康云平台创新了医患、医医、医药联动的服务模式,而且对接了第三方运营服务、药品配送和健康服务联动,能够为患者提供智能化、人性化的健康服务,并为分级诊疗的实施提供全流程的移动化技术支持,有利于推进区域分级诊疗体系的形成。邵医健康云平台的整体架构如图 8.5 所示。

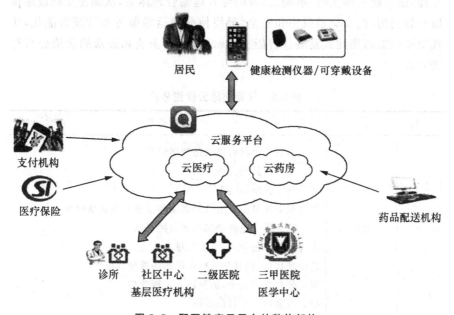

图 8.5　邵医健康云平台的整体架构

邵医健康云平台目前已经实现了预约门诊、双向转诊、在线会诊、健康咨询四大功能应用(用户可在 Apple 商店下载"纳里健康"App 体验)。

8.4　交通云与出行云

8.4.1　智能交通云

智能交通云是指面向政府决策、交通管理、企业运营、百姓出行等需求,建立智能交通云服务平台。通过智能交通云,实现全网覆盖、多媒体文件管理、流量分析、实时动态监控、智能导航、跨地区信息共享、资源融合和数据处理等功能。

8.4.1.1 智能交通云价值分析

智能交通云是将先进的信息技术、数据通信技术、电子控制技术及计算机处理等技术综合运用于整个交通运输管理体系,通过对交通信息的实时采集、传输和处理,借助各种科技手段和设备,对各种交通情况进行协调和处理,建立起一种实时、准确、高效的综合运输管理体系,从而使交通设施得以充分利用,提高交通效率和安全,最终使交通运输服务和管理智能化,实现交通运输的集约式发展。智能交通云对政府、企业和公众的价值分析见表8.8。

表8.8　智能交通云价值分析

序号	对象	价值体现
1	政府	采用信息化手段解决道路拥堵问题 建立完善的公共交通网络 建设和完善城市路网 构建交通流量信息的采集系统和信息发布共享网络 建立完善的应急联动和事故救援机制 大力倡导绿色交通、节能减排 建设现代化、信息化的城市停车场管理系统 保障公共交通安全,加强公共车辆管理 推动智能电子车牌的发展
2	企业	实现对企业车辆的实时监控和管理 提供车载信息化服务 实现对车辆的安全管理 降低车辆的营运成本
3	公众	交通安全(关注各类交通出行方式,关注车辆故障、车辆防盗、车辆救援等安全相关内容) 获取各种类型的交通信息(停车、加油、交通信号、车辆诱导、气象) 延长车辆的使用寿命(获取车辆保养信息,参与各类车辆的维护,延长车辆的使用寿命)

8.4.1.2　智能交通云总体架构

智能交通云包括全面感知、网络通信、网络应用、核心应用、终端和用户等层次和组成部分,其总体架构示意图如图 8.6 所示。

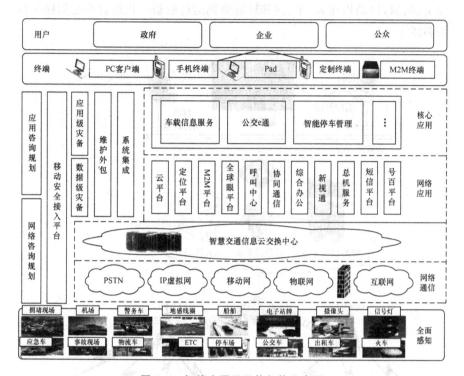

图 8.6　智能交通云总体架构示意图

8.4.1.3　贵州智能交通云

贵州省交通运输厅近年来为提升路网的公众出行服务水平与应急处置能力,已完成对全省路网 600 多路视频信号的接入,并实现与交警交通管制、交通事故、车辆驾驶员及违规信息、交通流量数据的互调共享和应急处置的联勤联动,依托交通云,对高速公路路网和国省干线公路运行状态进行监测和统一管理,目前交通数据中心、GIS 共享平台、养护管理、重点营运车辆公共服务系统、黔通途等系统已开始在智能交通云平台上提供服务,涉及高速公路收费、路网监控、公路养护、公路基础、公路交通量、道路运输基础、建设项目等业务数据。贵州智能交通云总体架构如图 8.7 所示。

通过智能交通云,开展与铁路、民航、公安、气象、国土、旅游、邮政等部门数据资源的交换共享,建立综合交通数据交换体系和大数据中心,通过监控、监测、交通流量分布优化等技术,建立包含车辆属性信息和静、动态实时信息的运行平台,实现全网覆盖,提供交通诱导、应急指挥、智能出行、出租车和公交车管理、智能导航等服务和交通信息的充分共享、公路交通状况的实时监控及动态管理,全面提升监控力度和智能化管理水平,确保交通运输安全、畅通,推动构建人、车、路和环境协调运行的新一代综合交通运输运行协调体系。

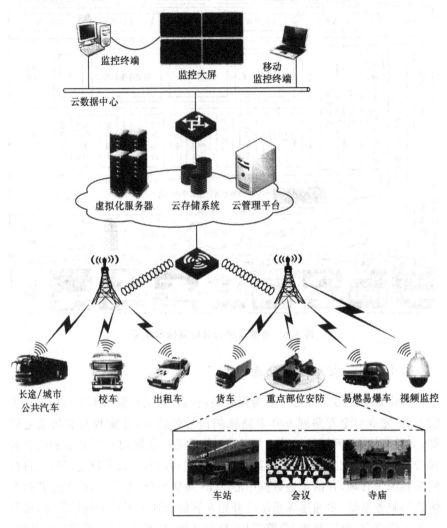

图 8.7 贵州智能交通云总体架构

在智能交通云的总体架构下,借助"黔通途"(为旅行者提供高速公路交通信息服务的移动手机软件)可进行高速公路实时路况查询、路线查询、黔通卡业务查询、通行费查询等。通过互动功能可实现车辆应急救援、连线交通运输服务监督热线"12328"，并具备天气预报、旅游景点介绍等一系列高效、专业、方便的服务。

在智能交通云的总体架构下，借助北斗技术，贵州省所有"两客一危"车辆均已安装北斗兼容终端，并接入全国重点营运车辆联网联控系统。利用北斗技术对贵州省道路营运车辆运行动态信息进行远程实时采集、传输，对驾驶员超速超载行驶、疲劳驾驶、不按核定线路行驶、停车等违法违规行为实时监控管理。发现问题及时通过系统纠正、阻止，实时掌握"两客一危"运输车辆的位置、状态，提高监管效率，规范运输车辆营运秩序，减少和避免重特大道路运输安全事故的发生。

在智能交通云的总体架构下，依托智能交通算法，通过道路交通综合调控系统对城市红绿灯及总体交通状况进行科学掌控。在 2014 中国"云上贵州"大数据商业模式大赛智能交通算法大挑战中，利用贵州省贵阳市交通流量数据（公交车 GPS 信息、出租车 GPS 信息、高德公司普通市民导航数据等），模拟贵阳市整体的十字路口交通情况，对贵阳市红绿灯控制系统进行算法建模，根据交通流量情况实时控制红绿灯的亮灯策略，以最大限度地减少拥堵，加快通行速度。

8.4.2　出行云

出行云涵盖天气、地图、公共交通、景点、人文风俗、酒店、特产等信息资源，覆盖人们的旅游、度假、出差、探亲等活动。出行云应该算是 SaaS 公共云，通过安装 App 呈现到人们的云终端设备上。出行云重在对出行在外的人施以关怀，而且建立与其家人的多方式联系和互动，覆盖行前、行中、行后3 个阶段。在积累一定量的数据之后，出行云运用大数据分析人们的喜好和行为习惯，在合理的时间向其推送合理的建议，使人们感觉到出行云是其导游、生活顾问、仆人、朋友。

8.5　教育云与购物云

8.5.1　教育云

教育云是指利用云平台实现教学数字化、电子化、信息化、无纸化，为教育者提供良好的平台，构建个性化教学的信息化环境，支持教师的有效教学和学生的主动学习,促进学生思维能力和群体智慧发展,提高教育质量。其优势在于将现有的教育网、校园网进行升级,并整合出公用教育资源库,方便教学使用,方便统一管理,从而提高教学质量。

8.5.1.1 区域教育云一般架构——以浪潮区域教育云为例

浪潮区域教育云解决方案架构如图8.8所示。解决方案依据国家教育部、中央电教馆的指导精神,以实现"三通两平台"落地为目标,建设区域教育云,通过科学设计和整体规划,建设数据集中、系统集成的应用环境,整合各类教育信息资源和信息化基础设施,实现信息整合、业务聚合、服务融合的教育管理信息系统,实现教育主管部门、各学校及社会各伙伴之间的系统互联和数据互通,全面提升教育信息化水平和公共服务水平。

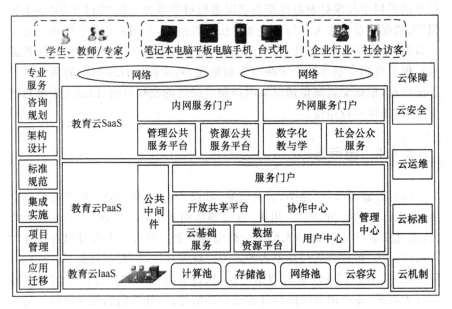

图8.8 教育云的一般架构

浪潮区域教育云解决方案基于浪潮教育云平台设计并实现,浪潮教育云平台按照云计算3层技术框架设计,包括教育云基础平台层(IaaS)、教育云公共软件平台层(PaaS)、教育云应用软件平台层(SaaS)。浪潮教育云平台基于云计算的开放、标准、可扩展的系统架构,能够实现平台容量扩容、应用嵌入整合。

8.5.1.2 中国移动教育云解决方案

如前所述,中国移动提供了教育行业解决方案,基于中国移动的教育云可构建在线教育平台,整合教育信息化资源,部署课程点播、课程直播、课程教材资料共享等业务,能够实现平台的快速部署和弹性扩展,提升使用效率。

(1)课程点播

在线教育的课程点播业务,除了向用户提供基本的 Web 服务外,还具备文件上传、媒体文件转码、媒体服务等功能,主要包括以下模块:

1)文件上传功能模块:由弹性负载均衡、文件上传服务集群(云主机产品)和原始文件存储(云存储产品)组成,提供高效、高可用的文件上传服务和大容量、可靠的原始文件存储服务。

2)媒体文件转码功能模块:由媒体文件转码(云主机产品)和索引/切片文件存储(云存储产品)组成,提供高效的媒体文件转码和大容量存储服务。

3)媒体服务功能模块:由媒体服务集群(云主机产品)、弹性负载均衡和 CDN 组成,提供高效、高可用的媒体服务,并通过 CDN 将媒体文件分发至靠近用户的网络边缘,提高了媒体服务质量。

(2)课程直播

在线教育的课程点播业务,除了向用户提供基本的 Web 服务外(参考互联网通用架构),还具备直播课程媒体采集与上传、媒体文件实时转码、直播媒体服务等功能,主要包括以下模块:

1)视频服务功能模块:课程视频实时采集设备将采集到的视频信号通过弹性负载均衡和媒体转码集群实现视频的上传和实时转码。

2)媒体服务功能模块:由媒体服务集群(云主机产品)、弹性负载均衡和 CDN 组成,提供高效、高可用的媒体直播服务。

3)直播服务功能模块:对于采用 RTMP 协议的直播方案,通过实时流媒服务集群将媒体流直接推送给 CDN 为用户提供服务;对于采用 HLS 协议的直播方案,将转码后的索引和切片使用云存储产品进行存储后,向用户提供直播服务。

(3)资料分享

资料分享服务主要包括资料文件上传服务和资料文件下载服务等逻辑功能模块。由弹性负载均衡产品和云主机产品构建的文件上传服务集群具备高效、高可用的特点。使用云存储产品对资料文件进行线上存储。通过 CDN 提供下载加速服务,提升用户体验。

8.5.2　购物云

购物的过程和目的都是体验,最理想的体验就是在正确的时间以合理的价格买到称心如意的商品且符合自己预期的使用目标。一次完整的购物消费过程包括 8 个阶段:产生需求→形成心理价位→选择商品→付钱购买→接收商品→使用商品→售后服务→用完回收。每个阶段都是一个选择、分享和评价的过程。购物云必须完全覆盖这 8 个阶段,且在每个阶段灵活引入相应的关怀和分享机制,比如:

1)购物云咨询其他云(如公民档案云、卫生保健云等)科学预测用户的需求,并在合理的时间点提醒用户需要购买什么商品。

2)咨询其他云,从而合理计算出用户购物的心理价位区间。

3)选择商品时,用户只需采用自然语言说出需求信息,购物云就会返回满足需求的商品列表,并且通过虚拟现实技术给用户建模,让其"进入"云中体验商品,如试穿衣服、触摸家具等。现实中的人们和我观看云中的"我"试用商品的情景,我也可以观看云中的"其他人"试用商品的情景,并且可以分享各自的观点,这比实体店购物体验更好。

4)购物界面上始终呈现一个虚拟的购物顾问,它其实就是一个无所不知的购物机器人(类似微软的小冰),用户可以向它咨询任何问题。

5)付钱购买直接在购物云中完成,无须登录网上银行。

6)开辟高档商品俱乐部,线上、线下形成圈子,大家分享各自的商品使用体验。

7)给每个注册的网购用户都安排一名虚拟的咨询顾问,对于购买的任何商品,虚拟的咨询顾问都会给用户无微不至的关怀,比如提醒保养,用户也可以随时向它询问。

总之,与传统的网店相比,购物云具备更好的智能,提供比线下购物更佳的用户体验,它其实就是你的亲密朋友。

8.6　高性能计算云与人工智能云

8.6.1　高性能计算云

高性能计算云,即把云端成千上万台服务器联合起来,组成高性能计算集群,承载中型、大型、特大型计算任务。比如:

1)科学计算,解决科学研究和工程技术中所遇到的大规模数学计算问题,可广泛应用于数学、物理、天文、气象、化学、材料、生物、流体力学等学科领域。

2）建模与仿真，包括自然界的生物建模和仿真、社会群体建模和仿真、进化建模和仿真等。

3）工程模拟，如核爆炸模拟、风洞模拟、碰撞模拟等。

4）图形渲染，应用领域有 3D 游戏、电影电视特效、动画制作、建筑设计、室内装潢等可视化设计。

8.6.2　人工智能云

以其他云为基础诞生的人工智能云可以算是人类追求的终极目标，它具备浩如烟海的知识，具备人的智慧、人的情感和超强的运算速度，能学习、能推理、能和人类进行语言互动，它还会做科学研究。人工智能云的触角深入到人类生活的方方面面（如果把各种传感终端当作触角），它改变并影响每个人的日常生活、学习和工作习惯——它监测每个人的身心健康、饮食习惯，并能做出疾病预测。人工智能云是全球性的公共云，每个国家都在为它贡献自己的力量，不断完善其算法，充实其知识，规范其行为。在人工智能云的笼罩下，地球真正变成了一个村子，人们交流无障碍，这里的人充满良善、爱心和慈悲心。

其他云成了人工智能云的数据来源，人工智能云成了人们唯一的交互云平台。比如，我们再也不用去购物云上购物了，因为人工智能云已经自动为我们购买了需要的东西；我们也不用关心出行云了，因为人工智能云已经为我们准备好了一切：行程安排、酒店预订、饮食准备等。自动驾驶的交通工具就是一台云终端设备，即人工智能云的触角。人工智能云能陪我们聊天、下棋，也能教小朋友知识，它成了各种机器人的超级大脑。家庭机器人就是人工智能云的云终端，机器人本身只是执行部件并做一些常规的判断，复杂的推理交给云来完成。计算能力超强的智能云能瞬间做出判断并给机器人反馈结果，因而这样的机器人表现极其聪明，反应敏捷，如果不好好控制，那么会给人类带来威胁。

第9章 云计算方案构建

9.1 小型云计算方案构建

9.1.1 需求分析

满足 60 个以内的终端用户(使用场合为办公、教学、多媒体阅览、门柜业务、家庭等),允许适度的不可用,要求满足若干个员工(如财务人员、老板)的高安全性。

有两个可选方案:单机和双机。单机方案结构简单、成本低,建设和运维容易,适合对可用性要求不高的场合,如教学、家庭、小公司办公等;双机能确保很高的可用性,但是架构稍微复杂,成本增加不多。

9.1.2 系统设计

采用 Windows 的远程桌面服务,每个用户只能看到自己主目录中的资料。

对于要求数据高度安全性的用户,给其分配虚拟机或者容器,以达到完全与他人隔离的目的。

9.1.2.1 单机方案

物理上采用四级存储子系统,如图 9.1 所示。

1)用一块 120GB 的固态盘安装操作系统、应用程序和静态的配置文件,投入运行后开启写保护,这样能最大限度地保护系统,病毒、断电、误删文件等都不会破坏系统,从而确保机器总能正常运行。

2)采用两块 250GB 的固态盘做成 RAID1(通过硬阵列卡或者软阵列来设置),有效存储容量是 250GB,然后再与 2TB 的机械硬盘做成存储池。

按 60 个用户计算,每个用户可分配近 40GB 的硬盘空间,这对于日常办公产生的资料来说足够使用。由于允许过度分配,所以每个用户几乎可以得到 80GB 的空间,对用户启用磁盘配额限制。

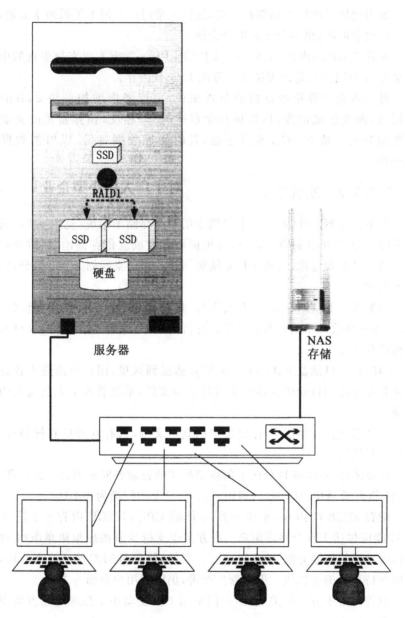

图 9.1　单机方案

3)使用一台 NAS 存储设备,容量为 4TB 以上,用于离线备份,也可以考虑做同步备份。安排一个后台备份任务,设定每 30min 增量备份一次。

采用两块千兆网卡捆绑在一起,这样正常时两块网卡平摊网络流量,即使一块网卡损坏,也不会中断用户会话。

配置 32GB 的内存,至少一块 4 核的 CPU。本方案也支持少量的虚拟机桌面(4 台以内),每台虚拟机要分配 1.5GB 内存。

对于资金预算稍微宽松的公司来说,可以考虑增加一块 2TB 的机械硬盘,两块做成镜像,以增加存储容错能力;相反,预算紧张的企业可以考虑只买一块 250GB 的固态盘,及时做好数据备份,以增加数据的安全性。

9.1.2.2 双机方案

与单机方案一样,双机方案仍然采用四级存储子系统(见图 9.2),只不过采用一块 250GB 的固态盘,再与机械硬盘做成混搭存储池,然后两台计算机的硬盘互为镜像,做成文件系统级同步。存储空间划分为 3 个分区,分别命名如下:

1)配置盘 D:存放虚拟内存页文件,临时目录 C:\Temp 符号链接到这里,要经常修改又不用同步到其他计算机的文件;存储虚拟机配置文件和虚拟机硬盘文件。

2)用户主目录盘 E:C:\Users 符号链接到这里,用户只能进入各自的目录并在自己的目录里创建更多的目录和文件,系统管理员无权进入用户目录。

3)共享文档资料盘 F:存放公司的共享文档,只有管理员有权利写,其他用户只能读。

E 分区、F 分区和 D 分区上的虚拟机文件目录要同步到另一台计算机,C:、D:盘对普通用户隐藏,普通用户在 E:盘上的配额为 40GB。

配置 32GB 的内存,至少一块 4 核的 CPU;128GB 内存＋2 块 4 核 CPU 能应付达 100 个终端用户。本方案也支持少量的虚拟机桌面(4 台以内),每台虚拟机要分配 1.5GB 内存。当然,物理机的配置足够高的话,还可以支持更多的虚拟机。但不管怎么讲,仍以多用户桌面为主。

域控对于本方案至关重要,我们采用工控凌动小主板来组建方案中的域控器。

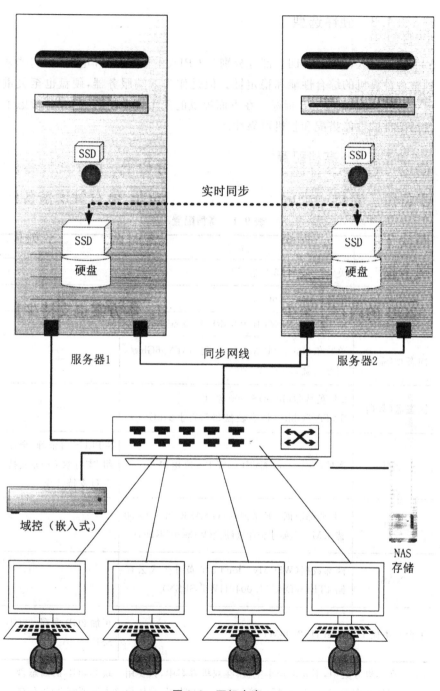

实时同步

SSD

硬盘

SSD

硬盘

服务器1　　　　　同步网线　　　　服务器2

域控（嵌入式）

NAS
存储

图 9.2　双机方案

9.1.3 硬件选型

组成个人计算机的四大部件分别是 CPU、主板、内存和电源，它们关系到整台计算机的综合性能和稳定性。但是作为云端服务器，硬盘也至关重要，尤其是硬盘的 IOPS 指标。在下面提供的几个配单中，我们充分考虑了各个配件的性能搭配和整机可靠性。

9.1.3.1 高档配置

高档配置见表 9.1。

表 9.1 高档配置

配件名称	型号	参数
CPU	英特尔至强 E5-2620V2	—
主板	华硕 29PE-D16C/2L	支持双路
内存	4 根金士顿 DDR3 1600 8GRECC 服务器内存	32GB 总容量
固态盘（系统）	英特尔（Intel）MYM3500 系列 SATA 6Gbit/s 固态硬盘 2.5 英寸 120G	—
固态盘（数据）	2 块英特尔（Intel）S3500 系列 SATA 6Gbit/s 固态硬盘 2.5 英寸 240G	—
电源	海韵（Seasonic）额定 660W P-660 电源	80PLUS 白金牌/全模组/支持双 CPU/支持 SLU 支持背线
硬盘	1 块西部数据 XE 系列 600G SAS6Gbit/s 10000 转 32M 2.5 英寸企业级硬盘（WD6001BKHG）	—
NAS	西部数据（WD）My Cloud 3.5 英寸个人云存储 4TB（WDBCTL 0040HWT-SESN）	—
工控小主板＋	Intel DN2800MT	再加 2GB 内存、32GB SSD

＊ 在单机方案中，不要工控小主板；在双机方案中，只要用一块 250GB 的固态盘。

＊ 配件可在美国、日本、中国台湾的亚马逊上购买，整体价格大概便宜 30％左右。

全部采用一线品牌的配件能保证最大的稳定性。配单中,主机配件不包括 NAS 和工控小主板,而且 4 核 CPU 和固态盘还有进一步降价的空间,预计一年后整机价格应该还可以下降千元以上。

9.1.3.2 中档配置

中档配置见表9.2。

表9.2 中档配置

配件名称	型号	参数
CPU	Intel 酷睿 4 核 i7-4770k	—
主板	华硕 SABERTOOTH Z87 主板	—
内存	4 根金士顿(Kingston)骇客神条 Blu 系列 DDR3 1600 8GB	—
固态盘(系统)	英特尔(Intel)MYM3500 系列 SATA 6Gbit/s 固态硬盘 2.5 英寸 120GB	—
固态盘(数据)	2 块英特尔(Intel)MYM3500 系列 SATA 6Gbit/s 固态硬盘 2.5 英寸 240GB	—
电源	海韵(Seasonic)额定 660W P-660 电源	80PLUS 白金牌/全模组/支持双 CPU/支持 SLI 支持背线
硬盘	1 块西部数据(WD)sE 系列 2TB 7200 转 64M SATA3 企业级硬盘(WD2000F9YZ)	—
NAS	西部数据(WD)MyCloud 3.5 英寸个人云存储 4TB(WDBCTL 0040HWT-SESN)	—
工控小主板	Intel DN2800MT	荐加 2GB 内存、32GB SSD

这是台式机的配置,稳定性不如服务器。

9.1.3.3 低档配置

低档配置见表9.3。

表 9.3　低档配置

配件名称	型号	参数
CPU	Intel 酷睿 4 核 i7-4770k	—
主板	华硕 287-A 主板	—
内存	4 根金士顿(Kingston)骇客神条 Blu 系列 DDR3 1600 8GB	—
固态盘(系统)	英特尔(Intel)S3500 系列 SATA 6Gb/s 固态硬盘 2.5 英寸 120G	—
固态盘(数据)	1 块英特尔(Intel)S3500 系列 SATA 6Gbit/s 固态硬盘 2.5 英寸 240G	—
电源	安钛克(Antec)额定 450W TP-450C	12cm 大风扇/80PLUS 金牌
硬盘	1 块西部数据(WD)RE 系列 1TB 7200 转 64M sATA3 企业级硬盘(WDl003FBYZ)	—
NAS	西部数据(WD)My Cloud 3.5 英寸个人云存储 2TB(WDBCTL 0040HWT-SESN)	—
工控小主板 *	Intel DN2800MT	再加 2GB 内存、32GB SSD

　　相比高档配置,本款配置在性能方面略微降低了一些,在可靠性方面降低得比较多。对于小微型成本敏感的公司来说,可以考虑采用本配单。

9.1.3.4　家庭虚拟化主机

　　对于家庭虚拟化主机还可以进一步降低成本,表 9.4 为一个参考配单。

表 9.4　家庭虚拟化主机

配件名称	型号	参数
CPU	Intel 酷睿 4 核 i5.4430	—
主板	技嘉 885M-D3H 主板	—
内存	2 根金士顿(Kingston)骇客神条 Genesis 系列 DDR3 1600 4GB	—

续表

配件名称	型号	参数
固态盘(数据)	1 块英特尔(Intel)S3500 系列 SATA 6Gbit/s 固态硬盘 2.5 英寸 240G	—
电源	安钛克(Antec)额定 450W TP-450C	12cm 大风扇/80PLUS 金牌
硬盘	1 块西部数据(WD)RE 系列 1TB 7200 转 64M SATA3 企业级硬盘(WD1003FBYZ)	—
移动硬盘	西部数据 Elements 新元素系列 2.5 英寸 USB3.0 移动硬盘 2TB	—

本配置能轻松带动 6 个以内的云终端。

终端选型:微算技术有限公司设计的云终端。

9.1.4　软件选型

小型私有办公云目前还是以微软桌面为主,用户习惯了使用微软的那套软件,等将来操作系统与硬件捆绑时,到底使用什么操作系统就无所谓了,毕竟我们在乎的是应用软件,就像今天的 iPad,不用安装操作系统,直接在线安装需要的应用软件即可。软件选型见表 9.5。

表9.5　软件选型

软件类型	软件选型	备注
操作系统	Windows Server 2012 R2	开启多用户功能
办公套件	Microsoft Office 2013	也可以采用金山公司的 WPS,与微软的办公软件兼容
上网浏览器	Google Chrome	或者使用 Firefox,建议不用微软的 IE
即时通信	QQ、Skype	—
平面图形处理工具	Photoshop 或 Fireworks	Fireworks 是简化版,易学、易用
矢量图形处理工具	微软的 Visio 2013	
3D 图形工具	Solidworks	易学、易用

软件类型	软件选型	备注
PDF 阅读器	Adobe Reader	—
输入法	搜狗拼音输入法、极品五笔	—
音乐播放器	酷狗或 QQ 音乐	—
视频播放器	暴风影音	—
解/压缩工具	Winrar	—
下载工具	迅雷	—
项目管理工具	微软的 Project 2013	—
知识管理工具	微软的 OneNote 2013	结合 OneDrive 网盘，可以实现资料随地访问
广播教学软件	NetSupport School	针对培训或者需要监控用户桌面的方案
容器	Windows Server Container 或 Hyper-V Container	—

实现 Windows Server 2012 R2 支持多用户桌面的方法有两种：

1）开启远程桌面服务角色，并购买相应数量的许可证。

2）打上多用户补丁，这个方法虽然成本低，但是存在法律风险。

如果需要创建虚拟机，则还需要启用操作系统的 Hyper-V 角色。Net-Support School 是针对教育培训机构的广播教学软件，当然也适合监控员工桌面的企业私有办公云，使用它之后，公司老板可以实时监控其他员工的桌面任务。

9.1.5　部署与运维

9.1.5.1　单机部署

1）安装和配置操作系统。①把机器硬件装配好，并设置好硬件阵列，把两块固态盘做成 RAID1。如果有两块机械硬盘，也做成 RAID1。②安装 Windows Server 2012 R2 到 120GB 的 SSD 上并打上最新的补丁；额外安装这些角色和功能：数据重复删除、桌面体验、存储服务、Hyper-V、用户界面与基础结构、Windows ServerBackup；命名好机器名称；把两块网卡捆绑在一起（服务器管理器→本地服务器→单击 NIC 组合旁边的"已禁用"→……）；创建固态盘和机械硬盘混合的存储池（服务器管理器→文件和存储服务→存储池→新建存储池→……），再在存储池上创建虚拟磁盘，可以考虑为这些类别创建专门的虚拟盘：页文件、C:\Temp 目录、用户桌面环境、公司内的共享资料。对存放用户数据和共享数据的磁盘启用重复数据删除，页文件指定常驻 SSD 中（采用命令 Set-FileStorageTier-FilePath<PATH>-DesiredStorageTier MYMtier_ssd 完成，采用命令 Clear-FileStorageTier. FilePath<PATH>解除）。把 Windows Server 2012 R2 优化为桌面应用。

2）用户、配额和远程桌面。①创建 60 个用户并加入"Remote Desktop Users"组和"Users"组，可以采用命令 net user、net localgroup、WITIic useraccount 等写成批命令来自动化完成创建用户的任务。②C:盘上的目录 C:\Users 转向到其他磁盘，并针对用户启用磁盘配额。③对操作系统启用远程桌面并打上多用户补丁或者安装远程桌面服务功能。

3）安装并配置应用软件。

4）创建若干台虚拟机（这一步可选）。

5）善后处理。①打上全部软件的最新补丁。②隐藏无须让用户知晓的分区。③配置好防火墙。④设置好备份计划。⑤对整台服务器做一次完整备份（操作：服务器管理器→工具→Windows Server Backup：系统备份→一次性自定义备份→勾选"裸机恢复"项，其他关联项自动被选中）。⑥启动系统盘写保护（采用 Enhanced-Write-Filter 技术）。

9.1.5.2　双机部署

双机部署与单机部署相比，多了机器间的同步配置、域控搭建等步骤。

（1）安装域控

在域控上安装 Windows Server 2012 R2 操作系统，取机器名 BaseDS，网卡设为固定 IP 地址，然后配置 AD DS，域名为 weisuan.com。创建 workmen 全局安全组，创建用户 workman$N$（N=1~60），都加入 workmen 组。两台服务器分别命名为 Node1 和 Node2，都加入域。域控上的 workmen 组加入两台服务器的本地组"Remote Desktop Users"中。

（2）配置"DFS 复制"（只在 Node1 上操作）

完成两台计算机间数据文件的双向同步，创建一个复制组，加入需要同步的目录。注意，对于 E:\Users 目录，子目录 TEMP、Administrator、

Administrator. WEISUAN 不同步。只针对 E、F 两个盘做同步策略,D 盘的虚拟机文件改动频繁,建议一天或半天同步一次,其他两个盘做成实时同步。

(3)配置"网络负载平衡"(只在 Node1 上操作)

在服务器管理器中,单击"工具专网络负载平衡管理器"。新建集群,加入 Node1 和 Node2 两台计算机,选择直连的网卡,属性有:名称=remotedesktop,集群操作模式=单播,端口规则=端口范围 3389～3389,筛选模式=多个主机,相关性=单一。

9.2　中型云计算方案构建

9.2.1　需求分析

能满足 100～500 个用户日常办公的需要,每个用户分配一个账号,从而使其能在任何一台云终端上登录云端桌面,实现公司内部的移动办公。应用场所包括大型的阅览室、培训教室、中型公司、大型门柜业务等。

9.2.2　系统设计

在双机方案的基础上做纵向和横向扩展:

1)在纵向上提高单台机器的硬件配置,从而提高每台计算机的性能。

2)在横向上添加更多的机器,比如每台机器能服务 80 个用户,那么 5 台机器就能服务 400 个用户。继续采用分布式存储并定期同步的策略,不引入集中存储设备,这样不仅可以降低成本,还可以简化系统架构。对 3389 端口做负载均衡处理。

中型方案的系统框图如图 9.3 所示。

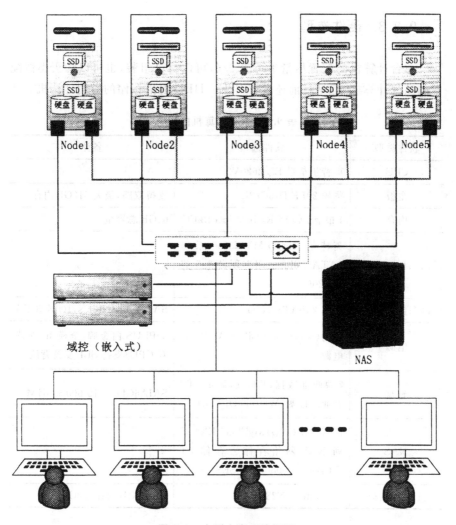

图 9.3　中型方案系统框图

　　为了增加可靠性,现增加一台域控。为了提高容量和磁盘性能,这里采用两块高速机械硬盘做成 RAID0,并选购更好的固态盘。5 台机器的数据存储做成实时同步,用户登录时通过负载均衡技术被平摊到每台机器上,当某台机器故障时,该台机器上的用户被重新分配到其他机器上。

　　采用 Windows Server 2012 R2 操作系统,利用操作系统自带的集群、分布式文件系统(DFS)、Hyper-V、备份等组件。

9.2.3　硬件选型

单台计算机的配置尽量参考表 9.6,可以自己组装,也可以购买类似配置的品牌计算机,但是目前还没有 SSD＋HDD 混搭存储的商用计算机。

表 9.6　单台计算机的配置

软件类型	软件选型	备注
CPU	英特尔至强 E5.2620V2	—
主板	华硕 29PE-D16C/2L	支持双路,最大 512GB 内存
内存	4 根金士顿 DDR3 1600 16G RECC	64GB 总容量
固态盘(系统)	英特尔(Intel) MYM3500 系列 SATA 6Gbit/s 固态硬盘 2.5 英寸 120G	—
固态盘(数据)	OCZ 25SAT3-512G	SATA 6.0 GBit/s,100K IOPS
电源	海韵(Seasonic)额定 660W P-660 电源	80PLUS 白金牌/全模组/支持双 CPU/支持 SLI/支持背线
硬盘	2 块西部数据(WD)迅猛龙 1TB 企业级硬盘(WD1000DI-ITZ)	SAIA6Gbit/s 10 000 转 64M
NAS	西部数据(WD)MyCloud EX4 系列 NAS 网络存储云存储 8T WDBWWD0080KBK-SESN	—
工控小主板	2 块 Intel DN2800MT	再加 2GB 内存、32GB SSD

不计 NAS 和工控小主板,一台机器的价格在 2 万元以内;如果直接从美国进货,则每台机器可控制在 1.5 万元以内;如果购买品牌服务器,要达到相同的性能,价格在 3 万元以上。本配置单支持以后做纵向扩容:增加一块 CPU、增加内存、增加硬盘。

9.2.4　其他操作

软件选型和部署与运维时,可参考前面的“小型方案”的“双机部署”。

9.3 大型云计算方案构建

9.3.1 需求分析

能接入 500 台以上的云终端,可以满足大型公司内各类员工的办公需求。公司员工用各自的账号能在公司内部的任何云终端上登录自己的远程桌面,实现公司内部移动办公;同时,要求出差在外的员工也能安全访问远程桌面,公司安全管理部门能监控到外发的电子文档资料。对于一家大型公司来说,云终端用户的基本分类见表 9.7。

表 9.7 公司用户分类

序号	用户类型	特征	常用操作
1	访客	非公司员工在公司内的公共场所,如会场、餐厅、休息室、大堂、接待室等使用计算机	查询、上网、娱乐等
2	合作伙伴	授权访问、外部接入	与特定的接口人交换信息等
3	普通文员	采用一般的轻量级的软件处理日常文字工作、生产调度等,涉及的信息重要级别低	文字处理、收发邮件、上网、音视频娱乐、ERP 等
4	重要文员	涉及的信息安全级别高,如财务会计、人事档案、项目管理、工资福利等,要求用户间的隔离效果好、可用性高、数据安全性高等	业务软件操作、文字处理、收发邮件、上网、音视频娱乐、ERP 等
5	研发人员	信息安全是关键,项目团队与外围必须绝对隔离,消耗较多的计算资源	研发工具、文字处理、收发邮件、上网、音视频娱乐等
6	领导	使用轻量级的软件,但是信息安全级别最高,应用可用性要求最高	文字处理、审批、收发邮件、上网、音视频娱乐、ERP 等

续表

序号	用户类型	特征	常用操作
7	业务人员	市场部、采购部、安全部门的员工,他们的共性是要求信息绝对安全,可用性高	业务软件操作、文字处理、收发邮件、上网、音视频娱乐、ERP 等
8	IT 运维人员	他们除运维外,还要对新技术、新方案做测试和评估	运维软件操作、测试评估、文字处理、收发邮件、上网、音视频娱乐等

9.3.2 系统设计

9.3.2.1 技术背景

根据用户在云端共享层次的不同,有如下几种实现技术。

(1)共享信息和技术(Ⅰ型)

这是最轻量级的,所有的人都用同一个账户登录,进入同一个用户环境,可运行同一个程序集中的程序,每个人的数据集对其他人可见。用户一退出,其计算痕迹全部被删除。本方法特别适用于公共场所,如图书馆的多媒体阅览室、教育培训机构的计算机室、智能会议室、查询终端等。

(2)独占信息、共享技术(Ⅱ型)

这是较轻量级的,即每个用户独占数据集和少量应用软件,共享硬件、系统软件(如操作系统)和大部分应用软件。这就是多用户系统,Linux 操作系统是一个典型的多用户系统,Windows 的远程桌面服务也是多用户系统。

多用户系统又存在两种实现方法:

1)RemoteApp 方式,即在本地创建快捷方式,指到云端的程序(程序安装在云端并在云端运行);采用这种方法,当用户双击快捷方式时,会自动登录云端(账号和密码事先配置好),然后在云端计算。

2)远程桌面方式,用户直接登录到云端并进入自己的用户环境。这两种方法都要求事先在云端创建账号,并配置用户环境。采用这种方式可以人工登录到云端桌面。

RemoteApp 方式可以实现“单一入口、分工计算”的目的,即若干台云端服务器可以分工计算,比如有的服务器运行办公软件,有的服务器运行多媒体软件,有的服务器运行游戏软件,有的服务器专门用于科学计算,等等,然后把这些程序都整合到用户的桌面上来。为了实现这种"单一入口、分工计算"的目的,必须采用单点登录(用户集中认证)和家目录漫游。用户的桌面可以在本地,也可以在云端(专门用一台服务器存放桌面),桌面上的快捷方式可以由用户自己创建(但规定了可选择的程序集),也可以由系统管理员推送过来。当用户数达到几百、上千甚至上万时,采用 RemoteApp 方式较合适。

(3)独占信息和应用软件,共享硬件和操作系统(Ⅲ型)

这是基于操作系统层面的虚拟机,也称为"容器"(常说的 VPS,即虚拟私有服务器)。每个 VPS 都拥有自己的 IP、根文件系统、用户认证系统,以及应用软件集,但是同一台物理机器上的 VPS 共享底层的操作系统内核,用户使用 VPS 就像使用一台单独的物理机器(但是涉及操作系统内核修改的操作是禁止的,比如我们经常会在 Linux 下重构内核,这在 VPS 中是不允许的)。从整台物理机来看,由于内存中只有一个操作系统在运行,所以与全虚拟机相比,物理机能输出更大的有效计算能力,也能承载更多的"容器",容器数量几乎多出一倍。

另外,与上面两种方法相比,VPS 能达到更好的数据隔离效果。本技术方案特别适合个性化用户和要求数据隔离良好的应用,绝大多数 VPS 提供商都会采用。

(4)虚拟机(Ⅳ型)

虚拟机共享硬件和 Hypervisor 层(有的是操作系统,有的是虚拟层),独占操作系统、应用软件和信息。与Ⅲ型相比,虚拟机具备更佳的隔离效果,用户透明度更高,远程用户几乎不能分辨自己使用的到底是虚拟机还是物理机,在物理机上能进行的操作在虚拟机里都能进行。但是由于一台物理机同时运行多个操作系统,所以资源浪费更大。

对于一些要做深度开发的技术工程师(如程序开发员),建议给他们创建虚拟机,允许他们配置虚拟机硬件、安装操作系统、安装开发工具等。

(5)物理机(Ⅴ型)

这是最重量级的,即独占网络层以上的全部信息和技术,直接给用户分配物理机。用户通过远程管理卡连接到物理机,从而可以开关机、配置 BIOS 参数、安装操作系统、配置网络参数、安装应用软件等。物理机的隔离效果最佳,用户个人体验最佳,但是成本也最高。对于一个单位组织的 IT 工程师,建议给他们分配物理机。

9.3.2.2　系统拓扑

根据公司用户分类和 IT 系统层次的不同,可制成表 9.8。

表 9.8　物理机的分配

序号	用户类型	终端数	桌面类型	备注	服务器
1	访客	100	先Ⅳ型后Ⅰ型	单独使用两台服务器,并与其他服务器在网络上隔离	2 台
2	合作伙伴	100	先Ⅳ型后 SaaS 型	单独使用服务器,每个应用使用一台虚拟机来承载	2 台
3	普通文员	350	先Ⅳ型后Ⅱ型	—	与本表序号 7 中的业务人员公用相同的物理机:10 台
4	重要文员	80	直接Ⅳ型	虚拟机隔离	
5	研发人员	250	先Ⅴ型后Ⅱ型或先Ⅳ型后Ⅱ型	研发部与其他部门先物理机隔离,然后各个项目间虚拟机隔离,人与人之间可采用容器隔离	9 台
6	领导	20	先Ⅴ型后Ⅳ型	先与其他部门做物理机隔离,然后领导间做虚拟机隔离	2 台
7	业务人员	400	先Ⅳ型后Ⅰ型	—	
8	IT 运维人员	50	Ⅴ型和Ⅳ型	部分Ⅴ型,部分Ⅳ型	5 台+若干台低配裸机

1)公司领导的数据和应用特别重要,所以每个领导分配一台虚拟机,领导的虚拟机运行在专门的两台服务器上,两台物理服务器做成集群。

2)研发人员的重要程度等同于公司领导,他们具备大致相同的操作行为,所以也采用专门的物理服务器。但是同一个项目成员之间保密度不高,他们之间往往需要共享很多文档资料和源代码,并使用相同的开发工具,所以建议他们使用多用户远程桌面(先Ⅳ型后Ⅱ型)。不同项目组之间应施行严格的隔离措施,即不同的项目组采用不同的虚拟机。如果一个项目足够大,超出了一台虚拟机的处理能力,那么可创建多台虚拟机,这些虚拟机之间通过 VLAN 互联。采用虚拟机而不是物理机的好处是,虚拟机迁移方便、可用性高。

3)业务人员面向的是公司的对外业务,涉及客户和提供商,他们积累的数据同样非常重要,对应用的可用性要求较高。所以,建议尽量使用专门的服务器,重要的职员使用单独的虚拟机,同一部门的职员使用虚拟机上的多用户桌面。如果某个部门内的职工人数很多,则可以分配多台虚拟机。

4)普通文员和重要文员使用专门的服务器,每个重要文员分配单独的虚拟机,普通文员采用虚拟机上的多用户桌面。当然,对于那些只维护应用的员工来说,也可以分配一台虚拟机。

5)IT 运维人员使用的软件比较杂,操作行为多变,需要经常模拟各种应用场景,所以直接给他们分配物理服务器是一个好主意。根据具体情况,可能一些运维人员还需分配多台服务器。

基于上述分析,最终我们设计的云计算方案框图如图 9.4 所示。

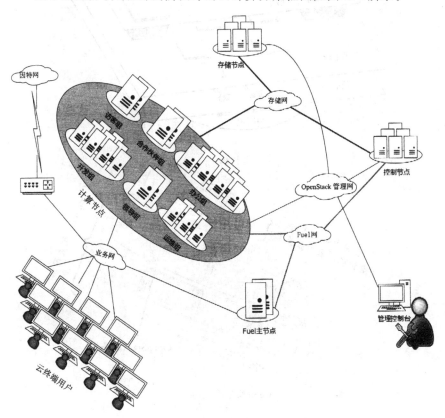

图 9.4 大型云计算方案框图

我们采用 OpenStack 云计算管理工具和 Mariants 公司的 Fuel 自动部署工具。在图 9.4 中,每个组承载一定数目的虚拟机,这些虚拟机可能被分割成不同的 VLAN,同一台虚拟机允许在它归属的组内"漂移",但不能跨越组边界。所以我们采用的网络拓扑为基于 VLAN 的 Neutron,它支持网卡绑定、虚拟交换机(OVS)和 Murano,允许对租户进行隔离。

9.3.2.3　网络设计

网络设计如图 9.5 所示。

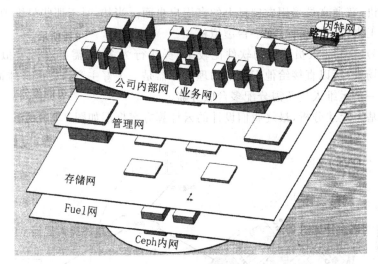

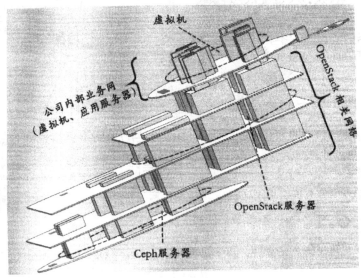

图 9.5　网络设计

采用 5 张网络平面,从上至下分别是公司内部网(或业务网)、管理网、存储网、Fuel 网和 Ceph 内网。其中,公司内部网相当于公司的传统 IT 系统网络,分配给员工使用的虚拟机和一些应用服务器(如网站、邮箱等)都属于这张网;而管理网、存储网、Fuel 网和 Ceph 内网组成 OpenStack 相关网络部分,OpenStack 的作用就是管理虚拟机,是手段。在图 9.5 中,由 Ceph 内网支撑的立方体代表 OSD 服务器,由 Fuel 网支撑的立方体代表 OpenStack 中的控制和计算服务器,贯穿公司内部或者由其支撑的立方体代表虚拟机和应用服务器。一个立方体的支撑网络平面和贯穿网络平面代表一台服务器同时处于几个网络平面中,如图 9.5 中的 OpenStack 服务器同时处于 3 个网络平面。各个网络平面的作用见表 9.9。

表 9.9　各个网络平面的作用

网络名称	作用	网络参数
公司内部网	云终端用户、虚拟机之间、应用服务器之间的通信包,以及与公司外部的交换数据包	B 类地址＋VLAN,172.16.0.1/16,服务器和虚拟机采用固定 IP,终端采用动态 IP
管理网	承载 OpenStack 各组件间的通信包、管理员的管理数据包	192.168.1.1/24,固定 IP
存储网	中央存储与服务器、虚拟机的存储数据包	192.168.2.1/24,固定 IP
Fuel 网	服务器自动安装操作系统的数据包	192.168.3.1/24,固定 IP
Ceph 内网	Ceph 内部各个节点之间同步数据包	192.168.4.1/24,固定 IP

本大型方案决定采用 OpenStack 构建基础平台,全部的集群具备横向扩充的特征,对于 Open Stack 可做如下设计。

在云端存在 8 个集群,其中管理集群用来运行 OpenStack 服务(但不包含业务计算节点),所以管理集群本身的虚拟机不纳入 OpenStack 中管理。而每个集群上的虚拟机不允许"漂移"到其他集群,所以我们采用 HA 对全部机器进行分组,同时只采用一个 Region 和一个 Cell。之所以要采用 Cell,是为了以后扩展,如图 9.6 所示。

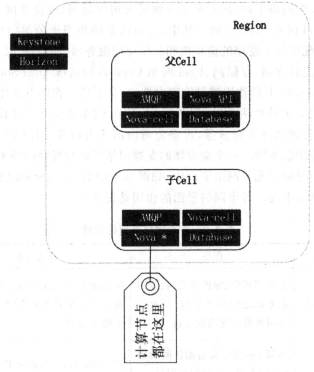

图 9.6　采用 Cell

为了便于区分和记忆,直接采用集群的名字作为 HA 分组的属性,属于同一个 HA 组的机器最好分布在不同的机柜,每个机柜一般都有各自的供电、网络、避雷和冷却等设施,这样就能最大限度地保证同一个 HA 内的机器不会同时损坏。分组情况见表 9.10。

表 9.10　分组情况

序号	HA 分组属性	对应的集群	机器数目
1	guest	访客群	2
2	partner	合作伙伴群	2
3	office	办公集群	10
4	development	开发集群	9
5	leader	领导集群	2
6	support	运维集群	5
7	base	基础服务集群	6

加上管理群等,差不多有 45 台机器,全部采用 2U 的机架式服务器,安装在 3 个机柜中,要求每个分组的机器分散到尽量多的机柜中,如图 9.7 所示。

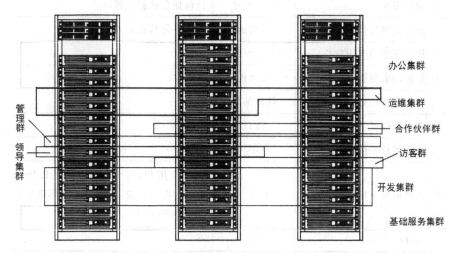

图 9.7　机柜布局

管理群中有 3 台服务器,每台服务器上运行 3 台虚拟机,第一台虚拟机运行 Keystone 和 Horizon 服务,第二台虚拟机运行父 Cell 中的 4 个服务,第三台虚拟机运行子 Cell 中的几个控制服务(AMQP、Database、Nova-cells、Nova-scheduler、Nova-network),通过负载均衡器把任务平均调度给 3 台服务器。一共 9 台虚拟机,分成 3 组,每组 3 台虚拟机中运行相同的服务,共同承担由负载均衡器分配过来的任务。

系统架构图中的基础服务集群包括 DNS、域控、DHCP、局域网接入认证、单点登录、IT 设备监控、用户上网行为管理、病毒特征库、补丁中心、入侵检测、VPN 等。

9.3.2.4　存储设计

中央存储部分保存公司与办公相关的数据,所以科学设计中央存储非常关键,必须从容量、性能、可靠性等方面仔细斟酌。本案例的存储需求说明见表 9.11。

表9.11　存储需求说明

需求项	值	备注
1. 预算多少	200万元	只包括存储服务器
2. 业务类型是什么	云桌面	移动办公私有云
3. 访问存储的应用软件	Hypervisor	KVM
4. 存储的数据类型	大文件	—
5. 容量偏好还是性能偏好	性能偏好	—
6. 初始数据量多少	15TB	—
7. 数据增长率多少	7GB/d	—
8. 主机请求IOPS多少	60000	1500个用户,每个用户40个IOPS。由于存在写惩罚,所以磁盘实际IOPS在100000以上
9. 吞吐(带宽)多少?	1Gbit/s	—

方案选型时,对以下几方面加以关注:

1)多副本存储。

2)万兆网络:万兆交换机、多网卡绑定。

3)分布式系统:每个节点都能单独提供服务。

4)多采用SSD。

5)消除单点故障。

综上所述,我们决定采用Ceph来构建存储子系统。Ceph发展很快,目前已能在生产环境中使用。它对外能提供3种存储服务,分别如下:

1)对象存储服务(Object)。有原生的API,而且也兼容Swift和S3的API。

2)块存储服务(Block)。支持精简配置、快照、克隆等。

3)文件存储服务(File System)。Posix标准接口,支持快照。

Ceph的优点如下:

1)高扩展性。使用普通X86服务器,支持上千台存储节点和数PB级的数据量。

2)高可靠性。不存在单点故障,多数据副本,自动管理,自动修复。

3)高性能。数据分布均衡,并行化程度高。对于对象存储和块存储,不需要元数据服务器,因此不存在瓶颈通道(短板)。

外界可以通过 4 条途径访问 Ceph：①通过文件存储服务接口，如 NFS；②通过块存储服务，如 iSCSI；③通过对象存储服务，如 OpenStack 的 Swift 就是采用 RESTfull 调用方式访问 Ceph 的；④采用编程函数库编写应用软件来访问 Ceph。

设计的集中存储方案逻辑框图如图 9.8 所示。

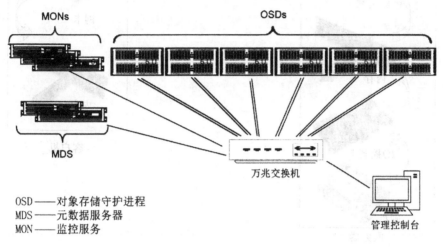

OSD——对象存储守护进程
MDS——元数据服务器
MON——监控服务

图 9.8　集中存储方案逻辑框图

在这个方案中，我们采用了 6 台存储节点、3 台监控节点、2 台文件系统元数据节点。其中，最关键的是运行对象存储守护进程（OSD 进程）的节点，Ceph 官方建议采用通用的服务器，比如惠普、戴尔品牌的机器都可以。如果用不到 Ceph 的文件存储服务（如 NFS），那么元数据服务器（MDS）可以不要。客户端通过网络访问 Ceph 中的数据，负载被平均分配到全部的存储节点上，因此并没有瓶颈。访问数据的输入/输出通路如图 9.9 所示。

在整个输入输出通路上，带宽是由最慢的部件决定的。在这些部件中若内存的速度是最快的，则"短板"必在硬盘、输入/输出控制卡、网卡、交换机中，下面分别加以阐述。

（1）硬盘

混合使用固态硬盘（SSD）和多块机械硬盘（HDD）。固态硬盘性能高、容量小，机械硬盘性能低、容量大，混合使用大致可以达到固态硬盘的性能和机械硬盘的容量。当然，还需要软件的配合才能发挥其最大的优势。在 Ceph 方案中，固态硬盘作日志盘，多块机械硬盘作数据盘，多块硬盘做成 JBOD 或者 RAD0。表 9.12 所示是一些硬盘的 IOPS 和吞吐统计值。

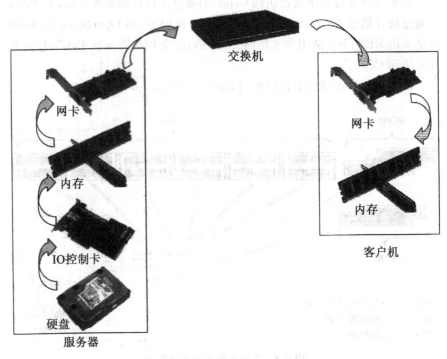

图 9.9 访问数据的输入/输出通路

表 9.12 一些硬盘的 IOPS 和吞吐统计值

键盘类型	容量	IOPS	顺序读写吞吐
ATA 5400RPM	≤4TB	55～85	115～120MB/s
SATA 7200RPM	≤4TB	75～100	140～170MB/s
SAS 1 0000RPM	≤1.2TB	125～150	115～190MB/s
SAS 1 5000RPM	≤600GB	175～210	120～210MB/s
SATA SSD	≤800GB	5000～120 000	300～550MB/s
mSATA SSD	≤500GB	18 000	300～530MB/s
PCI-E SSD	≤3.2TB	120 000～9 608 000	300～2800MB/s

　　ATA 5400RPM 的硬盘在笔记本、移动硬盘产品中多见；SAS 硬盘在传统服务器中用得较多，但是其价格高、容量小的缺陷注定其将逐渐退出市场；SATA 7200RPM 目前是主流，尤其是台式机用得最普遍，结合 SSD 硬盘，做成混合存储方案，越来越得到重视；相比 PCI-E SSD，SATA SSD 用得更普

遍,尽管 PCI-E SSD 具备卓越的 IOPS 和巨量吞吐,但是其动辄上万元的价格使绝大多数消费者望而却步。总结:SATA 7200RPM 的机械盘＋SATA SSD 混合存储方案是将来两三年内的流行方案。

(2)I/O 控制卡

硬盘控制器一般集成在主板上的南桥芯片中,尤其是台式机,很少需要额外添加硬盘控制卡。但是有时需要接入太多的硬盘或者需要更高的吞吐或者支持阵列,这时就要额外购买硬盘控制卡,并插入主板的 PCI-E 插槽中。无论是独立的控制卡还是集成到南桥芯片中,输入/输出控制芯片都至关重要(见表 9.13)。

表 9.13　输入/输出控制芯片

输入/输出 控制芯片	芯片	JBOD	回写 缓存	备注
HPP420i	Qlogic	不支持	有	1Gbit/s
LSI 3081E-R	LSI SAS 1068E	—	—	PCI-E,3Gbit/s
华硕 P8B-C 集成, LSI SAS 9211-8i	LSI SAS 2008	支持	无	PCI-E2.0,6GbWs,30 万 IOPS,吞吐 6000MB/s,8 口,支持电池供电保护 数据
戴尔 H710	LSI SAS 2208	不支持	有	—
超微主板集成	LSI SAS 2208	支持	有	—
HP H220 LSI SAS 9205.8i	LSI SAS 2308	支持	无	PCI-E 3.0,6Gbit/s,60 万 IOPS,8 口, 支持电池供电保护数据
LSI Logic LSI00345 9300-8i	LSI SAS 3008	支持	—	PCI-E 3.0,SAS 12Gbit/s. SATA 6Gbit/s, 百万级 IOPS,吞吐 6000MB/s,8 口, 支持电池供电保护数据
MegaRAID SAS 9361-8i	LSI SAS 3108	支持	—	PCI-E 3.0,每端口 12Gbit/s,百万级 IOPS,吞吐 6000MB/s,8 口,IGB 缓 存,双核,支持电池供电保护数据

从表 9.13 中可以看出，输入输出控制芯片几乎被 LSI 公司垄断。如果购买独立的 I/O 控制卡，建议芯片版本在 2008 以上。本方案中购买的是 LSI SAS 3008 芯片组产品，为以后预留足够的纵向扩展空间。

（3）内存

在 I/O 通路上，内存的速度是最快的，所以在速度上没有特别的要求（当然，在执行指令的通路上，内存又会成为"短板"）。但是内存的稳定性至关重要，内存的稳定性要求不能出错，即使出错了，也还能纠正错误。因此，强烈建议采用具备纠错功能的 ECC 内存、多通道内存、DDR Ⅲ代内存、服务器内存，当然内存容量越大越好。

（4）网卡和交换机

网络很容易成为输入/输出通路上的瓶颈，可以肯定，如果采用单块千兆网卡或者千兆及以下的交换机，那么理论上网络的吞吐是 100 兆字节（约等于 1000/10），实验数据大概在 60 兆左右。表 9.12 中列出的最慢硬盘，其吞吐也在百兆以上。因此，组建 Ceph 存储时建议采用当时最快的网卡和网络设备。比如 2014 年有万兆网卡和交换机，万兆网络理论吞吐是 1000MB，实验数据也在 600MB 以上，超过除 PCI-E 固态盘外的所有类型的硬盘吞吐。如果还嫌慢，就捆绑多块万兆网卡平摊流量，比如采用 n 块，那么理论吞吐就是 $n \times 1000MB$ 了。注意，网卡的稳定性也很重要，所以要购买大品牌网卡，可能价格会贵很多，但是收益也很明显（减少一次数据丢失就赚了）。

Ceph 中的监控程序（MON）建议运行在单独的计算机上，至少 3 台。MON 监视整个存储集群的运行状态，记录 PG（对象的位置信息）和 OSD 日志，因此运行 MON 的计算机配置要求不高，采用一般配置（如 7GHz 的 CPU、16GB 内存、500GB 硬盘）即可。

9.3.3　硬件选型

9.3.3.1　计算节点

各种集群中的服务器的主要任务是运行虚拟机，因此对 CPU 和内存比较敏感。基础服务集群中的计算机统一采用物理机直接安装法（不采用虚拟机），以便提高基础服务的快速响应能力，这部分机器对硬件配置要求不高，但是对可靠性要求很高，具体见表 9.14。

表 9.14　集群服务器硬件配置单

配件名称	型号	参数
CPU	Intel 至强 E5-2620V2	6 核，2.1GHz。购买 2 个
主板	华硕 29PE-D16C/2L	支持双路，最大 512GB 内存
内存	8 根金士顿 DDR3 1600 16GRECC	128GB 总容量
固态盘（系统）	英特尔（Intel）S3500 系列	SATA 6Gbit/s 固态硬盘 2.5 英寸 120G
电源	航嘉 HK700-12UEP	

9.3.3.2　控制节点

控制节点包括网络基础服务节点和 OpenStack 控制节点，其中网络基础服务节点有 3 个，OpenStack 控制节点有 3 个。

网络基础服务包括 DHCP、DNS、AD、RADIUS、IDS、CA、打印服务、NTPD 等，关乎整个系统的可用性，因此机器要求稳定可靠，性能倒在其次。

网络基础服务节点硬件配置见表 9.15。

表 9.15　网络基础服务节点硬件配置

配件名称	型号	参数
主板	超微 MBD-AISAI-2750F-O	集成 C2750 CPU（8 核，2.4GHz），4 个千兆网口，1 个 IPMI 口，MINI-ITX
内存	2 根金士顿 DDR3	1600 8G RECC
固态盘（系统）	Intel DCS3500	120G
电源	台达电源适配器	主动 PFC 大功率 DC 12V 12.5A 额定 150W

注意：系统做成只读的，可变数据放在 Ceph 中。

OpenStack 控制节点对计算资源没有特别偏好，要求 CPU、内存、网络和硬盘配备均衡，硬盘侧重于速度。OpenStack 控制节点硬件配置见表 9.16。

表 9.16　OpenStack 控制节点硬件配置

配件名称	型号	参数
CPU	Intel xeon E7-4807	6 核心 12 线程，1.86GHz，LGA1567
主板	华硕 29PE-D16C/2L	支持双路，最大 512GB 内存，
内存	4 根金士顿 DDR3 1600 16GRECC	64GB 总容量
固态盘（系统）	英特尔（Intel）S3700 系列	SATA6Gbit/s 固态硬盘 2.5 英寸 100G
电源	安钛克 TP650C	650W，80PLUS 金牌

9.3.3.3　Fuel 节点

Fuel 节点侧重于输入/输出通路带宽，即配备高速的网络、磁盘、内存、合理的硬件配置，见表 9.17。

表 9.17　Fuel 节点硬件配置

配件名称	型号	参数
CPU	Intel Xeon E5-2620V2	LGA2011/2.1GHz/15M，6 核
主板	华硕 29PE-D16C/2L	支持双路，最大 512GB 内存
内存	2 根金士顿 DDR3 1600 16GRECC	32GB 总容量
固态盘（系统）	英特尔 S3700 系列	200G，SATA3，企业级
电源	安钛克 TP 650C	650W，80PLUS 金牌

9.3.3.4　存储节点之 OSD

Ceph 中央存储采用 6 台机器，3 份备份模式，提供 96TB 的有效存储容量，物理磁盘容量为 288TB。单台计算机的配置参考表 9.18，可以自己组装，也可以购买类似配置的品牌计算机。

表 9.18　OSD 计算机配置

配件	型号	参数
CPU	Intel Xeon E3-1235	4 核 8 线程,3.2GHz
主板	P9D-MH-10G-DUAL	2 个万兆网口,2 个千兆网口,集成 LSI 2308 磁盘卡,8 个 SAS 口,6 个 SATA 口
内存	6 根金士顿 DDR3 1600 8GRECC	48GB 总容量
固态盘(系统)	Intel/英特尔 DCMYM3500	120G
固态盘(日志)	OCZ RVD3-FHPX4-240G	240GB,IOPS＝130 000,吞吐:读 1000MB/s,写 900MB/s
电源	酷冷至尊白金龙影 1000W(RS-A00-SPPA)	80PLUS 白金牌/全模组/支持双 CPU/支持 SLI/支持背线/12 个 SATA
硬盘(SAS)	8 块 4TB WD4001FYYG	32TB
硬盘(SATA)	4 块 4TB WD4000FYYZ	16TB

根据 Ceph 部署经验值,一个 OSD 进程需要 1GHz 的 CPU 频率,1TB 的存储需要 1GB 内存,所以对本配置,一台计算机大约运行 12 个 OSD 进程(4×3.2),每个 OSD 进程大约分配 4GB 内存,并分别负责一块机械硬盘。240GB 的固态盘分为 12 个区,每个区 20GB,存放 OSD 进程的日志。

9.3.3.5　存储节点之 MON

存储节点配置之 MON 配置见表 9.19。

表 9.19　存储节点配置之 MON 配置

配件名称	型号	参数
主板	超微 MBD-A1SIV2750F-O	集成 C2750 CPU(8 核,2.4GHz),4 个千兆网口,1 个 IPMI 口,MINI-ITX
内存	2 根金士顿 DDR3 1600 8GRECC	16GB 总容量
固态盘(系统)	Intel DC S3500 120G	

续表

配件名称	型号	参数
固态盘（数据）	Intel DC S3500 480G	240GB, IOPS = 130 000，吞吐：读 1000MB/s，写 900MB/s
电源	台达电源适配器	主动 PFC 大功率 DC 12V 12.5A 额定 150W

本配置方案采用了服务器版的凌动 CPU C2750，超微的这块小主板相当于嵌入式主板，运行稳定可靠、功耗低，整台计算机的功耗在 40W 以内。

9.3.4 软件选型

应用层软件先不做考虑，我们主要是针对系统层，同时遵循开源软件优先、类型尽量单一、结构尽量简单的原则，最终选定的软件见表 9.20。

表 9.20 系统层软件选型

软件类型	软件选型	备注
宿主操作系统	CentOS 7.2 X86_64	最小化安装
云管理平台	OpenStack Newton	N 版
存储	Ceph	实现对象存储、块设备和分布式文件系统
虚拟机	KVM	—
来宾操作系统	Windows Server 2012 R2	域控、远程桌面会话
	Windows 10	办公
	CentOS 7.2	开发、运行中间件等
局域网接入认证	FreeRADIUS	—
入侵检测	Snort	易学、易用
上网行为管理	Squid	—
VPN	OpenVPN	—
单点登录	OpenID	也可以采用耶鲁大学的 CAS
IT 设备监控	Zabbix	—

续表

软件类型	软件选型	备注
消息队列	RabbitMQ	—
SQL 数据库	MariaDB/MySQL-Galera	—
部署工具	Mirantis Fuel	自动化部署 OpenStack
HA 工具	HAProxy、Pacemaker	—

之所以选择 64 位的 CentOS 7.2,理由如下:它采用 Linux 内核 3.15 版,默认采用 XFS 文件系统(一个单文件系统容量可达 500TB),完美支持 Docker 容器,无缝衔接 Windows AD 域,还有其他众多的适合云计算的特征。

9.3.5　部署

整个系统的部署主要涉及 4 个部分,分别是 Ceph 的部署、OpenStack 的部署、基础服务集群的部署,以及虚拟机里的应用部署。这里只对前三部分做概括性介绍,应用部署不在本书的讨论范围之内。

最著名的自动化部署 OpenStack 的工具有以下几个:

1)Mirantis 公司的 Fuel:Mirantis 是一家专门围绕 OpenStack 推广和运维的公司,其发布的开源自动化部署工具 Fuel 非常强大,囊括了安装操作系统、高可靠性高计算(HA)、安装 OpenStack 和运维监控等,而且实现了 CLI 界面和基于 Web 的 GUI。

2)Puppet 公司的 puppetlabs. OpenStack:老牌经典,不过功能相对 Fuel 要弱。其他比较强大的工具都是基于它开发出来的。从网站可以下载其文档和脚本。

3)红帽公司主导的 PackStack:基于 Puppet 开发,目前只支持 Red-Hat/CentOS 操作系统,支持多节点部署 OpenStack。

4)OpenStack 社区的 Devstack:这算是最早的一套从源码安装 Open-Stack 的自动化脚本,适合搭建开发或者实验的 OpenStack 环境,不适合在生产环境中使用。

9.3.5.1　准备工作

Ceph 存储系统中的各个节点的名字和 IP 分配见表 9.21。

表 9.21　Ceph 节点

主机名	IP 地址	节点类型	备注
mon1	192.168.4.11	ON	IP 地址范围是 192.168.4.11～20
mon2	192.168.4.12		
mon3	192.168.4.13		
mds1	192.168.4.21	MDS	IP 地址范围是 192.168.4.21～30
mds2	192.168.4.22		
osd1	192.168.4.31	OSD	IP 地址范围是 192.168.4.31～100
osd2	192.168.4.32		
osd3	192.168.4.33		
osd4	192.168.4.34		
osd5	192.168.4.35		
osd6	192.168.4.36		
osd7	192.168.4.37		
osd8	192.168.4.38		
adm1	192.168.4.10	ADM	管理控制台,IP 地址范围是 192.168.4.6～10

单台 OSD 节点上的硬盘文件见表 9.22。

表 9.22　单台 OSD 节点硬盘文件

设备文件	分区	大小	作用
/dev/sda	/ * 这是固态盘 * /		
	/dev/sda1	8GB	交换区
	/dev/sda2	32GB	根分区
	/dev/sda3	78GB	系统数据分区
/dev/sdb	/ * 这是固态盘 * /		
	/dev/sdb5～/dev/sdb16	每个 20GB,共 12 个	日志分区
/dev/sdc		4TB	OSD 数据区
/dev/sdd		4TB	OSD 数据区

设备文件	分区	大小	作用
/dev/sdb	/ * 这是固态盘 * /		
/dev/sde		4TB	OSD 数据区
/dev/sdf		4TB	OSD 数据区
/dev/sdg		4TB	OSD 数据区
/dev/sdh		4TB	OSD 数据区
/dev/sdi		4TB	OSD 数据区
/dev/sdj		4TB	OSD 数据区
/dev/sdk		4TB	OSD 数据区
/dev/sdl		4TB	OSD 数据区
/dev/sdm		4TB	OSD 数据区
/dev/sdn		4TB	OSD 数据区

每个 4TB 的硬盘对应一个 20GB 的日志分区。

计算节点 120GB 的固态盘分成 3 个分区,即根分区 32GB、数据分区和交换分区 8GB。控制节点做同样的分区规划,Fuel 分区无须人工规划,在安装 Mirantis Fuel 时自动完成。

9.3.5.2　具体部署

采用 Fuel 来部署 OpenStack,按照下面的任务列表进行部署。

(1)部署 Fuel 主机

从 Mirantis 官网下载最新的 Fuel 的 ISO 镜像文件并做成启动介质(USB 盘或光盘),启动计算机,在开始安装界面上按 Tab 键并修改 showmenu=yes,这样在 Fuel 安装过程中会跳出一个设置界面,可以设置如下参数:

1)为每块网卡设置动态或静态口地址。

2)设置静态和动态 IP 地址池。

3)设置时钟同步。

4)设置操作系统的 root 密码,修改管理用户 admin 的密码。

5)设置 DNS 参数。

6)PXE 参数。

注意,事先记下各块网卡的 Mac 地址和链接的网络,这样配置时就不会搞乱。安装时人工干预不多,几乎是自动完成的,但是时间有点长,大概需要 20 多分钟。安装完成后打开网站 http://ip:8000 输入 admin 用户和密码登录可视化的管理界面(默认密码是 admin)。

(2)部署其他主机

其他节点机全部设置成从网卡启动,并开机,这些机器都会自动安装操作系统。一会儿 Fuel 就会检测到这些节点,并把数目显示在靠近右上角的地方,比如 X 个全部节点,Y 个未分配节点。

(3)部署 OpenStack

首先新建一个 OpenStack 环境(一个 OpenStack 环境包含控制节点、计算节点和存储)。在新建 OpenStack 环境的过程中指定如下参数:

1)名称和操作系统类型、OpenStack 版本:weisuan,Newton on CentOS 7.2。

2)选择部署模式:带 HA 的多点模式。

3)选择虚拟机软件:KVM。

4)选择网络拓扑类型:Neutron VLAN。

5)选择存储后端类型:Cinder 块存储和 Glance 对象存储都选择 Ceph。

在这个方案中,我们采用了 3 个控制节点,做成高可用性集群(HA),如图 9.10 所示。这是因为 MySQL 采用 Galera 以获取高可用性,而 Galera 采用少数服从多数的算法,所以至少需要 3 台服务器。

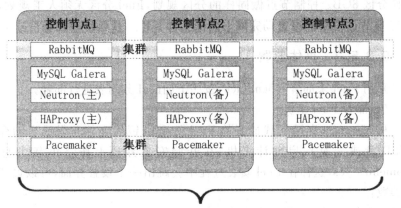

由 3 个控制节点组成的高可用性集群

图 9.10 3 个控制节点

下面可对刚刚创建的 OpenStack 环境作更细致的配置,比如在"设置"页上可以修改 admin 用户的密码、安装额外的组件、改变虚拟机软件的类型等,在"节点"页上添加、删除节点等。

在"节点"页上勾选一台或若干台机器,然后单击"网络配置"按钮,给每块物理网卡指定网络平面,单击"磁盘配置"按钮可对机器规划硬盘分区。

在"网络"页上为各个网络平面设置网络参数,在"动作"页上可以修改 OpenStack 环境名称或者删除整个环境。最后单击"部署变更"按钮开始部署,各台服务器开始安装操作系统,并根据分配的角色安装相应的 OpenStack 组件。

部署完成后,单击"健康检查"页,对整个 OpenStack 环境做一次全面的检查测试。如果发现问题,查看有关日志并解决问题,直到健康检查顺利通过。最后在屏幕的上部会显示我们访问 OpenStack 仪表盘(Horizon)的 URL 地址:http://172.168.0.54/,打开这个 URL 进入 Horizon 的登录界面,登录之后就可以管理整个 OpenStack 了,当然主要是管理虚拟机。

1)在"管理员→系统面板→虚拟机管理"中查看各个计算节点信息和总数目。

2)在"管理员→系统面板→主机集合"中新建如下"主机集":访客组、合作伙伴组、办公组、开发组、领导组、运维组,再把相应的计算节点归属到各自的主机集中。同时,取相同的可用域名称,这样可方便以后启动虚拟机时指定可用域。

3)在"管理员→认证面板→项目"中创建适当的项目,一般按公司部门创建,同时指定各个项目的资源配额。项目等同于租户,是资源配额的基本单位,一个租户可以包含若干个用户,这些用户消耗的资源不能超过租户的总配额。

4)在"管理员→认证面板→用户"中创建用户,为公司每个需要使用云计算的员工创建用户,同时指定其归口的项目(租户),角色统一为 Member。

5)在"管理员→系统面板→镜像"中创建镜像,分别创建 Windows XP、Windows 7、Windows 8、CentOS、Ubuntu 的镜像,并且在镜像中安装基本的办公软件。以后启动虚拟机时要用到镜像。

6)在"项目→计算→实例"中启动虚拟机,虚拟机算是镜像的实例,从一个镜像中可以启动多台虚拟机。

参考文献

[1]陆平,李明栋,罗圣美,等.云计算中的大数据技术与应用[M].北京:科学出版社,2017.

[2]董超,卢桂林,胡青善.一本书搞懂企业大数据应用[M].北京:化学工业出版社,2017.

[3]陶皖.云计算与大数据[M].西安:西安电子科技大学出版社,2017.

[4]孙宇熙.云计算与大数据[M].北京:人民邮电出版社,2017.

[5]刘志成,林东升,彭勇.云计算技术与应用基础[M].北京:人民邮电出版社,2017.

[6]林子雨.大数据技术原理与应用[M].2版.北京:人民邮电出版社,2017.

[7]张桂刚.大数据背后的核心技术[M].北京:电子工业出版社,2017.

[8]吕云翔.大数据基础及应用[M].北京:清华大学出版社,2017.

[9]肖伟.云计算平台管理与应用[M].北京:人民邮电出版社,2017.

[10]赵晔光,赵勇.大数据·数据管理与数据工程[M].北京:清华大学出版社,2017.

[11]李天目,韩进.云计算技术架构与实践[M].北京:清华大学出版社,2014.

[12]高彦杰.Spark大数据处理:技术、应用与性能优化[M].北京:机械工业出版社,2014.

[13]张尼,张云勇,胡坤,等.大数据技术与应用[M].北京:人民邮电出版社,2014.

[14]Nugent A,Haiper F,Kaufman M. Big Data for Dummies[M]. John Wiley&Sons,2013.

[15]O'Leary D E. Artificial intelligence and big data[J]. IEEE Intel. Syst,2013.28(2):96-99.

[16]Sharma S,Tim U S,Wong J,et at. A brief review on leading big data models[J]. Data Sci. J,2014,13:138-157.

[17]Sharma S,Tim U S,Gadia S,et al. Classification and comparison of

NoSQL big data models[J]. Int. J. Big Data Intel. , Indersci, 2015, 2(3):
201-221.

[18]Sharma S, Shandilya R, Patnaik S, et al A. Leading NoSQL models for handling Big Data: a brief review[J]. Int. J. Bus. Informat. Syst. , Indersci, 2016, 22(1): 1-25.

[19]Talia D. Clouds for scalable big data analytics[J]. Computer, 2013, 46: 98-101.

[20]Kwon O, Lee N, Shin B. Data quality management, data usage experience andacquisition intention of big data analytics[J]. Int. J. Inf. Manage. 2014, 34(3): 387-394.

[21]Singh K, Guntuku S C, Thakur A, et al. Big data analytics framework for peer-to-peer botnet detection using random forests[J]. Inform. Sci. 2014, 278: 488-497.

[22]Tannahill B K, Jamshidi M. System of systems and big data analytics-bridging the gap[J]. Comput. Electr. Eng. 2014, 40(1): 2-15.

[23]Chang V. An overview, examples and impacts offered by Emerging Services nnd Analytics in Cloud Computing[J]. Int. J. Inf. Manage. 2015(June): 1-14.

[24]Chang V. et al. , A resiliency framework for an enterprise cloud [J]. Int. J. Inf. Manage. 2016, 36(1): 155-166.

[25]Chang V, Wills G. A model to compare cloud and non-cloud storage of Big Data[M]. Elsevier Science Publishers B. V. 2016.

[26]Chang V, Kuo Y H, Ramachandran M. Cloud computing adoptionframework: A security framework for business clouds[J]. Future Gener. Comput. Syst. 2015, 57: 24-41.

[27]Chang V. Raitiachandran M. Towards achieving data security with the cloudcomputing adoption framework[J]. IEEE Trans. Serv. Comput. 2015: 1-1.

[28]Xiong H, Zhang D, Gauthier V, et al. MPaaS: Mobilityprediction-as-a-service in telecom cloud[J]. Inf. Syst. Front. 2014, 16(1)59-75.

[29]Zargari S A. Policing-as-a-service in the cloud[J]. Informat. Secur. J. GlobalPerspect. 2014, 23(4-6): 148-158

[30]桑德斯(Sanders, N. R.). 大数据供应链:构建工业 4.0 时代智能物流新模式[M]. 丁晓松,译. 北京:中国人民大学出版社,2015.

[31]赵国祥,刘小茵,李尧. 云计算信息安全管理——CSAC-STAR 实

施指南[M].北京:电子工业出版社,2015.

[32]周品.云时代的大数据[M].北京:电子工业出版社,2013.

[33]黎连业,王安,李龙.云计算基础与实用技术[M].北京:清华大学出版社,2013.

[34]范平平.大数据时代背景下我国征信业发展研究[J].北方经贸,2017(2):125-126.

[35]张燕超.云计算及其安全问题浅析[J].电信网技术,2017(2):74-77.

[36]曹斐琳.贵安新区大数据产业发展[J].电子技术与软件工程,2017(4):195.

[37]宋兴顺.铁路物资应用大数据管理解决方案[J].数字技术与应用,2017(3):100-101.

[38]谢衡元.铁路综合视频云存储技术应用方案研究[J].铁路通信信号工程技术,2017,14(1):9-13,25.

[39]施晓峰.基于分布式存储的数字档案云数据中心构建[J].数字与缩微影像,2017(2):4-7.

[40]程东,吴华仪.云数据中心虚拟资源调度的研究与设计[J].福建电脑,2017,33(2):140-141.

[41]潘丹.基于 Openstack 构建 Kubernetes 集群的实现与研究[J].江西科学,2017,35(2):310-313.

[42]徐欣威.基于 Docker、Nginx 及服务器虚拟化融合技术的镇江科技创新服务平台设计[J].科技与创新,2017,(17):66-70.

[43]陈瑞芒.浅谈数字化在机务安全管理中的应用[J].民营科技,2016,(11):15.

[44]陈建娟,刘行行.基于 Kubernetes 的分布式 ELK 日志分析系统[J].电子技术与软件工程,2016,(15):211-212,214.

[45]杨晓敏.基于蚁群算法的黄河金三角旅游路线规划研究[J].计算机时代,2018(12):61-63.

[46]杨晓敏.基于虚拟邻区的 LTE 互操作优化研究[J].计算机时代,2015(10):82-84.

[47]杨晓敏,王春红,李萍.基于蚁群算法的 QoS 组播路由问题研究[J].系统仿真技术,2012,8(02):149-152.

[48]杨晓敏.图像情感语义规则抽取的研究[J].系统仿真技术,2010,6(04):319-322.